浙江省普通高校"十三五"新形态教材
高等职业教育工程造价专业系列教材

装饰工程计量与计价

主　编　宋蓉晖　马知瑶　蔡红伟
副主编　吴柳平　沈永嵘　舒志伟
　　　　徐海军　黄栩峰
参　编　殷芳芳　方　圆　颜万春
　　　　王永达　田雪华　蔡青法

机械工业出版社

本书是浙江省普通高校"十三五"新形态教材。

本书从基础到主体结构再到装饰装修，从实体费用到措施费用，结构取材适宜、深浅适度。全书分为 10 个模块，包括：建筑装饰工程计量与计价基础知识，楼地面装饰装修工程，墙（柱）面装饰装修工程，天棚装饰装修工程，门窗装饰装修工程，油漆、涂料、裱糊工程，其他装饰工程，拆除工程，技术措施，综合案例。

本书既可作为高职高专工程造价专业、建筑工程技术专业、建设工程管理专业及相关土建类专业的学习用书，也可作为工程造价初学者及二级造价师考试的参考用书。

图书在版编目（CIP）数据

装饰工程计量与计价/宋蓉晖，马知瑶，蔡红伟主编. —北京：机械工业出版社，2022.11（2023.8 重印）

浙江省普通高校"十三五"新形态教材 高等职业教育工程造价专业系列教材

ISBN 978-7-111-71501-6

Ⅰ.①装… Ⅱ.①宋… ②马… ③蔡… Ⅲ.①建筑装饰-计量-高等职业教育-教材②建筑装饰-工程造价-高等职业教育-教材 Ⅳ.①TU723.3

中国版本图书馆 CIP 数据核字（2022）第 157665 号

机械工业出版社（北京市百万庄大街 22 号 邮政编码 100037）
策划编辑：王靖辉　　　　　责任编辑：王靖辉　陈将浪
责任校对：张晓蓉　张　薇　封面设计：王　旭
责任印制：单爱军
北京虎彩文化传播有限公司印刷
2023 年 8 月第 1 版第 2 次印刷
184mm×260mm·16.25 印张·396 千字
标准书号：ISBN 978-7-111-71501-6
定价：49.00 元

电话服务	网络服务
客服电话：010-88361066	机 工 官 网：www.cmpbook.com
010-88379833	机 工 官 博：weibo.com/cmp1952
010-68326294	金 书 网：www.golden-book.com
封底无防伪标均为盗版	机工教育服务网：www.cmpedu.com

前　言

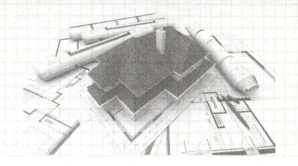

随着我国建筑装饰装修行业的快速发展，人才的需求分工越来越细化，以往的装饰预算工作一般是由从事土建预算工作的人员完成的，新技术、新材料、新工艺的大量涌现，对从事相关工作的人员提出了新的要求。

"装饰工程计量与计价"是工程造价专业的职业核心课程，同时也是学生就业所应具备的核心技能。本书依据高职高专装饰工程技术和工程造价等相关课程的课程标准，围绕装饰计价能力目标，以装饰计价工作过程作为教学的主干线，以基础能力+专项能力+辅助能力划分教学单元，重新设计教材架构；按所需的知识点，融入施工工艺、房屋构造等相关学科知识；同时，与企业合作，引入实际工程案例，进而提高学生的实际动手能力。

本书具有以下显著特点：

1. 教学理念先进

本书内容围绕建筑装饰造价人员职业能力标准，以业务流程为主线，体现工作过程的系统化，设计理论、实践一体化的教学内容；通过本书的辅助可以构建"专项、综合、顶岗"的工学结合的教学模式，有效提高学生的职业能力，体现教材为专业课程服务、专业课程服务专业目标发展的教学理念。本书以《建设工程工程量清单计价规范》（GB 50500—2013）、《房屋建筑与装饰工程工程量计算规范》（GB 50854—2013）、《浙江省建设工程计价规则》(2018 版)、《浙江省房屋建筑与装饰工程预算定额》（2018 版）、《浙江省建设工程计价依据（2018 版）综合解释》（一）、《浙江省建设工程计价依据（2018 版）综合解释及动态调整补充》作为编写依据。

2. 专业性、操作性强

本书以工程项目计价工作流程和工作任务为依据划分教学单元，对当前的定额计价法和清单计价法按照分部工程进行了详细编制，学生在学习的同时对这两种计价方法可以作很好的对比。

3. 注重动手能力的培养

建筑装饰工程计价具有很强的实践性，会看图、能算量、能组价、会分析是装饰造价从业人员的基本能力，因此书中列举了大量有代表性的实例及示例，并提供了综合实训案例，方便学生进行相应的综合实训训练。

本书由浙江同济科技职业学院宋蓉晖、马知瑶、蔡红伟任主编；吴柳平、沈永嵘、舒志伟、徐海军、黄栩峰任副主编。参加编写的人员还有殷芳芳、方圆、颜万春、王永达、田雪华、蔡青法。

本书的出版得到了杭州市建设工程造价管理协会的大力支持，对他们的辛苦付出表示谢意。

编　者

二维码清单

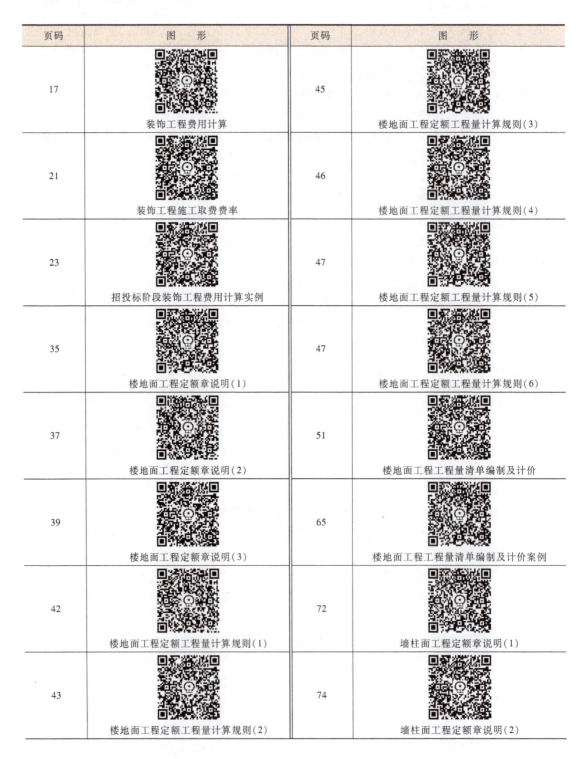

页码	图　形	页码	图　形
17	装饰工程费用计算	45	楼地面工程定额工程量计算规则（3）
21	装饰工程施工取费费率	46	楼地面工程定额工程量计算规则（4）
23	招投标阶段装饰工程费用计算实例	47	楼地面工程定额工程量计算规则（5）
35	楼地面工程定额章说明（1）	47	楼地面工程定额工程量计算规则（6）
37	楼地面工程定额章说明（2）	51	楼地面工程工程量清单编制及计价
39	楼地面工程定额章说明（3）	65	楼地面工程工程量清单编制及计价案例
42	楼地面工程定额工程量计算规则（1）	72	墙柱面工程定额章说明（1）
43	楼地面工程定额工程量计算规则（2）	74	墙柱面工程定额章说明（2）

（续）

页码	图　形	页码	图　形
75	墙柱面工程定额章说明(3)	112	天棚工程工程量清单编制及计价
77	墙柱面工程定额工程量计算规则(1)	122	门窗工程定额章说明(1)
78	墙柱面工程定额工程量计算规则(2)	124	门窗工程定额章说明(2)
79	墙柱面工程定额工程量计算规则(3)	139	油漆、涂料、裱糊工程定额章说明
80	墙柱面工程定额工程量计算规则(4)	141	油漆、涂料、裱糊工程定额工程量计算规则
81	墙柱面工程定额工程量计算规则(5)	162	其他装饰工程定额章说明
105	天棚工程定额章说明(1)	164	其他装饰工程定额工程量计算规则
107	天棚工程定额章说明(2)	182	拆除工程
108	天棚工程定额工程量计算规则		

目　录

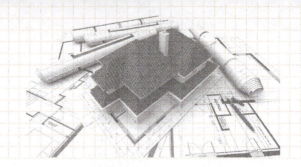

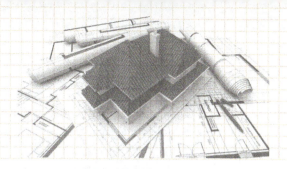

模块1

建筑装饰工程计量与计价基础知识

项目1 装饰工程计价相关知识

【学习目标】

1. 熟悉基本建设的概念及分类。
2. 熟悉装饰工程的概念及分类。
3. 熟悉基本建设项目的划分。
4. 掌握基本建设各阶段的计量计价活动。
5. 掌握装饰工程造价计价方法。

一、基本建设概述

（一）基本建设概念

基本建设是指把一定的建筑材料、机器设备等通过购置、建造和安装等活动转化为固定资产，形成新的生产能力或使用效益的过程。与此相关的其他工作，如土地征用、勘察设计、招标投标等也是基本建设的组成部分。

（二）基本建设分类

基本建设按其形式及项目管理方式等的不同大致分为以下几类：

1. 按建设形式的不同分类

1）新建项目是指新开始建设的基本建设项目，或在原有固定资产的基础上扩大三倍以上规模的建设项目。

2）扩建项目是指在原有固定资产的基础上扩大三倍以内规模的建设项目，其建设目的是为了扩大原有生产能力或使用效益。

3）改建项目是指对原有设备、工艺流程进行的技术改造，以提高生产效率或使用效益。

4）迁建项目是指由于各种原因迁移到另外的地方建设的项目。

5）恢复项目（又称重建项目）是指因遭受自然灾害或战争使得项目全部报废而重新恢复建设的项目。

2. 按建设过程的不同分类

1）筹建项目是指在计划年度内正在准备建设还未正式开工的项目。

2）施工项目是指已开工并正在施工的项目。

3）投产项目是指建设项目已经竣工验收，并且投产或交付使用的项目。

4）收尾项目是指已经竣工验收并投产或交付使用，但还有少量扫尾工作的建设项目。

3. 按资金来源渠道的不同分类

1）国家投资项目是指国家预算计划内直接安排的建设项目。

2）自筹建设项目是指国家预算以外的投资项目。自筹建设项目又分为地方自筹项目和企业自筹项目。

3）外资项目是指由国外资金投资的建设项目。

4）贷款项目是指通过向银行贷款的建设项目。

4. 按建设规模的不同分类

基本建设按建设规模的不同分为大型、中型和小型建设项目，一般是按产品的设计能力或全部投资额来划分。基本建设项目竣工财务决算对大、中、小型建设项目的划分标准为：经营性项目投资额在 5000 万元（含 5000 万元）以上、非经营性项目投资额在 3000 万元（含 3000 万元）以上的为大中型项目，其他项目为小型项目。

（三）装饰工程及其分类

装饰工程的解释，主要有以下几种：

1）装饰工程是房屋建筑工程的装饰或装修活动的简称，是为使建筑物、构筑物的内外空间达到一定的使用要求、环境质量要求而使用装饰材料对建筑物、构筑物的外表和内部进行装饰处理的工程施工过程。

2）装饰工程把美学与建筑施工过程融合为一体，包括对新建、扩建、改建工程以及既有建筑进行的室内外装饰工程。从建筑学上讲，装饰是一种建筑艺术，是一种艺术创作活动，是建筑物三大基本要素之一。

装饰工程分类有多种方法，常见的有：

1. 按装饰装修工程的等级分类

装饰工程按等级可分为高级装饰、中级装饰和普通装饰三个等级，建筑装饰等级与建筑物类型的对照见表 1-1。

表 1-1　建筑装饰等级与建筑物类型的对照

建筑装饰等级	建筑物类型
高级装饰	大型博览建筑,大型剧院,纪念性建筑,大型的邮电、交通建筑,大型体育馆,高级宾馆,高级住宅
中级装饰	广播通信建筑,医疗建筑,商业建筑,普通博览建筑,普通的邮电、交通、体育建筑,旅馆建筑,高等教育建筑,科研建筑
普通装饰	居住建筑,生活服务性建筑,普通行政办公楼,中、小学建筑

2. 按装饰装修部位分类

按装饰装修部位的不同，装饰工程可分为室内装饰、外部装饰和环境装饰等。

（1）室内装饰

室内装饰是指对建筑物室内进行的建筑装饰。

1）室内装饰工程的内室包括楼地面；墙（柱）面、墙裙、踢脚线；顶棚；室内门窗（包括门窗套、贴脸、窗帘盒、窗帘及窗台等）；楼梯及栏杆（板）；室内装饰设施（包括给水排水与卫生设备、电气与照明设备、暖通设备、家具，以及其他装饰设施）等。

2）室内装饰的作用包括保护墙体及楼地面；改善室内使用条件；美化内部空间，创造美观、舒适、整洁的生活、工作环境。

（2）外部装饰

外部装饰也称为室外建筑装饰。

1）外部装饰包括以下内容：

① 外墙面：柱面、外墙裙（勒脚）、腰线。

② 屋面、檐口、檐廊。

③ 阳台、雨篷、遮阳篷、遮阳板。

④ 外墙门窗：防盗门、防火门、外墙门窗套、花窗、老虎窗等。

⑤ 台阶、散水、雨水管、花池（或花台）。

⑥ 其他室外装饰，如楼牌、招牌、装饰条、雕塑等外露部分的装饰。

2）外部装饰的主要作用：

① 保护房屋主体结构。

② 保温、隔热、隔声、防潮等。

③ 增加建筑物的美观性，点缀环境，美化城市。

（四）基本建设项目的划分

为了方便基本建设工程管理和确定工程造价的需要，基本建设项目划分为建设项目、单项工程、单位工程、分部工程和分项工程五个基本层次。工程量和造价是由局部到整体的一个分部组合计算的过程，认识基本建设项目的划分对研究工程量计算和工程造价计价具有重要作用。

1. 建设项目

建设项目是指经过有关部门批准的立项文件和设计任务书，经济上实行独立核算，行政上实行统一管理的工程项目。一般情况下一个建设单位就是一个建设项目，建设项目的名称一般是以这个建设单位的名称来命名，如××学校、××酒店等。一个建设项目由多个单项工程构成，有的建设项目如改（扩）建项目也可能由一个单项工程构成。

2. 单项工程

单项工程是指在一个建设项目中具有独立的设计文件，建成后可以独立发挥生产能力和使用效益的项目，它是建设项目的组成部分。如一个工厂的车间、办公楼、宿舍、食堂等，以及一个学校的教学楼、办公楼、实验楼、学生公寓等均属于单项工程。

单项工程是具有独立存在意义的完整的工程项目，是一个复杂的综合体，一个单项工程由多个单位工程构成。

3. 单位工程

单位工程是指具有独立的设计文件，可以独立组织施工和进行单体核算，但不能独立发挥其生产能力或使用效益，且不具有独立存在意义的工程项目。单位工程是单项工程的组成部分。

在工业与民用建筑中一般包括建筑工程、装饰工程、电气照明工程、设备安装工程等多个单位工程。一个单位工程由多个分部工程构成。

4. 分部工程

分部工程是指按工程的施工部位、结构形式的不同划分的工程项目，如在装饰工程这个单位工程中包括楼地面工程、墙柱面工程、顶棚工程、门窗工程、油漆涂料工程等多个分部工程。

5. 分项工程

分项工程是指根据工种、使用材料以及结构构件的不同划分的工程项目，如楼地面这个分部工程中的整体面层、块料面层、橡塑面层、其他材料面层、踢脚线、楼梯装饰等均属于分项工程。

[例题 1-1] 某工程项目基本建设项目的划分示例如图 1-1 所示。

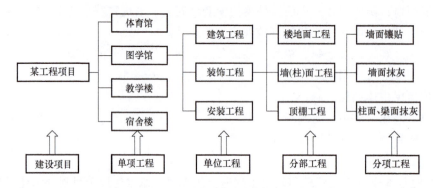

图 1-1　某工程项目基本建设项目的划分示例

（五）基本建设及各阶段的计量与计价活动

1. 基本建设程序

基本建设程序是指基本建设全过程中各项工作必须遵循的先后顺序。我国建设工程的基本建设程序包括项目建议书阶段、可行性研究阶段、项目设计阶段、建设准备阶段、建设实施阶段、竣工验收阶段等环节。

（1）项目建议书阶段

项目建议书是由投资者对准备建设的项目提出的初步设想和建议，它主要是为确定拟建项目是否有必要建设，是否具备建设条件，是否需再作进一步的研究论证工作提供依据。项目建议书经批准后，可以进行详细的可行性研究工作，但仍不表明项目非上不可，项目建议书还不是项目的最终决策文件。

（2）可行性研究阶段

项目建议书批准后就可进行可行性研究了。可行性研究的内容一般包括市场研究、技术研究、效益研究。研究报告的基本内容和研究深度根据行业的建设项目有不同侧重，如建设规模、产品方案、市场预测、技术工艺、建设标准、建设资源、建设地点、环保、资金估算和筹措方式等。可行性研究报告批准后，不得随意修改和变更。经过批准的可行性研究报告，是初步设计的依据。

（3）项目设计阶段

项目设计阶段是整个工程的决定性环节。根据建设项目的不同，工业项目设计过程一般分为初步设计、施工图设计两个阶段，称为"两阶段设计"；民用建筑工程项目一般应分为方案设计、初步设计和施工图设计三个阶段；对于技术要求简单的民用建筑工程，经有关主管部门同意，可在合同中约定可在方案设计审批后直接进入施工图设计。

（4）建设准备阶段

建设准备阶段，包括征地、拆迁、招（投）标选择承包单位、办理施工许可手续等。

（5）建设实施阶段

建设实施阶段包括平整场地，既有建筑物的拆除，临时建筑、施工用临时道路和水、电的施工，以及拟建工程的全部建筑装饰工程和设备安装工程的施工阶段。

（6）竣工验收阶段

建设项目竣工后，对项目是否符合规划设计要求以及建筑施工和设备安装质量进行全面检验，这是竣工验收阶段的主要工作。

2．各阶段的计量与计价活动

基本建设各阶段的计量与计价活动是一个动态过程，不同阶段计量与计价的编制单位、编制依据各不相同，在各阶段要逐步深化、逐步细化和逐步接近实际造价，基本建设各阶段计量与计价的对应关系如图 1-2 所示。

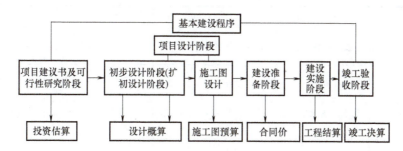

图 1-2　基本建设各阶段计量与计价的对应关系

（1）投资估算

投资估算是指在项目建议书和可行性研究阶段，对拟建项目所需投资预先测算和确定的过程，估算出的价格称为估算造价。投资估算是建设项目决策时一项重要的参考经济指标，是判断项目可行性的重要依据之一。

（2）设计概算

设计概算是指在初步设计阶段，根据初步设计文件对拟建工程从筹建至竣工交付使用所需全部费用进行预先测算和确定的过程，计算出来的造价称为概算造价。概算造价较估算造价更准确，它受估算造价的控制。

（3）施工图预算

施工图预算是指在工程项目的施工图设计完成后，根据施工图对拟建工程所需的投资进行预先测算和确定的过程，计算出来的价格称为预算造价。预算造价较概算造价更为详尽和准确，它是确定招标工程标底、投标报价、工程承包合同价的依据，是建设单位拨付工程款项和办理竣工结算的依据，它受概算造价的控制。

（4）合同价

合同价是指在工程发包阶段，通过工程招（投）标签订总承包合同、建筑安装工程承包合同、设备材料采购合同时确定的价格。合同价属于市场价格性质，是由发（承）包双方根据市场行情共同议定和认可的成交价格。目前，我国有采用定额计价招（投）标模式和清单计价招（投）标模式确定的合同价。

（5）工程结算

工程结算是指在建设实施阶段，按合同约定的调价范围和调价方法，对实际发生的工程量、设备和材料用量等进行调整后经计算和确定的价格，计算出来的造价称为结算价。结算价是该工程的实际价格，是支付工程款项的凭据。

（6）竣工决算

竣工决算是指建设项目全部完工并经过验收后，计算整个建设项目从筹建到竣工验收产生的全部建设费用，计算出的价格称为竣工决算价。竣工决算价是整个建设工程的最终实际价格。

建设工程计量与计价过程是一个由粗到细、由浅入深，最终确定整个工程实际造价的过程，各过程之间是相互联系、相互补充、相互制约的关系，前者制约后者、后者补充前者，各阶段工程计量与计价活动的要素见表1-2。

表1-2　各阶段工程计量与计价活动的要素

阶　段	计量与计价	编制单位	编制依据	用　途
项目建议书及可行性研究阶段	投资估算	工程咨询机构	投资估算指标	投资决策
项目设计阶段	设计概算	设计单位	概算指标、概算定额	控制投资
建设准备阶段	施工图预算（合同价）	工程咨询机构、施工单位	工程量清单计价规范、企业定额	标底、投标报价、合同价
建设实施阶段	工程结算	施工单位、工程咨询机构	合同、设计及施工变更资料	确定实际造价
竣工验收阶段	竣工决算	建设单位	合同、竣工结算资料等	确定最终实际投资

本书介绍的是建设准备阶段以及建设实施阶段涉及的装饰工程计量与计价活动。

二、装饰工程造价与计价方法

建筑工程计量与计价的目的是确定建筑工程造价。由于每一个建设工程产品需要按特定需要单独设计、单独施工，不能批量生产，即使使用同一图纸，也会因建设地点和时间的不同，各地的消耗水平不同，人工、材料、机械的单价不同，造成建筑产品的价格不同，所以需要对每一个工程项目单独计价。

我国现行的确定建筑工程造价的计价主要有定额清单计价、国标工程量清单计价两种。全部使用国有资金投资或以国有资金投资为主的工程建设项目，必须采用国标工程量清单计价，非国有资金投资的工程建设项目由业主确定采用定额清单计价或国标工程量清单计价。

1. 定额清单计价（工料单价法）

定额清单计价一般采用工料单价法，它是传统的计价方法，是以预算定额、各种费用定额为基础，按照定额规定的分部分项工程子目逐项计算工程量，套用定额基价或根据市场价格确定直接费，然后再按规定的费用定额计取各项费用，最后汇总形成报价，计算式为

工程造价＝∑工料单价×工程数量＋取费基数×企业管理费等各项费率＋规费＋税金＋风险

定额清单计价的步骤：熟悉施工图及有关资料→了解现场情况→计算分项工程量→套用定额，结合当时当地的工、料、机市场价格计算直接工程费→根据施工取费定额计算各项费用等→汇总得工程造价。定额清单计价步骤如图1-3所示。

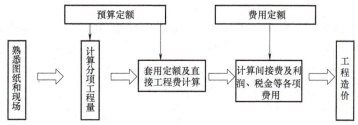

图 1-3　定额清单计价步骤

2. 国标工程量清单计价

工程量清单计价方式是一种市场定价模式，它是由建筑产品买卖双方依据供求状况、信息状况进行自由竞价，从而最终签订工程合同价款。国标工程量清单计价是招标人按照国家统一的工程量计算规则提供工程数量，投标人依据工程量清单结合自身技术、财务、管理能力及竞争对手情况而自主填报单价进行报价。

国标工程量清单计价模式通常采用综合单价法，计算式为

工程造价＝分部分项工程数量×综合单价＋措施项目费＋其他项目费＋规费＋税金

其中，综合单价包括人工费、材料费、机械使用费、企业管理费、利润并考虑风险因素。国标工程量清单计价的步骤如图1-4所示。

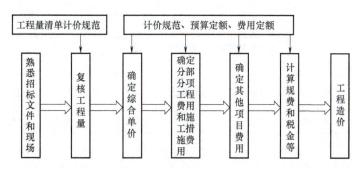

图 1-4　国标工程量清单计价的步骤

3. 国标工程量清单计价与定额清单计价的区别

国标工程量清单计价模式是一种符合建筑市场竞争规则、经济发展需要和国际惯例的计价办法，是工程计价的趋势；定额清单计价在我国使用多年，具有一定的实用性，以后将是国标工程量清单计价和定额清单计价两种模式并存，形成以国标工程量清单计价为主导，定额清单计价为补充的计价局面，定额清单计价与国标工程量清单计价的区别见表1-3。

（1）适用范围不同

全部使用国有资金投资或国有资金投资为主的建设工程项目必须实行国标工程量清单计价；除此以外的建设工程，既可以采用国标工程量清单计价模式，也可采用定额清单计价模式。

（2）采用计价方法不同

定额清单计价采用工料单价法，即单价包括人工费、材料费、机械使用费；而国标工程量清单计价采用综合单价法计价，综合单价包括人工费、材料费、机械使用费、企业管理费、利润并考虑风险因素，工程量发生变化时单价一般不作调整。

（3）项目划分不同

定额清单计价的项目是以工序来划分的，所含内容相对单一，一般一个项目只包括一项工程内容；而国标工程量清单计价的项目，基本以一个"综合实体"考虑，一般一个项目包括多项工程内容。比如，预制桩在定额中分为打桩、送桩、接桩、运桩等子目，而在清单中预制桩项目包括打、送等，按"根"计量。

（4）工程量计算规则不同

定额清单计价模式的工程量计算规则是地区（省、自治区、直辖市）建设行政主管部门制定的，在本地区内统一，具有地域的局限性；国标工程量清单计价模式是依据《建设工程工程量清单计价规范》（GB 50500—2013）（以下简称《计价规范》）确定工程量，全国统一。

（5）风险分担不同

国标工程量清单由招标人提供，招标人承担工程量计算风险，投标人则承担单价风险；而定额清单计价模式下的招（投）标工程，工程数量由各投标人自行计算，工程量计算风险和单价风险均由投标人承担。

表 1-3　定额清单计价与国标工程量清单计价的区别

计价模式	国标工程量清单计价	定额清单计价
计价方法	综合单价法	工料单价法
项目单价	全费用单价(规费、税金另计)	工、料、机单价
单价计算	人工费+材料费+机械使用费+取费基数×(企业管理费+利润率)+风险费用	人工费+材料费+机械费
工程数量	根据《计价规范》的工程量计算规则确定	根据地区定额中的工程量计算规则确定
项目合价	综合单价×工程数量	工、料、机单价×工程数量
工程造价	工程造价＝分部分项工程数量×综合单价+措施项目费+其他项目费+规费+税金	工程造价＝∑工料单价×工程数量+取费基数×企业管理费等各项费率+规费+税金+风险
取费基数	人工费和机械费	人工费和机械费

项目 2　装饰工程计价依据

【学习目标】

1. 熟悉工程建设定额。
2. 熟悉工程量清单计价规范。

一、计价依据

工程造价的计价依据是指用作计算工程造价的基础资料的总称。它一般包括定额、费用定额、造价指标、基础单价、工程量计算规则以及政府主管部门发布的各有关工程造价的法规、政策、市场信息价格等。

浙江省现行的建筑工程造价的计价依据主要有《计价规范》、《房屋建筑与装饰工程工程量计算规范》（GB 50854—2013）（以下简称《计算规范》）、《浙江省建设工程计价规则》（2018 版）、《浙江省房屋建筑与装饰工程预算定额》（2018 版）（以下简称《装饰定额》）、《浙江省建设工程计价依据（2018 版）综合解释》（一）、《浙江省建设工程计价依据（2018 版）综合解释及动态调整补充》、企业定额、价格信息、施工图、施工方案、价格信息等。

二、建设工程工程量清单计价规范

1. 一般概念

《计价规范》是中华人民共和国城乡建设部主编，用于规范建筑工程工程量清单计价行为，统一建设工程工程量清单的编制和计价方法的国家标准，是调整建设工程工程量清单计价活动中发包人与承包人各种关系的规范文件。《计价规范》于 2013 年 4 月 1 日起施行。

《计价规范》作为工程量清单计价模式的国家规范，既规范了计价过程中招标人的行为及工程量清单编制，也规范了计价过程中投标人的行为及工程量清单计价。

2.《计价规范》的主要内容

《计价规范》涵盖了工程实施阶段从招（投）标开始到工程竣工结算办理的全过程，包括工程量清单编制、招标控制价和投标报价的编制、工程承（发）包合同签订时合同价款的约定、施工过程中工程量的计量与价款支付、索赔与现场签证、工程价款的调整、工程竣工后竣工结算价款的办理以及工程计价争议的处理、工程计价资料与档案、计价表格等内容。

3. 一些常用术语说明

（1）工程量清单

工程量清单是表现建设工程的分部分项工程项目、措施项目、其他项目名称和相应数量的明细清单，是招标人把承包合同中规定的准备实现的全部工程项目和内容，按照工程部位、性质以及数量列表表示出来，用于投标报价和中标后作为计算工程价款的依据。工程量清单是承包合同的重要组成。

（2）工程量清单计价

工程量清单计价是指按照招标文件规定，完成工程量清单所列项目的全部费用，包括分部分项工程费、措施项目费、其他项目费和规费、税金。工程量清单计价编制包括招标控制价编制、投标报价编制等。招标控制价是招标人根据国家或省级、行业建设主管部门颁发的有关计价依据和办法，按设计施工图计算的、对招标工程限定的最高工程造价；投标报价是投标人根据招标人提供的工程量清单，根据自身的技术、财务、管理等能力，在投标时报出的工程造价。

（3）综合单价

综合单价是指完成一个规定计量单位的分部分项工程量清单项目或措施清单项目所需的

人工费、材料费、施工机械使用费和企业管理费与利润，以及一定范围内的风险费用。

（4）清单项目编码

清单项目编码以五级编码设置，用十二位数字表示。一级、二级、三级、四级编码统一；第五级编码由工程量清单编制人根据具体工程的清单项目特征自行编制。

[例题1-2] 混凝土矩形柱010402001001五级编码如图1-5所示。

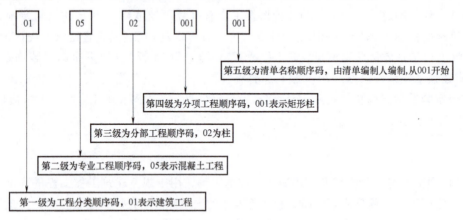

图1-5 混凝土矩形柱010402001001五级编码

4. 工程量清单及清单计价格式

1）分部分项工程量清单及计价是指表示分项实体工程项目名称和相应数量的明细清单，分部分项工程量清单及计价表见表1-4。

表1-4 分部分项工程量清单及计价表

单位及专业工程名称：　　　　　　　　　　　　　　　　　　　　　　　　第　　页　共　　页

序号	项目编码	项目名称	项目特征	计量单位	工程量	综合单价/元	合价/元	其中		备注
								人工费/元	机械费/元	

表1-4中的项目编码、项目名称、项目特征、计量单位按照《计价规范》的规定编制；工程量按照《计价规范》的计算规则计算；综合单价根据工程量清单项目名称和工程具体情况，按照投标人的企业定额分析确定该清单项目的各项可组合的计价工程内容，并确定对应的人工、材料、施工机械的消耗量。投标人自行确定人工、材料、施工机械的单价，综合分析风险，确定管理费、利润等费率，经过计算确定综合单价。工程量清单综合单价计算表见表1-5。

2）措施项目清单及计价是指为完成工程项目施工，发生于该工程施工前和施工过程中的有关技术、生活、文明、安全等方面的非工程实体项目，如安全文明施工、临时设施、脚手架、施工排水降水等。

不能计算工程量的项目，如安全文明施工费、临时设施费等的计算见表1-6；以综合单价形式计价的措施项目，如脚手架、模板等的计算见表1-7。

表 1-5　工程量清单综合单价计算表

单位及专业工程名称：　　　　　　　　　　　　　　　　　　　　　　　　第　页　共　页

序号	编号	名称	计量单位	数量	综合单价/元							合计/元
					人工费	材料费	机械费	管理费	利润	风险费用	小计	
1	（清单编码）	（清单名称）										
	（定额编号）	（定额名称）										
	……	……										

表 1-6　　措施项目清单与计价表（一）

单位及专业工程名称：　　　　　　　　　　　　　　　　　　　　　　　　第　页　共　页

序号	项目名称	计算基础	费率（%）	金额/元
1	安全文明施工费			
2	二次搬运费			
3	缩短工期增加费			
4	……			

表 1-7　措施项目清单与计价表（二）

单位及专业工程名称：　　　　　　　　　　　　　　　　　　　　　　　　第　页　共　页

序号	项目编码	项目名称	项目特征	计量单位	工程量	综合单价/元	合价/元	其中		备注
								人工费/元	机械费/元	

3）其他项目清单是指分部分项工程量清单、措施项目清单所包含内容以外的，因招标人的特殊要求而发生的相应数量的清单。其他项目清单根据拟建工程的具体情况列项，其他项目清单与计价汇总表见表 1-8。

表 1-8　其他项目清单与计价汇总表

单位工程名称：　　　　　　　　　　　　　　　　　　　　　　　　第　页　共　页

序号	项目名称	计量单位	金额/元	备注
1	暂列金额			
2	暂估价			
2.1	材料及工程设备暂估价			
2.2	专业工程暂估价			
3	计日工			
4	总承包服务费			

暂列金额是招标人在工程量清单中暂定并包括在合同价款中的一笔款项，用于施工合同

签订时尚未确定或者不可预见的所需材料、设备、服务的采购，施工中可能发生的工程变更、合同约定调整因素出现时的工程价款调整以及发生的索赔、现场签证确认等的费用。暂列金额在实际履约过程中既可能发生，也可能不发生，包括在合同之内，但并不直接属承包人所有，而是由发包人暂定并掌握使用的一笔费用。

暂估价是招标人在工程量清单中提供的用于支付必然发生但暂时不能确定价格的材料及工程设备的单价以及专业工程的金额。暂估价是在招标阶段预见肯定发生，只是因为标准不明确或者需要有专业发包人完成，暂时无法确定具体价格时采用的一种价格形式。

计日工是在施工过程中，完成发包人提出的施工图以外的零星项目或工作，按合同中约定的综合单价计价的一种价格形式。

总承包服务费是在工程建设的施工阶段实行施工总承包时，当招标人在法律、法规允许的范围内对工程进行分包和自行采购供应部分材料设备时，要求总承包人提供相关服务以及施工现场管理、竣工资料汇总整理等服务所需的费用。

三、工程建设定额

1. 定额

定额是指为完成规定计量单位的分项工程所必需的人工、材料、施工机械台班消耗量的标准。

2. 建筑工程预算定额

预算定额是指在正常合理的施工条件下，规定完成一定计量单位的分项工程或结构构件所需的人工、材料、机械台班消耗量的标准。预算定额由政府主管部门制定、发布和管理，反映的是社会平均消耗量水平，是编制施工图预算、投标报价、编审工程标底、调解处理工程造价纠纷、衡量投标报价合理性的基础。

现行的浙江省建筑工程系列预算定额（2018）分为上、下两册。其中，上册为结构、下册为装饰装修。

3. 企业定额

企业定额是指建筑安装企业根据本企业的管理水平、拥有的施工技术和施工机械装备水平编制的，完成一个规定计量单位的工程项目所需的人工、材料和施工机械台班消耗标准。企业定额反映企业自身的生产力水平，是施工企业进行施工管理和投标报价的基础和依据，是企业参与市场竞争的核心竞争能力的具体表现。

作为企业定额，必须具备以下特点：

1）其各项平均消耗要体现企业自身的生产技术装备水平及其先进性。

2）体现本企业在某些方面的技术优势。

3）体现本企业局部或全面管理方面的优势。

4）所有匹配的单价都是动态的，具有市场性。

5）与施工方案能全面接轨。

企业定额编制的内容包括：构成工程实体的分部分项工程的工、料、机定额消耗量，措施性消耗定额，计价规则，计价程序，总说明等。

四、施工取费定额

《浙江省建设工程计价规则》（2018版）是由政府行业主管部门按照"政府宏观调控、

企业自主报价、竞争形成价格、监管行之有效"的思路，结合浙江省的实际情况编制的，按指令性、指导性、参考性不同层次，指导建设工程施工取费，规范建设市场的行为。

1）《浙江省建设工程计价规则》（2018 版）适用于浙江省内建设工程施工发包与承包的计价及其他有关计价活动，不适用于实行产品出厂价格的各类建筑产品生产企业，也不适用于未经建设工程施工企业资质审定的施工企业或其他企业。

2）适用于工程量清单计价的也适用于工料单价计价。

3）《浙江省建设工程计价规则》（2018 版）是编制建设工程造价（即编制投资估算、设计概算、招标标底、投标报价、工程结算及约定工程合同价等）的依据。

4）《浙江省建设工程计价规则》（2018 版）的计算规则和计算程序是指令性的，费率是指导性的或参考性的。《浙江省建设工程计价规则》（2018 版）所编的费率分为施工组织措施费率、综合费用费率、规费费率和税金费率，各费率设定了上限、下限、中值，为指导性或参考性费率，但规费费率和税金费率为固定的不可竞争费率。

五、价格信息

价格信息包括人工、材料、施工机械台班的价格，由工程造价管理部门依据本地区市场价格行情定期发布市场指导价格及各相关的指数和信息。

项目 3　建筑装饰工程造价构成及其计算

【学习目标】

1. 掌握建筑装饰工程造价的构成。
2. 掌握建筑装饰工程造价的计算程序。

一、建筑装饰工程造价构成（按费用构成要素分类）

建筑装饰工程造价按费用构成要素分类由人工费、材料费、机械费、企业管理费、利润、规费、税金组成，如图 1-6 所示。

（一）人工费

人工费是指按工资总额构成规定，支付给从事建筑安装工程施工的生产工人和附属生产单位工人的各项费用，包括计时或计件工资、奖金、津贴补贴、加班加点工资、特殊情况下支付的工资、职工福利费、劳动保护费。

1）计时或计件工资是指按计时工资标准和工作时间或对已做工作按计件单价支付给个人的劳动报酬。

2）奖金是指对超额劳动和增收节支支付给个人的劳动报酬，如节约奖、劳动竞赛奖等。

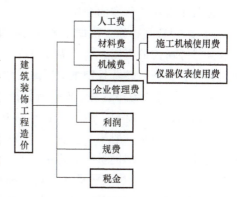

图 1-6　建筑装饰工程造价的构成
（按费用构成要素分类）

3）津贴补贴是指为了补偿职工特殊或额外的劳动消耗和因其他特殊原因支付给个人的津贴，以及为了保证职工工资水平不受物价影响支付给个人的物价补贴，如流动施工津贴、特殊地区施工津贴、高温（寒）作业临时津贴、高空津贴等。

4）加班加点工资是指按规定支付的在法定节假日工作的加班工资和在法定日工作时间外延时工作的加点工资。

5）特殊情况下支付的工资是指根据国家法律、法规和政策规定，员工因病、工伤、产假、计划生育假、婚丧假、事假、探亲假、定期休假、停工学习、执行国家或社会义务等原因按计时工资标准或计时工资标准的一定比例支付的工资。

6）职工福利费是指企业按规定标准计提并支付给生产工人的集体福利费、夏季防暑降温费、冬季取暖补贴、上下班交通补贴等。

7）劳动保护费是指企业按规定标准发放的生产工人劳动保护用品的支出。如工作服、手套、防暑降温饮料以及在有碍身体健康的环境中施工的保健费用等。

（二）材料费

材料费是指施工过程中耗用的原材料、辅助材料、构（配）件、零件、半成品或成品、工程设备等的费用，以及周转材料的摊销费用，包括：

1）材料及工程设备原价是指材料、工程设备的出厂价格或商家供应价格。原价包括为方便材料、工程设备的运输和保护而进行必要的包装所需要的费用。

2）运杂费是指材料、工程设备自来源地运至工地仓库或指定堆放地点所发生的全部费用，包括装卸费、运输费、运输损耗及其他附加费等费用。

3）采购及保管费是指为组织采购、供应和保管材料、工程设备的过程中所需要的各项费用，包括采购费、仓储费、工地保管费、仓储损耗等费用。

（三）机械费

机械费是指施工作业所发生的施工机械、仪器仪表使用费，包括施工机械使用费、仪器仪表使用费。其中，施工机械使用费是指施工作业所发生的机械使用费。施工机械使用费以施工机械台班耗用量与施工机械台班单价的乘积表示，施工机械台班单价由下列七项费用组成：

1）折旧费是指施工机械在规定的耐用总台班内，陆续收回其原值的费用。

2）检修费是指施工机械在规定的耐用总台班内，按规定的检修间隔进行必要的检修，以恢复其正常功能所需的费用。

3）维护费是指施工机械在规定的耐用总台班内，按规定的维护间隔进行各级维护和临时故障排除所需的费用，包括为保障机械正常运转所需替换设备与随机配备的工具、附具的摊销费用，机械运转及日常维护所需润滑与擦拭的材料费用及机械停滞期间的维护费用等。

4）安拆费及场外运费。安拆费是指一般施工机械（大型机械除外）在现场进行安装与拆卸所需的人工、材料、机械和试运转费用，以及机械辅助设施的折旧、搭设、拆除等费用；场外运费是指一般施工机械（大型机械除外）整体或分件自停放场地运至另一施工场地的运输、装卸、辅助材料等费用。

5）人工费是指机上司机（司炉）和其他操作人员的人工费。

6）燃料动力费是指施工机械在运转作业中所耗用的燃料及水、电等费用。

7）其他费用是指施工机械按照国家和有关部门规定应缴纳的车船使用税、保险费及年检费用等。

（四）企业管理费

企业管理费是指建筑安装企业组织施工生产和经营管理所需的费用，包括：

1）管理人员工资是指按规定支付给管理人员的计时工资、奖金、津贴补贴、加班加点工资、特殊情况下支付的工资及相应的职工福利费、劳动保护费等。

2）办公费是指企业管理办公用的文具、纸张、账表、印刷、邮电、书报、办公软件、现场监控、会议、水电、烧水和集体取暖降温（包括现场临时宿舍取暖降温）等费用。

3）差旅交通费是指职工因公出差、调动工作的差旅费、住勤补助费，市内交通费和误餐补助费，职工探亲路费，劳动力招募费，职工退休、退职一次性路费，工伤人员就医路费，工地转移费以及管理部门使用的交通工具的油料、燃料等费用。

4）固定资产使用费是指管理和试验部门及附属生产单位使用的属于固定资产的房屋、设备、仪器（包括现场出入管理及考勤设备、仪器）等的折旧、大修、维修或租赁费。

5）工具用具使用费是指企业施工生产和管理使用的不属于固定资产的工具、器具、家具、交通工具以及检验、试验、测绘、消防用具等的购置、维修和摊销费。

6）劳动保险费是指由企业支付离退休职工的易地安家补助费、职工退职金、六个月以上的病假人员工资、职工死亡丧葬补助费、抚恤费、按规定支付给离退休干部的各项经费等。

7）检验试验费是指施工企业按照有关标准规定，对建筑以及材料、构件和建筑安装物进行一般鉴定、检查所发生的费用，包括自设实验室进行试验所耗用的材料等费用；不包括新结构、新材料的试验费，对构件做破坏性试验及其他特殊要求检验试验的费用，以及建设单位委托检测机构进行专项及见证取样检测的费用，对此类检测所发生的费用由建设单位在工程建设其他费用中列支。但对施工企业提供的具有合格证明的材料进行检测如不合格的，该检测费用应由施工企业支付。

8）夜间施工增加费是指因施工工艺要求必须持续作业而不可避免的夜间施工所增加的费用，包括夜班补助费、夜间施工降效、夜间施工照明设备摊销及照明用电等费用。

9）已完工程及设备保护费是指竣工验收前，对已完工程及工程设备采取的必要保护措施所发生的费用。

10）工程定位复测费是指工程施工过程中进行全部施工测量放线和复测工作的费用。

11）工会经费是指企业按《中华人民共和国工会法》规定的全部职工工资总额比例计提的工会经费。

12）职工教育经费是指按职工工资总额的规定比例计提，企业为职工进行技能培训、专业技术人员继续教育、职工职业技能鉴定、职业资格认定以及根据需要对职工进行各类文化教育所发生的费用。

13）财产保险费是指施工管理用财产、车辆等的保险费用。

14）财务费是指企业为施工生产筹集资金或提供预付款担保、履约担保、职工工资支付担保等所发生的各种费用。

15）税费是指根据国家税法规定应计入建筑安装工程造价内的城市维护建设税、教育费附加和地方教育附加，以及企业按规定缴纳的房产税、车船使用税、土地使用税、印花税、环保税等。

16）其他包括技术转让费、技术开发费、投标费、业务招待费、绿化费、广告费、公证费、法律顾问费、审计费、咨询费、危险作业意外伤害保险费等。

（五）利润

利润是指施工企业完成所承包工程获得的盈利。

（六）规费

规费是指按国家法律、法规规定，由省级政府和省级有关权力部门规定必须缴纳或计取的，应计入建筑安装工程造价内的费用，包括：

1）社会保险费包括养老保险费、失业保险费、医疗保险费、生育保险费、工伤保险费。

① 养老保险费是指企业按照规定标准为职工缴纳的基本养老保险费。

② 失业保险费是指企业按照规定标准为职工缴纳的失业保险费。

③ 医疗保险费是指企业按照规定标准为职工缴纳的基本医疗保险费。

④ 生育保险费是指企业按照规定标准为职工缴纳的生育保险费。

⑤ 工伤保险费是指企业按照规定标准为职工缴纳的工伤保险费。

2）住房公积金是指企业按规定标准为职工缴纳的住房公积金。

（七）税金

税金是指国家税法规定的应计入建筑安装工程造价内的建筑服务增值税。

建筑装饰工程造价的构成（按费用构成要素分类）见表1-9。

表1-9　建筑装饰工程造价的构成（按费用构成要素分类）

建筑装饰工程造价	人工费	
	材料费	
	机械费	施工机械使用费
		仪器仪表使用费
	企业管理费	管理人员工资
		办公费
		差旅交通费
		固定资产使用费
		工具用具使用费
		劳动保险费
		检验试验费
		夜间施工增加费
		已完工程及设备保护费
		工程定位复测费
		工会经费
		职工教育经费
		财产保险费
		财务费
		税费
		其他

（续）

建筑装饰工程造价	利润	—	
	规费	社会保险费	养老保险费
			失业保险费
			医疗保险费
			工伤保险费
			生育保险费
		住房公积金	
	税金		

二、建筑装饰工程造价构成（按造价形成内容分类）

建筑装饰工程造价按造价形成内容分类由分部分项工程费、措施项目费、其他项目费、规费和税金组成，如图 1-7 所示。

（一）分部分项工程费

分部分项工程费是指根据设计规定，按照施工验收规范、质量评定标准的要求，完成构成工程实体所耗费或发生的各项费用，包括人工费、材料费、机械费和企业管理费、利润。

（二）措施项目费

措施项目费是指为完成建筑安装工程施工，按照安全操作规程、文明施工规定的要求，发生于该工程施工前和施工过程中用作技术、生活、安全、环境保护等方面的各项费用，由施工技术措施费和施工组织措施费构成，包括人工费、材料费、机械费和企业管理费、利润。措施项目费的构成见表 1-10。

1. 施工技术措施费

（1）费用组成（按内容划分）

1）通用施工技术措施费，包括：

① 大型机械设备进出场及安拆费是指机械整体或分体

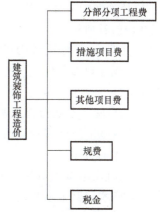

装饰工程
费用计算

图 1-7　建筑装饰工程造价的构成
（按造价形成内容分类）

表 1-10　措施项目费的构成

措施项目费	施工技术措施费	通用施工技术措施费	大型机械设备进出场及安拆费
			脚手架工程费
		专业工程施工技术措施费	
		其他施工技术措施费	
	施工组织措施费	安全文明施工费	
		提前竣工增加费	
		二次搬运费	
		冬雨季施工增加费	
		其他施工组织措施费	

自停放地点运至施工现场或由一个施工地点运至另一个施工地点所发生的机械进出场运输和转移的费用，以及机械在施工现场进行安装、拆卸所需的人工费、材料费、机械费、试运转费和安装所需的辅助设施的费用。

② 脚手架工程费是指施工需要的各种脚手架搭、拆、运输费用，以及脚手架购置费（或租赁）的摊销费用。

2）专业工程施工技术措施费是指根据现行各专业工程工程量计算规范或本省各专业工程计价定额及有关规定，列入各专业工程措施项目的属于施工技术措施的费用。

3）其他施工技术措施费是指根据各专业工程特点补充的施工技术措施费用。

（2）施工技术措施项目（按实施要求划分）

施工技术措施项目按实施要求划分为施工技术常规措施项目和施工技术专项措施项目。其中，施工技术专项措施项目是指根据设计或建设主管部门的规定，需由承包人提出专项方案并经论证、批准后方能实施的施工技术措施项目，如深基坑支护、高支模承重架、大型施工机械设备（塔式起重机、施工电梯、架桥机等）基础（含桩基础）等。

2. 施工组织措施费

1）安全文明施工费是指承包人按照国家法律、法规等规定，在合同履行中为保证安全施工、文明施工，保护现场内外环境等所采用的措施发生的费用。安全文明施工费包括：

① 环境保护费是指施工现场为达到环保部门要求所需要的包括施工现场扬尘污染防治、治理在内的各项费用。

② 文明施工费是指施工现场文明施工所需要的各项费用，一般包括施工现场的标牌设置、施工现场地面硬化、现场周边设立围护设施、现场安全保卫及保持场貌场容整洁等发生的费用。

③ 安全施工费是指施工现场安全施工所需要的各项费用，一般包括安全防护用具和服装，施工现场的安全警示、消防设施和灭火器材，安全教育培训，安全检查及编制安全措施方案等发生的费用。

④ 临时设施费是指施工企业为进行建筑工程施工所必须搭设的生活和生产用的临时建筑物、构筑物和其他临时设施等发生的费用。临时设施包括临时宿舍、文化福利及公用事业房屋与构筑物、仓库、办公室、加工厂（场）以及在规定范围内的道路、水、电、管线等临时设施和小型临时设施。临时设施费用包括临时设施的搭设、维修、拆除费或摊销费。

安全文明施工费以实施标准划分，可分为安全文明施工基本费和创建安全文明施工标准化工地增加费。

2）提前竣工增加费是指因缩短工期要求发生的施工增加费，包括赶工所需发生的夜间施工增加费、周转材料加大投入量和资金、劳动力集中投入等所增加的费用。

3）二次搬运费是指因施工场地限制而发生的材料、构（配）件、半成品等一次运输不能到达堆放地点，必须进行二次或多次搬运所发生的费用。

4）冬雨季施工增加费是指在冬季或雨季施工需增加的临时设施、防滑、排除雨雪、人工及施工机械效率降低等费用。

5）其他组织措施费是指根据各专业工程特点补充的组织措施费用。

（三）其他项目费

其他项目费的构成内容应根据工程实际情况按照不同阶段的计价需要进行列项。编制招标控制价和投标报价时，由暂列金额、暂估价、计日工、施工总承包服务费四项内容构成；编制竣工结算时，由专业工程结算价、计日工、施工总承包服务费、索赔与现场签证费以及优质工程增加费五项内容构成。

1. 暂列金额

暂列金额是指招标人在工程量清单中暂定并包括在工程合同价款中的一笔款项，用于工程合同签订时尚未确定或者不可预见的所需材料、工程设备、服务的采购，施工中可能发生的工程变更、合同约定调整因素出现时的合同价款调整，以及发生的索赔、现场签证确认等的费用；还包括标化工地、优质工程等费用的追加，包括标化工地暂列金额、优质工程暂列金额和其他暂列金额。

2. 暂估价

暂估价是指招标人在工程量清单中提供的用于支付必然发生但暂时不能确定价格的材料、工程设备的单价，以及施工技术专项措施项目、专业工程等的金额。

（1）材料及工程设备暂估价

材料及工程设备暂估价是指发包阶段已经确认发生的材料、工程设备，由于设计标准未明确等原因造成无法当时确定准确价格，或者设计标准虽已明确，但一时无法取得合理询价，由招标人在工程量清单中给定的若干暂估单价。

（2）专业工程暂估价

专业工程暂估价是指发包阶段已经确认发生的专业工程，由于设计未详尽、标准未明确或者需要由专业承包人完成等原因造成无法当时确定准确价格，由招标人在工程量清单中给定的一个暂估总价。

（3）专项措施暂估价

专项措施暂估价是指发包阶段已经确认发生的施工技术措施项目，由于需要在签约后由承包人提出专项方案并经论证、批准后方能实施等原因造成无法当时准确计价，由招标人在工程量清单中给定的一个暂估总价。

3. 计日工

计日工是指在施工过程中，承包人完成发包人提出的工程合同范围以外的零星项目或工作所需的费用。

4. 施工总承包服务费

施工总承包服务费是指施工总承包人为配合、协调发包人进行的专业工程发包，对发包人自行采购的材料、工程设备等进行保管以及提供施工现场管理、竣工资料汇总整理等服务所需的费用，包括发包人发包专业工程管理费（简称专业发包工程管理费）和发包人提供材料及工程设备保管费（简称甲供材料设备保管费）。

5. 专业工程结算价

专业工程结算价是指发包阶段招标人在工程量清单中以暂估价给定的专业工程，竣工结算时发（承）包双方按照合同约定计算并确定的最终金额。

6. 索赔与现场签证费

索赔与现场签证费包括索赔费用、现场签证费用。

1）索赔费用是指在工程合同履行过程中，合同当事人一方因非己方的原因而遭受损失，按合同约定或法律法规规定应由对方承担责任，从而向对方提出补偿的要求，经双方共同确认需补偿的各项费用。

2）现场签证费用（简称签证费用）是指发包人现场代表（或其授权的监理人、工程造价咨询人）与承包人现场代表就施工过程中涉及的责任事件所做的签认证明中的各项费用。

7. 优质工程增加费

优质工程增加费是指建筑施工企业在生产合格建筑产品的基础上，为生产优质工程而增加的费用。

（四）规费

规费的定义及包含内容见模块1项目3中"一、建筑装饰工程造价构成（按费用构成要素分类）"。

（五）税金

税金的定义及包含内容见模块1项目3中"一、建筑装饰工程造价构成（按费用构成要素分类）"。

三、装饰工程造价计算程序

本书主要介绍招（投）标阶段装饰工程造价计算程序。

（一）招（投）标阶段装饰工程造价计算程序

招（投）标阶段装饰工程造价计算程序见表1-11。

表 1-11　招（投）标阶段装饰工程造价计算程序

序号	费用项目			计算方法
一	分部分项工程量清单费			Σ（分部分项清单工程量×综合单价）
	其中	1. 人工费+机械费		Σ分部分项工程（人工费+机械费）
二	措施项目清单费			（一）+（二）
	（一）技术措施费			Σ（技术措施工程量×综合单价）
	其中	2. 人工费+机械费		Σ技术措施（人工费+机械费）
	（二）施工组织措施费			Σ[（1+2）×相应费率]　按实际发生之和计算
三	其他项目清单费			（三）+（四）+（五）+（六）
	（三）暂列金额			3+4+5
	其中	3. 标化工地暂列金额		（1+2）×费率
		4. 优质工程暂列金额		除暂列金额外税前工程造价×费率
		5. 其他暂列金额		除暂列金额外税前工程造价×估算比例
	（四）暂估价			6+7
	其中	6. 专业工程暂估价		按各专业工程的除税金外全费用暂估金额之和计算
		7. 专项措施暂估价		按各专项措施的除税金外全费用暂估金额之和计算
	（五）计日工			Σ计日工（暂估数量×综合单价）
	（六）施工总承包服务费			8+9
	其中	8. 专业发包工程管理费		Σ专业发包工程（暂估金额×费率）
		9. 甲供材料设备保管费		甲供材料暂估金额×费率+甲供设备暂估金额×费率
四	规费			（1+2）×费率
五	税前工程造价			一+二+三+四
六	税金			五×税率
七	建筑安装工程造价			五+六

（二）分部分项工程量清单费和技术措施费

分部分项工程量清单费是指完成招标文件所提供的分部分项工程量清单项目所需的费用，技术措施费是指完成工程所需的能计算工程量的必要的措施费用，它们的计算方法是一样的：

装饰工程施工取费费率

分部分项工程量清单费和技术措施费=工程量×综合单价

1）分部分项工程的工程量根据图纸和《计价规范》的计算规则计算，由招标人提供。技术措施的工程量由投标人自行确定。

2）综合单价包括完成工程量清单中一个规定计量单位项目所需的人工费、材料费、机械费、企业管理费、利润。

① 人工费、材料费、机械费依据企业定额确定。

② 企业管理费由下式计算：

$$企业管理费=（人工费+机械费）×费率$$

企业管理费在投标报价时由企业参考弹性费率自主确定，并在合同中明确；编制招标控制价时可按中值计取。装配式工程的企业管理费费率按照PC率（建筑密度）乘以相应系数，企业管理费费率见表1-12。

表 1-12　企业管理费费率

定额编号	项目名称	计算基数	一般计税费率（%）		
			下限	中值	上限
A1	企业管理费				
A1-1	房屋建筑及构筑物工程	人工费+机械费	12.43	16.57	20.71
A1-2	单独装饰工程	人工费+机械费	11.37	15.16	18.95

③ 利润的计算：

$$利润=（人工费+机械费）×利润率$$

利润率见表1-13。

表 1-13　利润率

定额编号	项目名称	计算基数	一般计税利润率（%）		
			下限	中值	上限
A2	利润				
A2-1	房屋建筑及构筑物工程	人工费+机械费	6.08	8.10	10.12
A2-2	单独装饰工程	人工费+机械费	5.72	7.62	9.52

（三）施工组织措施费

1）施工组织措施费中的安全文明施工基本费为必须计算的费用，其他施工组织措施项目可根据工程实际需要发生列项，工程实际不发生的不计取。

2）施工组织措施费各项目=（人工费+机械费）×相应费率，施工组织措施费费率见表1-14。

3）安全文明施工基本费在计价时采用分档累进以递减的方式进行计算。

4）装配式工程的施工组织措施费费率按照PC率乘以相应系数计算。

5) 单独装饰工程的安全文明施工基本费费率乘以系数 0.6。

6) 提前竣工增加费以工期缩短比例计取。工期缩短比例=（合同工期-定额工期）/定额工期×100%。

7) 优质工程增加费根据合同约定计取。

表 1-14　施工组织措施费费率

定额编号	项目名称		计算基数	一般计税费率(%)		
				下限	中值	上限
A3	组织措施费					
A3-1	安全文明施工基本费					
A3-1-1	其中	非市区工程	人工费+机械费	7.14	7.93	8.72
		市区工程		8.57	9.52	10.47
A3-3	提前竣工增加费					
A3-3-1	缩短工期比例10%以内		人工费+机械费	1.03	1.29	1.55
A3-4	二次搬运费		人工费+机械费	0.4	0.5	0.6

（四）其他项目清单费

其他项目清单费根据拟建工程的具体情况列项。

1) 暂列金额按招标文件要求编制。

2) 施工总承包服务费：

① 专业发包工程管理费：仅管理协调的，按专业发包工程金额 1%~2% 计取；需要配合的，按专业发包工程金额 2%~4% 计取。

② 甲供材料保管费按甲供材料金额 0.5%~1% 计取。

③ 甲供设备保管费按甲供设备金额 0.2%~0.5% 计取。

3) 计日工费按招标人预计发生量，投标人报综合单价。

（五）规费

规费=（人工费+机械费）×费率，费率必须按照建设工程施工取费定额有关规定计取，规费费率见表 1-15。

表 1-15　规费费率

定额编号	项目名称	计算基数	费率(%)	
			一般计税	简易计税
A5	规费			
A5-1	房屋建筑及构筑物工程	人工费+机械费	25.78	25.15
A5-2	单独装饰工程	人工费+机械费	27.92	27.37

（六）税金

税金=税前工程造价×税率，税金税率见表 1-16。

表 1-16　税金税率

定额编号	项目名称	计算基数	税金税率(%)	
			一般计税	简易计税
A6	增值税	税前工程造价	10	3

[例题 1-3] 某市临街综合楼单独装修工程，房屋高度 58m，11 层，地下室 2 层，按综合单价法计价，分部分项工程量清单费 1000 万元，其中人工、机械 400 万元；技术措施费 200 万元，其中人工、机械 120 万元，其他项目清单费 10 万元，按照合同要求工期比国家定额工期缩短 9%，求造价（费率取中值）。

招（投）标阶段
装饰工程费
用计算实例

解答：1. 分部分项工程量清单项目费　　1000 万元

　　　　　其中人工、机械　　　　　　400 万元

　　2. 技术措施费　　　200 万元

　　　其中人工、机械　　120 万元

　　3. 安全文明施工基本费　（400+120）万元×9.52%×0.6＝29.70 万元

　　4. 提前竣工增加费　（400+120）万元×1.29%＝6.71 万元

　　5. 其他项目清单费　　　10 万元

　　6. 规费　（400+120）万元×27.92%＝145.18 万元

　　7. 税金　（1000+200+29.70+6.71+10+145.18）万元×10%＝139.16 万元

造价＝1000 万元+200 万元+29.70 万元+6.71 万元+10 万元+145.18 万元+139.16 万元＝1530.75 万元

项目 4　建筑面积的计算

【学习目标】

1. 了解建筑面积的概念。

2. 掌握《建筑工程建筑面积计算规范》（GB/T 50353—2013）中有关建筑面积计算的规定。

3. 能熟练看懂建筑施工图。

4. 能熟练计算建筑面积。

一、建筑面积的概念

建筑面积是指房屋工程按《建筑工程建筑面积计算规范》（GB/T 50353—2013）计算的水平平面面积，即外墙勒脚以上各层水平投影面积的总和，是以平方米反映房屋建筑规模的实物量指标，包括使用面积、辅助面积和结构面积。使用面积是指建筑物各层平面布置中，可直接为生产或生活使用的净面积总和。居室净面积在民用建筑中又称为居住面积。辅助面积是指建筑物各层平面布置中为辅助生产或生活所占净面积的总和。使用面积与辅助面积的总和称为有效面积。结构面积是指建筑物各层平面布置中的墙体、柱等结构所占面积的总和。

二、计算建筑面积的规定

1）建筑物的建筑面积应按自然层外墙结构外围水平面积之和计算。结构层高在 2.20m 及以上的，应计算全面积；结构层高在 2.20m 以下的，应计算 1/2 面积。

2）建筑物内设有局部楼层时，对于局部楼层的二层及以上楼层，有围护结构的应按其围护结构外围水平面积计算，无围护结构的应按其结构底板水平面积计算。结构层高在2.20m及以上的，应计算全面积；结构层高在2.20m以下的，应计算1/2面积。建筑物局部楼层示意图如图1-8所示。

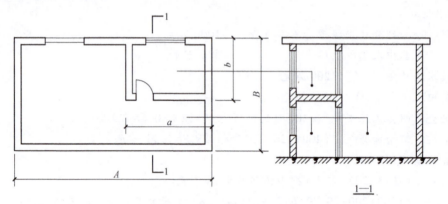

图1-8 建筑物局部楼层示意

建筑面积 $S = A \times B + a \times b$

3）形成建筑空间的坡屋顶，结构净高在2.10m及以上的部位应计算全面积；结构净高在1.20m及以上至2.10m以下的部位应计算1/2面积；结构净高在1.20m以下的部位不应计算建筑面积。坡屋顶多层建筑物示意图如图1-9所示。

4）场馆看台下的建筑空间，结构净高在2.10m及以上的部位应计算全面积；结构净高在1.20m及以上至2.10m以下的部位应计算1/2面积；结构净高在1.20m以下的部位不应计算建筑面积。室内单独设置的有围护设施的悬挑看台，应按看台结构底板水平投影面积计算建

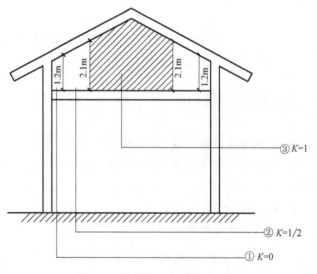

图1-9 坡屋顶多层建筑物示意

建筑面积 $S = S_{一层} + KS_{二层}$

筑面积。有顶盖无围护结构的场馆看台，应按其顶盖水平投影面积的1/2计算面积。利用建筑物场馆看台下的建筑面积示意图如图1-10所示。

5）地下室、半地下室应按其结构外围水平面积计算。结构层高在2.20m及以上的，应计算全面积；结构层高在2.20m以下的，应计算1/2面积。

6）出入口外墙外侧坡道有顶盖的部位，应按其外墙结构外围水平面积的1/2计算面积。建筑物地下室示意图如图1-11所示，面积计算如下：

地下室建筑面积 $S = (5.1 \times 2 + 2.1 + 0.12 \times 2) \times (5 \times 2 + 0.12 \times 2) \text{m}^2 = 128.41 \text{m}^2$

出入口建筑面积 $S = [6 \times 2 \text{m}^2 + 0.68 \times (2.1 + 0.12 \times 2)] / 2 \text{m}^2 = 6.80 \text{m}^2$

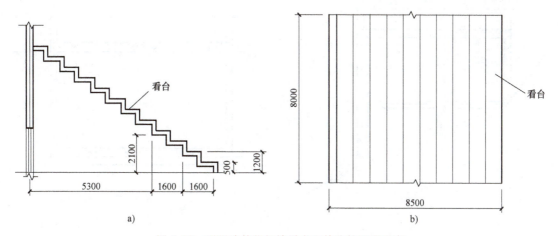

图 1-10 利用建筑物场馆看台下的建筑面积示意

建筑面积 $S = 8 \times (5.3 + 1.6 \times 0.5)$ m² = 48.8m²

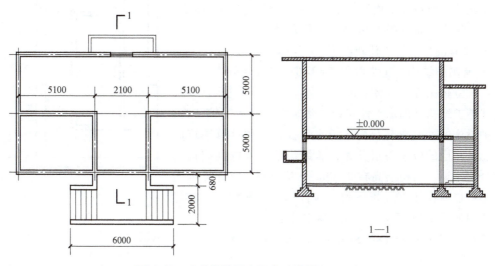

图 1-11 建筑物地下室示意（墙厚 240mm）

总建筑面积 $S = 128.41\text{m}^2 + 6.80\text{m}^2 = 135.21\text{m}^2$

7）建筑物架空层及坡地建筑物吊脚架空层，应按其顶板水平投影计算建筑面积。结构层高在 2.20m 及以上的，应计算全面积；结构层高在 2.20m 以下的，应计算 1/2 面积。坡地建筑物、深基础作地下架空层如图 1-12 所示。

8）建筑物的门厅、大厅按一层计算建筑面积，门厅、大厅内设置的走廊应按其结构底板水平投影面积计算建筑面积。结构层高在 2.20m 及以上的，应计算全面积；结构层高在 2.20m 以下的，应计算 1/2 面积。设有大厅的建筑物示意图如图 1-13 所示，面积计算如下：

$$S = 2a_1 \times b + 2a_1 \times (a - 2a_1)$$

式中 S——大厅内回廊建筑面积（m²）；

a——两外墙内表面间的水平距离（m）；

b——外墙内表面至内墙内表面间的水平距离（m）；

a_1——外墙内表面至回廊内边线间的水平距离（m）。

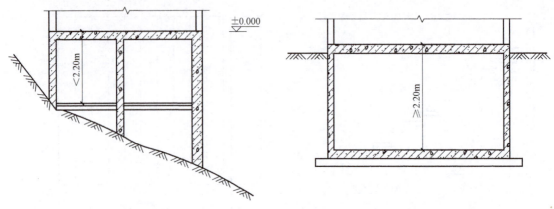

图 1-12 坡地建筑物、深基础作地下架空层

9）建筑物之间的架空走廊，有顶盖和围护结构的，应按其围护结构外围水平面积计算全面积；无围护结构、有围护设施的，应按其结构底板水平投影面积计算 1/2 面积。有顶盖的架空走廊如图 1-14 所示，面积计算如下：

① 没有围护结构，建筑面积 $S = 3 \times 6 \mathrm{m}^2 = 18 \mathrm{m}^2$

② 有围护结构，建筑面积 $S = 3 \times 6 \times 1/2 \mathrm{m}^2 = 9 \mathrm{m}^2$

10）立体书库、立体仓库、立体车库，有围护结构的，应按其围护结构外围水平面积计算建筑面积；无围护结构、有围护设施的，应按其结构底板水平投影面积计算建筑面积。无结构层的应按一层计算，有结构层的应按其结构层面积分别计算。结构层高在 2.20m 及以上的，应计算全面积；结构层高在 2.20m 以下的，应计算 1/2 面积。货台建筑示意图如图 1-15 所示，面积计算如下：

货台建筑面积 $S = 1 \times 4.5 \times 1/2 \times 5 \times 6 \mathrm{m}^2 = 67.5 \mathrm{m}^2$

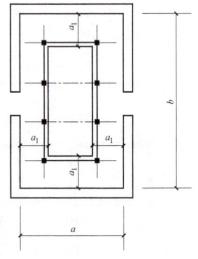

图 1-13 设有大厅的建筑物示意

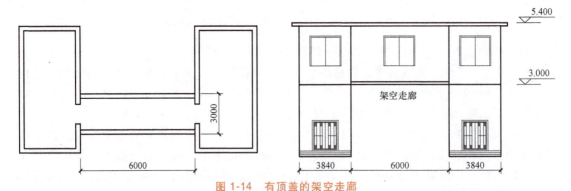

图 1-14 有顶盖的架空走廊

11）有围护结构的舞台灯光控制室，应按其围护结构外围水平面积计算。结构层高在 2.20m 及以上的，应计算全面积；结构层高在 2.20m 以下的，应计算 1/2 面积。

12）附属在建筑物外墙的落地橱窗，应按其围护结构外围水平面积计算。结构层高在 2.20m 及以上的，应计算全面积；结构层高在 2.20m 以下的，应计算 1/2 面积。

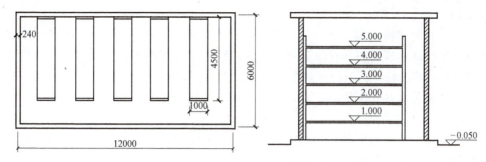

图 1-15　货台建筑示意

13）窗台与室内楼地面高差在 0.45m 以下且结构净高在 2.1m 及以上的凸（飘）窗，应按其围护结构外围水平面积计算 1/2 面积。

14）有围护设施的室外走廊（挑廊），应按其结构底板水平投影面积计算 1/2 面积；有围护设施（或柱）的檐廊，应按其围护设施（或柱）的外围水平面积计算 1/2 面积。

15）门斗应按其围护结构外围水平面积计算建筑面积。结构层高在 2.20m 及以上的，应计算全面积（图 1-16）；结构层高在 2.20m 以下的，应计算 1/2 面积。

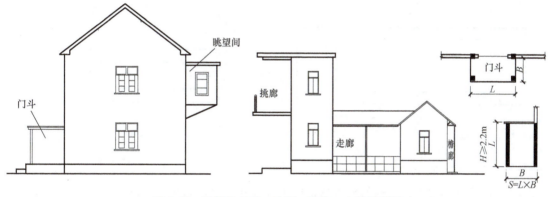

图 1-16　建筑物门斗、挑廊、檐廊、走廊示意图

16）门廊应按其顶板水平投影面积的 1/2 计算建筑面积；有柱雨篷应按其结构板水平投影面积的 1/2 计算建筑面积；无柱雨篷的结构外边线至外墙结构外边线的宽度在 2.10m 及以上的，应按雨篷结构板的水平投影面积的 1/2 计算建筑面积。无柱雨篷示意图如图 1-17 所示。

17）设在建筑物顶部的、有围护结构的楼梯间、水箱间、电梯机房等，结构层高在 2.20m 及以上的，应计算全面积；结构层高在 2.20m 以下的，应计算 1/2 面积。

18）围护结构不垂直于水平面的楼层，应按其底板面的外墙外围水平面积计算。结构净高在 2.10m 及以上的部位，应计算全面积；结构净高在 1.20m 及以上至 2.10m 以下的部位，应计算 1/2 面积；结构净高在 1.20m 以下的部位，不应计算建筑面积。外墙倾斜建筑物示意

图 1-17　无柱雨篷示意

$B \geqslant 2.10\text{m}$，$S = B \times L \times 1/2$

图如图 1-18 所示。

19）建筑物的室内楼梯、电梯井、提物井、管道井、通风排气竖井、烟道，应并入建筑物的自然层计算建筑面积。有顶盖的采光井应按一层计算建筑面积，结构净高在 2.10m 及以上的，应计算全面积；结构净高在 2.10m 以下的，应计算 1/2 面积。

20）室外楼梯应并入所依附建筑物的自然层，并应按其水平投影面积的 1/2 计算建筑面积。

21）在主体结构内的阳台，应按其结构外围水平面积计算全面积；在主体结构外的阳台，应按其结构底板水平投影面积计算 1/2 面积。

22）有顶盖无围护结构的车棚、货棚、站台、加油站、收费站等，应按其顶盖水平投影面积的 1/2 计算建筑面积。场馆看台示意图如图 1-19 所示。

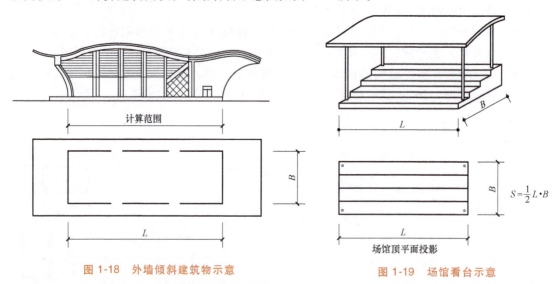

图 1-18　外墙倾斜建筑物示意　　　　图 1-19　场馆看台示意

23）以幕墙作为围护结构的建筑物，应按幕墙外边线计算建筑面积。

24）建筑物的外墙外保温层，应按其保温材料的水平截面面积计算，并计入自然层建筑面积。

25）与室内相通的变形缝，应按其自然层合并在建筑物建筑面积内计算。对于高低联跨的建筑物，当高低跨内部连通时，其变形缝应计算在低跨面积内。高低联跨建筑物示意图如图 1-20 所示。

26）对于建筑物内的设备层、管道层、避难层等有结构层的楼层，结构层高在 2.20m 及以上的，应计算全面积；结构层高在 2.20m 以下的，应计算 1/2 面积。

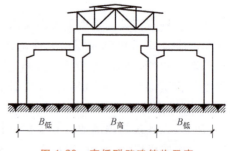

图 1-20　高低联跨建筑物示意

建筑面积 $S = S_{高跨} + S_{低跨}$

三、不应计算面积的项目

1）与建筑物内不相连通的建筑部件。

2）骑楼、过街楼底层的开放公共空间和建筑物通道。

3）舞台及后台悬挂幕布和布景的天桥、挑台等。

4）露台、露天游泳池、花架、屋顶的水箱及装饰性结构构件。

5）建筑物内的操作平台、上料平台、安装箱和罐体的平台。

6）勒脚、附墙柱、垛、台阶、墙面抹灰、装饰面、镶贴块料面层、装饰性幕墙，主体结构外的空调室外机搁板（箱）、构件、配件，挑出宽度在 2.10m 以下的无柱雨篷和顶盖高度达到或超过两个楼层的无柱雨篷。建筑物墙垛、台阶示意图如图 1-21 所示。

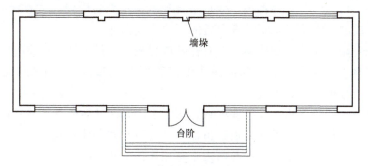

图 1-21　建筑物墙垛、台阶示意

7）窗台与室内地面高差在 0.45m 以下且结构净高在 2.10m 以下的凸（飘）窗，窗台与室内地面高差在 0.45m 及以上的凸（飘）窗。

8）室外爬梯、室外专用消防钢楼梯。

9）无围护结构的观光电梯。

10）建筑物以外的地下人防通道，独立的烟囱、烟道、地沟、油（水）罐、气柜、水塔、贮油（水）池、贮仓、栈桥等构筑物。

四、建筑面积规范中的相关概念

1）建筑面积——建筑物（包括墙体）所形成的楼地面面积。

2）自然层——按楼地面结构分层的楼层。

3）结构层高——楼面或地面结构层上表面至上部结构层上表面之间的垂直距离。

4）围护结构——围合建筑空间的墙体、门、窗。

5）建筑空间——以建筑界面限定的、供人们生活和活动的场所。

6）结构净高——楼面或地面结构层上表面至上部结构层下表面之间的垂直距离。

7）围护设施——为保障安全而设置的栏杆、栏板等围挡。

8）地下室——室内地坪面低于室外地坪面的高度超过室内净高的 1/2 的房间。

9）半地下室——室内地坪面低于室外地坪面的高度超过室内净高的 1/3，且不超过 1/2 的房间。

10）架空层——仅有结构支撑而无外围护结构的开敞空间层。

11）走廊——建筑物中的水平交通空间。

12）架空走廊——专门设置在建筑物的二层或二层以上，作为不同建筑物之间水平交通的空间。

13）结构层——整体结构体系中承重的楼板层。

14）落地橱窗——突出外墙面且根基落地的橱窗。

15）凸窗（飘窗）——凸出建筑物外墙面的窗户。

16）檐廊——建筑物挑檐下的水平交通空间。

17）挑廊——挑出建筑物外墙的水平交通空间。

18）门斗——建筑物入口处两道门之间的空间。

19）雨篷——建筑出入口上方为遮挡雨水而设置的部件。

20）门廊——建筑物入口前有顶棚的半围合空间。

21）楼梯——由连续行走的梯级、休息平台和维护安全的栏杆（或栏板）、扶手以及相应的支托结构组成的作为楼层之间垂直交通使用的建筑部件。

22）阳台——附设于建筑物外墙，设有栏杆或栏板，可供人活动的室外空间。

23）主体结构——接受、承担和传递建设工程所有上部荷载，维持上部结构整体性、稳定性和安全性的有机联系的构造。

24）变形缝——防止建筑物在某些因素作用下引起开裂甚至破坏而预留的构造缝。

25）骑楼——建筑底层沿街面后退且留出公共人行空间的建筑物。

26）过街楼——跨越道路上空并与两边建筑相连接的建筑物。

27）建筑物通道——为穿过建筑物而设置的空间。

28）露台——设置在屋面、首层地面或雨篷上的供人室外活动的有围护设施的平台。

29）勒脚——在房屋外墙接近地面部位设置的饰面保护构造。

30）台阶——联系室内外地坪或同楼层不同标高而设置的阶梯形踏步。

五、计算示例

[例题 1-4]　求图 1-22 的建筑面积。

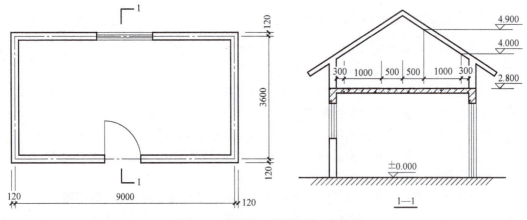

图 1-22　建筑物一层平面图、剖面图

解答：一层建筑面积 $S_1 = (9+0.24) \times (3.6+0.24) \text{m}^2 = 35.48 \text{m}^2$

二层建筑面积 $S_2 = 1 \times 9.24 \times 0.5 \times 2 \text{m}^2 + 0.5 \times 2 \times 9.24 \text{m}^2 = 18.48 \text{m}^2$

总建筑面积 $S = 35.48 \text{m}^2 + 18.48 \text{m}^2 = 53.96 \text{m}^2$

[例题 1-5]　已知带回廊的建筑物二层平面图如图 1-23 所示，一层大厅、二层设置回廊，层高均为 3m，求该建筑物大厅和回廊的建筑面积。

解答：大厅建筑面积 $S = (15-0.24) \times (4.2+4.5-0.24) \text{m}^2 = 124.87 \text{m}^2$

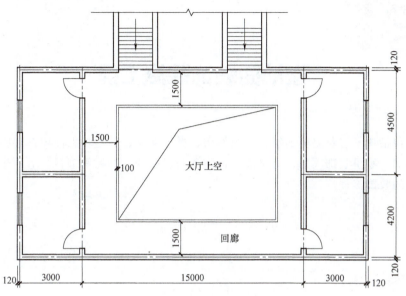

图 1-23　带回廊的建筑物二层平面图

回廊建筑面积 $S = 1.6 \times (15 - 0.24 + 4.5 + 4.2 - 0.24 - 1.6 \times 2) \times 2 \times 2\text{m}^2 = 128.13\text{m}^2$

模 块 小 结

本模块主要介绍了装饰工程计价相关知识、装饰工程计价依据、建筑装饰工程造价构成及其计算、建筑面积的计算。重点是掌握好装饰工程造价计算程序和建筑面积的计算。

思考与练习题

1. 基本建设各阶段的计价活动有哪些？
2. 其他项目清单中的甲供材料保管费如何计取？
3. 安全文明基本费的取费基数是什么？
4. 装修层计算建筑面积吗？
5. 保温层计算建筑面积吗？

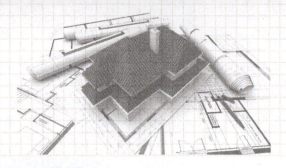

模块2

楼地面装饰装修工程

本模块包括找平层及整体面层，块料面层，橡塑面层，其他材料面层，踢脚线，楼梯面层，台阶装饰，零星装饰项目，分格嵌条，防滑条，酸洗、打蜡等项目，适用于楼地面、楼梯、台阶等的装饰工程。

项目1　知识准备

一、楼地面定义

楼地面是楼面和地面的总称，是分隔建筑空间的水平承重结构，其作用是分隔空间，承受并传递荷载。

二、楼地面构成

楼地面由基层、垫层、填充层、找平层、隔离层、结合层和面层构成。

1）基层。楼面的基层是楼板，地面的基层是经过夯实的土基。

2）垫层。地面的垫层是承受并传递地面上部荷载于地基上的构造层，常用的有混凝土垫层、砂垫层、炉渣垫层、碎（卵）石垫层等。

3）填充层是起隔声、保温、找坡以及敷设暗管、暗线等作用的构造层，常用的有水泥炉渣填充层、加气混凝土块填充层、水泥膨胀珍珠岩块填充层等。

4）找平层是在垫层、楼板上或填充层上起到找平、找坡或加强作用的构造层，常用的有干混砂浆找平层和混凝土找平层。

5）隔离层是起防水、防潮作用的构造层，常用的有防水涂膜隔离层、热沥青隔离层、油毡隔离层等。

6）结合层是指面层与下层相结合的中间层，常用的有干混砂浆结合层、干硬性干混砂浆结合层、粘结剂结合层等。

7）面层是指直接承受各种荷载作用的表面层，常用的有混凝土面层、干混砂浆面层、现浇（预制）水磨石面层、天然石材（大理石、花岗石等）面层、陶瓷马赛克面层、地砖面层、木质板材面层、塑料面层、橡胶面层、地毯面层等。

楼地面常见的构造如图2-1所示。

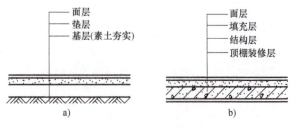

图 2-1　楼地面常见的构造

a）底层地面　b）楼层地面

三、楼地面专有名词

1. 防护材料

面层中的防护材料是指具有耐酸、耐碱、耐臭氧、耐老化、防火、防油渗等性能的材料。嵌条用于水磨石的分格、制作图案等用途。压线条是指用于地毯、橡胶板、橡胶卷材铺设的压线条，有铝合金压线条、不锈钢压线条、铜压线条等。地毯固定配件是用于固定地毯的烫带、胶垫、压条等。

2. 整体面层

整体面层是指一次性连续铺筑而成的面层，如干混砂浆面层（图2-2）、细石混凝土面层（图2-3）、现浇水磨石面层（图2-4）等。

图2-2　干混砂浆面层

图2-3　细石混凝土面层

3. 块料面层

块料面层具有工厂批量预制，现场铺贴，施工速度较快，材质、颜色、造型非常丰富等优点，但没有整体性。其材料有花岗石、大理石（图2-5）、地砖、预制水磨石块、木地板（图2-6）、马赛克（图2-7）、塑料地板等。

图2-4　现浇水磨石面层

图2-5　大理石

4. 波打线

波打线一般为块料楼地面沿墙边四周或在两块砖（石）之间起分格和装饰作用的用长方形砖（石）制成的装饰线，宽度不等，类似于墙砖的腰线的装饰作用，如图2-8所示。

图2-6　木地板

图2-7　马赛克

图2-8　波打线

项目2　定额计量与计价

一、定额说明

《装饰定额》中，第十一章包含十节共157个子目，各小节子目划分情况见表2-1。

表2-1　楼地面工程定额子目划分

楼地面工程定额各小节子目划分			定额编码	子目数
一	找平层及整体面层		11-1～11-30	30
二	块料面层		11-31～11-75	45
三	橡塑面层		11-76～11-79	4
四	其他材料面层	1. 织物地毯铺设	11-80～11-82	3
		2. 细木工板、复合地板	11-83～11-94	12
五	踢脚线		11-95～11-111	17
六	楼梯面层		11-112～11-130	19
七	台阶装饰		11-131～11-139	9
八	零星装饰项目		11-140～11-146	7
九	分格嵌条、防滑条		11-147～11-154	8
十	酸洗、打蜡		11-155～11-157	3

子目设置说明如下：

（1）《装饰定额》第十一章定额中砂浆、混凝土等的厚度、种类、配合比及装饰材料的品种、型号、规格、间距与定额不同时，可以按设计规定调整。

楼地面工程定额章说明（1）

[例题 2-1]　12mm 厚 1:1.5 水泥白石子浆本色水磨石楼地面（带嵌条），请确定其定额清单费用（管理费10%，利润5%）。（计算结果保留两位小数）

解答：

定额编号：11-25H，计算过程见表 2-2。

表 2-2　[例题 2-1] 定额清单费用计算

计量单位	人工费	材料费	机械费	管理费	利润	小计
元/100m²	—	1154.54−435.67×1.43+439.66×1.43	—	—	—	—
	7502.47	1160.25	277.43			
元/m²	7502.47/100=75.02	1160.25/100=11.60	277.43/100=2.77	(75.02+2.77)×0.1=7.78	(75.02+2.77)×0.05=3.89	75.02+11.60+2.77+7.78+3.89=101.06

（2）找平层及整体面层。

1）找平层及整体面层设计厚度与定额不同时，根据厚度每增减子目按比例调整。

[例题 2-2]　13.4mm 厚 1:2 水泥白石子浆本色水磨石楼地面（带嵌条），请确定其定额清单费用（管理费10%，利润5%）。（计算结果保留两位小数）

分析：定额中本色水磨石楼地面（带嵌条）12mm 厚，题目中是 13.4mm 厚，与定额不同，需要进行厚度换算；定额中水泥白石子浆的配合比是 1:2，与题目相同，不需要换算。

解答：

定额编号：11-25H，计算过程见表 2-3。

厚度比例 =（13.4−12）/1=1.4

11-25H = 11-25+1.4×11-27

表 2-3　[例题 2-2] 定额清单费用计算

计量单位	人工费	材料费	机械费	管理费	利润	小计
元/100m²	7502.47+1.4×17.36	1154.54+1.4×45.41	277.43+1.4×10.85	—	—	—
	7526.77	1218.11	292.62	—	—	
元/m²	7526.77/100=75.27	1218.11/100=12.18	292.62/100=2.93	(75.27+2.93)×0.1=7.82	(75.27+2.93)×0.05=3.91	75.27+12.18+2.93+7.82+3.91=102.11

[例题 2-3]　彩色水磨石不带图案有嵌条20mm 厚，白水泥彩色石子浆 1:1.5，求定额清单中的人工费、材料费、机械费。（计算结果保留两位小数）

分析：定额中彩色水磨石带图案有嵌条18mm厚，题目中是20mm厚，与定额不同，需要进行厚度换算；定额中白水泥彩色石子浆的配合比是1:2，题目中配合比是1:1.5，与定额不同，需要进行配合比换算。厚度和配合比都要换算时，先满足厚度，再进行配合比换算。

解答：

1. 为了满足20mm厚，需要11-29+2×11-30。

2. 11-29和11-30里白水泥彩色石子浆的配合比均不是1:1.5，需要各自进行配合比换算。

（1）定额编号：11-29h

计量单位：元/100m²

人工费：8055.2

材料费：2109.11−697.95×2.04+2.04×728.99＝2172.43

机械费：658.56

（2）定额编号：11-30h

计量单位：元/100m²

人工费：17.36

材料费：72.69−697.95×0.102+0.102×728.99＝75.86

机械费：10.85

3. 将前两步的成果组合起来：

定额编号：11-29H＝11-29h+2×11-30h

计量单位：元/100m²

人工费：8055.2+17.36×2＝8089.92

材料费：2172.43+75.86×2＝2324.15

机械费：658.56+10.85×2＝680.26

2）楼地面找平层上如单独找平扫毛，每平方米增加人工0.04工日、其他材料费0.50元。

3）厚度100mm以内的细石混凝土按找平层项目执行，定额已综合找平层分块浇捣等支模费用；厚度100mm以上的按《装饰定额》第五章"混凝土及钢筋混凝土工程"垫层项目执行。

[例题2-4]　列出以下项目的定额清单（定额编号、定额名称）。

1. 25mm厚C20细石混凝土找平层。

2. 31mm厚C20细石混凝土找平层。

3. 103mm厚C20细石混凝土找平层。

解答：

定额清单如下：

1. 25mm<100mm，按细石混凝土找平层列项，定额编号11-5−5×11-6。

2. 31mm<100mm，按细石混凝土找平层列项，定额编号11-5+11-6。

3. 103mm>100mm，按混凝土垫层列项，定额5-1中混凝土强度为C15，题目中混凝土强度为C20，与定额不同，需要进行混凝土强度换算，定额编号5-1H。

4）细石混凝土找平层定额混凝土按非泵送商品混凝土编制，如使用泵送商品混凝土时除进行材料换算外，相应定额的人工乘以系数 0.95。

[例题 2-5]　30mm 厚 C20 泵送商品混凝土找平层，求定额清单中的人工费、材料费、机械费。（计算结果保留两位小数）

分析：定额中混凝土为非泵送，题目中是泵送，与定额不同，需要进行换算；定额混凝土强度为 C20，题目中混凝土强度也是 C20，不需要进行混凝土强度换算。

解答：

定额编号：11-5H

计量单位：元/100m^2

人工费：1189.01×0.95 = 1129.56

材料费：1275.80−412×3.03+298.24×3.03 = 931.11

机械费：3.01

（3）整体面层、块料面层中的楼地面项目，均不包括找平层，发生时套用找平层相应子目。

[例题 2-6]　楼面装修，做法为 20mm 厚干混砂浆找平层、20mm 厚干混砂浆铺贴 800mm×800mm 地砖（密缝），列出项目的定额清单（定额编号、定额名称）。

解答：

定额清单如下：

1. 20mm 厚干混砂浆找平层，定额编号 11-1。

2. 20mm 厚干混砂浆铺贴 800mm×800mm 地砖（密缝），定额编号 11-47。

（4）同一铺贴面上有不同种类、材质的材料，应分别按《装饰定额》第十一章相应项目执行。

（5）采用地暖的地板垫层，按不同材料执行相应项目，人工乘以系数 1.30，材料乘以系数 0.95。

（6）除砂浆面层楼梯外，整体面层、块料面层及地板面层等楼地面和楼梯定额子目均不包括踢脚线。

（7）现浇水磨石项目已包括养护和酸洗、打蜡等内容，其他块料项目如需做酸洗、打蜡的，单独执行相应酸洗、打蜡项目。

[例题 2-7]　列出以下项目的定额清单（定额编号、定额名称）。

1. 现浇彩色水磨石不带图案楼面，酸洗、打蜡。

2. 预制彩色水磨石不带图案楼面，酸洗、打蜡。

解答：

定额清单如下：

1. 现浇彩色水磨石不带图案，定额编号 11-29，已包括酸洗、打蜡。

2. 预制彩色水磨石不带图案，定额编号 11-31，未包括酸洗、打蜡；酸洗、打蜡需要另行列项为酸洗、打蜡楼地面，定额编号 11-155。

（8）块料面层。

1）块料面层砂浆粘结层厚度设计与定额不同时，按干混砂浆找平层厚度每增减子目进行调整换算。

楼地面工程定额章说明（2）

[例题 2-8]　20.4mm 厚干混砂浆粘结 600mm×600mm 块料（密缝），求定额清单中的人工费、材料费、机械费。（计算结果保留两位小数）

分析：定额中干混砂浆 20mm 厚，题目中是 20.4mm 厚，与定额不同，需要进行厚度换算；块料定额中的粘结用干混砂浆与干混砂浆找平层厚度每增减子目的干混砂浆都为 DSM20，不用换算。

解答：

定额编号：11-46H

厚度比例 =（20.4-20）/1 = 0.4

11-46H = 11-46+0.4×11-3

计量单位：元/100m²

人工费：3239.5+0.4×15.81 = 3245.82

材料费：6556.17+0.4×46.07 = 6574.60

机械费：19.77+0.4×0.97 = 20.16

2）块料面层粘结剂铺贴，其粘结层厚度按规范要求综合测定，除有特殊要求外一般不做调整。

3）块料面层结合砂浆如采用干硬性干混砂浆的，除材料单价换算外，人工乘以系数 0.85。

[例题 2-9]　大理石楼地面采用 DS M15 干硬砂浆（单价 452 元/m³）铺贴，请确定其定额清单费用（管理费 10%，利润 5%）。（计算结果保留两位小数）

解答：

定额编号：11-31H，计算过程见表 2-4。

表 2-4　[例题 2-9] 定额清单费用计算

计量单位	人工费	材料费	机械费	管理费	利润	小计
元/100m²	3341.18×0.85	17265.84+（452-443.08）×2.04	19.77	—	—	—
	2840.00	17284.04	19.77	—	—	—
元/m²	2840.00/100 = 28.40	17284.04/100 = 172.84	19.77/100 = 0.20	（28.40+0.20）× 0.1 = 2.86	（28.40+0.20）× 0.05 = 1.43	28.40+172.84+ 0.20+2.86+ 1.43 = 205.73

4）块料面层铺贴定额子目包括块料安装的切割，未包括块料磨边及弧形块的切割。如设计要求磨边的，应套用磨边相应子目；如设计弧形块贴面时，弧形切割费另行计算。

5）块料面层铺贴，设计有特殊要求的，可根据设计图纸调整定额损耗率。

6）块料离缝铺贴的灰缝宽度均按 8mm 计算，设计块料的规格及灰缝大小与定额不同时，面砖及勾缝材料用量做相应调整。

7）镶嵌规格在 100mm×100mm 以内的石材执行点缀项目。

8）石材楼地面拼花按成品考虑。

9）石材楼地面需做分格、分色的，按相应项目人工乘以系数 1.10。

10）广场砖铺贴定额所指拼图案，是指铺贴不同颜色或规格的广场砖形成环形、菱形等图案。分色线性铺装按不拼图案定额套用。

11）镭射玻璃面层定额按成品考虑。

（9）其他材料面层。

1）木地板铺贴基层如采用毛地板的，套用细木工板基层定额，除材料单价换算外，人工乘以系数 1.05。

[例题 2-10] 硬木长条地板楼地面采用企口，铺在毛地板上（单价 15 元/m²），请确定其定额清单费用（管理费 10%，利润 5%）。（计算结果保留两位小数）

楼地面工程定额章说明（3）

解答：

定额编号：11-83H，计算过程见表 2-5。

表 2-5　[例题 2-10] 定额清单费用计算

计量单位	人工费	材料费	机械费	管理费	利润	小计
元/100m²	920.08×1.05	4229.19+（15-21.12）×105	0.00	—	—	—
	966.08	3586.59	0.00	—	—	—
元/m²	966.08/100=9.66	3586.59/100=35.87	0.00	（9.66+0）×0.1=0.97	（9.66+0）×0.05=0.48	9.66+35.87+0+0.97+0.48=46.98

2）木地板安装按成品企口考虑，若采用平口安装，其人工乘以系数 0.85。

3）木地板填充材料按《装饰定额》第十章相应项目执行。

[例题 2-11]　长条地板木龙骨，填充 4cm 厚炉渣，列出定额清单（定额编号、定额名称）。

解答：

定额清单如下：

1. 长条地板木龙骨，定额编号 11-90。

2. 4CM 厚炉渣，定额编号 10-46。

4）防静电地板（含基层骨架）定额按成品考虑。

（10）圆弧形等不规则楼地面镶贴面层、饰面面层按相应项目人工乘以系数 1.15，块料消耗量按实调整。

[例题 2-12]　某旋转餐厅采用大理石楼地面干混砂浆铺贴，假设块料消耗量增加 20%，求定额清单中的人工费、材料费、机械费。（计算结果保留两位小数）

解答：

定额编号：11-31H

计量单位：元/100m²

人工费：3341.78×1.15=3843.05

材料费：17265.84+159×102×（1.2-1）=20509.44

机械费：19.77

（11）踢脚线。

1）踢脚线高度超过 300mm 的，按墙、柱面工程相应定额执行。

2）弧形踢脚线按相应项目人工、机械乘以系数 1.15。

[例题 2-13]　某弧形地砖踢脚线，干混砂浆铺贴，请确定其定额清单费用（管理费 10%，利润 5%）。（计算结果保留两位小数）

解答：

定额编号：11-97H，计算过程见表 2-6。

表 2-6　[例题 2-13] 定额清单费用计算

计量单位	人工费	材料费	机械费	管理费	利润	小计
元/100m²	5768.17×1.15	—	9.89×1.15			
	6633.40	4207.59	11.37	—	—	
元/m²	6633.40/100=66.33	4207.59/100=42.08	11.37/100=0.11	(66.33+0.11)×0.1=6.64	(66.33+0.11)×0.05=3.32	66.33+42.08+0.11+6.64+3.32=118.48

（12）楼梯、台阶。

1）楼梯面层定额不包括楼梯底板装饰，楼梯底板装饰套天棚（顶棚）工程。砂浆楼梯、台阶面层包括楼梯、台阶侧面抹灰。

2）螺旋形楼梯的装饰，套用相应定额子目，人工与机械乘以系数 1.10，块料面层材料用量乘以系数 1.15，其他材料用量乘以系数 1.05。

[例题 2-14]　螺旋形楼梯，干混砂浆贴地砖，计算定额清单中的人工费、材料费、机械费。（计算结果保留两位小数）

解答：

定额编号：11-116H

计量单位：元/100m²

人工费：7150.62×1.1=7865.68

材料费：6395.46+144.69×32.76×0.15+（6395.46−144.69×32.76）×0.05=7189.24

机械费：26.94×1.1=29.63

3）石材螺旋形楼梯，按弧形楼梯项目人工乘以系数 1.20。

[例题 2-15]　螺旋形楼梯干混砂浆贴大理石面层，计算定额清单中的人工费、材料费、机械费。（计算结果保留两位小数）

解答：

定额编号：11-115H

计量单位：元/100m²

人工费：5839.47×1.2=7007.36

材料费：29645.56

机械费：32.37

（13）零星项目面层适用于块料楼梯侧面、块料台阶的牵边，以及小便池、蹲台、池槽、检查（工作）井等内空面积在 0.5m² 以内且未列项目的工程及断面内空面积 0.4m² 以内的地沟、电缆沟。

（14）分格嵌条、防滑条。

1）楼梯、台阶嵌铜条定额按嵌入两条考虑，如设计要求嵌入数量不同时，除铜条数量按实调整外，其他工料如嵌入三条乘以系数 1.50，如嵌入一条乘以系数 0.50。

[例题 2-16] 台阶嵌铜条，嵌入三条，计算定额清单中的人工费、材料费、机械费。（计算结果保留两位小数）

解答：

定额编号：11-149H

计量单位：元/100m

人工费：287.68×1.5＝431.52

材料费：2099.92×1.5＝3149.88

机械费：0

2）楼梯开防滑槽定额按两条考虑，如设计要求开三条乘以系数 1.50，开一条乘以系数 0.50。

（15）水磨石嵌铜条另计，同时扣除定额中玻璃条用量。

[例题 2-17] 13.6mm 厚本色水磨石嵌铜条，计算定额清单中的人工费、材料费、机械费。（计算结果保留两位小数）

解答：

1. 定额编号：11-147

计量单位：元/100m

人工费：94.55

材料费：735.15

机械费：0

2. 定额编号：11-25H

计量单位：元/100m^2

人工费：7502.47＋1.6×17.36＝7530.25

材料费：1154.54＋1.6×45.41－15.52×4.68＝1154.56

机械费：277.43＋1.6×10.85＝294.79

注意：11-147 的计量单位是元/100m，11-25H 的计量单位是元/100m^2，两个定额不能合并。

（16）彩色水磨石如采用颜料，可换算，颜料掺量按设计要求；如设计不明确的，按石子浆水泥用量 8% 计算。

[例题 2-18] 彩色水磨石不带图案，掺淡蓝色颜料（60 元/kg），计算定额清单中的人工费、材料费、机械费。（计算结果保留两位小数）

解答：

定额编号：11-29

计量单位：元/100m^2

白水泥彩色石子浆 1:2 消耗量是 2.04m^3，根据《装饰定额》附录中的配合比表，得水泥用量＝2.04m^3×636kg/m^3＝1297.44kg。

人工费：8055.20

材料费：2109.11＋8%×1297.44×60＝8336.82

机械费：658.56

二、工程量计算规则

（一）楼地面找平层及整体面层

楼地面工程
定额工程量
计算规则（1）

楼地面找平层及整体面层按设计图示尺寸以面积计算，应扣除突出地面的构筑物、设备基础、室内铁道、地沟等所占面积，不扣除间壁墙（间壁墙是指在地面面层做好后再进行施工的墙体）及 0.3m² 以内柱、垛、附墙烟囱及孔洞所占面积。但门洞、空圈（暖气包槽、壁龛）的开口部分也不增加。

[例题 2-19] 某建筑工程二层平面图如图 2-9 所示，墙体厚度为 240mm，C-1 窗的尺寸为 1.5m×1.5m，M-1 门的尺寸为 1.8m×2.4m，M-2 门的尺寸为 0.9m×2.1m，图中所有轴线均居中。该层楼面做法为干混砂浆找平层 15mm；剁假石楼面。试计算该楼地面工程的定额工程量并编制定额工程量清单。（计算结果保留两位小数）

解答：

水泥砂浆找平层和剁假石都属于整体面层，两者的工程量相等。

$S_{整}$ ＝墙内边线围护面积 S_0 －0.3m² 以上占地面积 S_i

1. 墙内边线围护面积 S_0 ＝（3.6－0.12×2）×（5.8－0.12×2）×3m² ＝56.04m²。

注意：墙厚不是指墙的整个厚度，而是指轴线到墙内边线的距离。

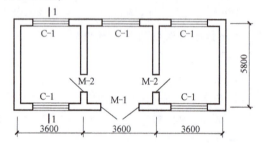

图 2-9　某建筑工程二层平面图

2. 突出地面的构筑物、设备基础、室内铁道、地沟等所占面积 S_1 为 0。

3. ≥0.3m² 的柱、垛、附墙烟囱、孔洞面积 S_2 为 0。

4. $S_{整}$ ＝ S_0 － S_1 － S_2 ＝56.04m² －0－0＝56.04m²。

该楼地面工程的定额工程量清单见表 2-7。

表 2-7　[例题 2-19] 定额工程量清单

序号	定额编号	项目名称	项目特征	计量单位	工程量
1	11-1-5×11-3	干混砂浆找平层	干混砂浆找平层 DS M20 15mm 厚	m²	56.04
2	11-11	剁假石楼面	干混砂浆 DS M20 水泥白石屑浆 1:2 木模板	m²	56.04

[例题 2-20] 某工程二层平面图如图 2-10 所示，设计楼面做法为 30mm 厚 C20 细石混凝土找平；20mm 厚带图案现浇彩色水磨石面层，墙厚 240mm，图中所有轴线均居中。试计算该楼地面工程的定额工程量并编制定额工程量清单。（计算结果保留两位小数）

解答：

细石混凝土找平层和现浇彩色水磨石都属于整体面层，两者的工程量相等。

$S_{整}$＝墙内边线围护面积 $S_0-0.3\text{m}^2$ 以上占地面积 S_i

1. 墙内边线围护面积 $S_0=(4.5-0.24)\times(6-0.24)\times2\text{m}^2=49.08\text{m}^2$。

注意：墙厚不是指墙的整个厚度，而是指轴线到墙内边线的距离。

2. 突出地面的构筑物、设备基础、室内铁道、地沟等所占面积 S_1 为 0。

3. $\geq0.3\text{m}^2$ 的柱、垛、附墙烟囱、孔洞面积 S_2 为 $0.6\times2.4\text{m}^2=1.44\text{m}^2$。

4. $S_{整}=S_0-S_1-S_2=49.08\text{m}^2-0-1.44\text{m}^2=47.64\text{m}^2$。

该楼地面工程的定额工程量清单见表 2-8。

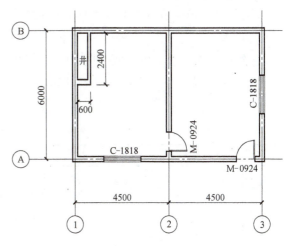

图 2-10　某建筑工程二层平面图

表 2-8　[例题 2-20] 定额工程量清单

序号	定额编号	项目名称	项目特征	计量单位	工程量
1	11-5	细石混凝土找平层	30mm 厚 C20 细石混凝土	m^2	47.64
2	11-28+2×11-30	彩色水磨石楼面	20mm 厚 带图案 现浇 彩色水磨石	m^2	47.64

（二）块料、橡塑及其他材料面层

（1）块料、橡塑及其他材料面层楼地面按设计图示尺寸以"m^2"计算，门洞、空圈（暖气包槽、壁龛）的开口部分工程量并入相应面层内计算。

楼地面工程
定额工程量
计算规则（2）

[例题 2-21]　如果 [例题 2-19] 中剁假石楼面做法改为 20mm 厚干混砂浆粘结大理石楼面，其余条件不变，试计算该楼地面工程的定额工程量并编制定额工程量清单。（计算结果保留两位小数）

解答：

干混砂浆找平层工程量在 [例题 2-19] 中已经计算过。

大理石楼面属于块料面层，有

S＝墙内边线围护面积 S_0－占地面积 S_1＋相同块料材质的门洞面积 S_2

1. 墙内边线围护面积 $S_0=(3.6-0.12\times2)\times(5.8-0.12\times2)\times3\text{m}^2=56.04\text{m}^2$

注意：墙厚不是指墙的整个厚度，而是指轴线到墙内边线的距离。

2. 占地面积 S_1 为 0。

3. 相同块料材质的门洞面积 S_2：

（1）M-1 的门洞根据开启方向属于中间房间，其门洞面积要增加，即

$$S_{21}=1.8\times0.24\text{m}^2=0.43\text{m}^2$$

（2）两个 M-2 的门洞根据开启方向属于中间房间，其门洞面积要增加，即

$$S_{22} = 0.9 \times 0.24 \times 2 \text{m}^2 = 0.43 \text{m}^2$$

（3）$S_2 = S_{21} + S_{22} = 0.43 \text{m}^2 + 0.43 \text{m}^2 = 0.86 \text{m}^2$

4. $S = S_0 - S_1 + S_2 = 56.04 \text{m}^2 - 0 + 0.86 \text{m}^2 = 56.90 \text{m}^2$

该楼地面工程的定额工程量清单见表 2-9。

表 2-9 [例题 2-21] 定额工程量清单

序号	定额编号	项目名称	项目特征	计量单位	工程量
1	11-1-5×11-3	干混砂浆找平层	干混砂浆找平层 DS M20 15mm 厚	m²	56.04
2	11-31	石材楼地面	20mm 厚干混砂浆粘结 大理石楼面	m²	56.90

[例题 2-22]　如果 [例题 2-20] 中的彩色水磨石面层改为粘结剂密缝粘结 600mm×600mm 的面砖，其余条件不变，试计算该楼地面工程的定额工程量并编制定额工程量清单。（计算结果保留两位小数）

解答：

细石混凝土找平层工程量在 [例题 2-20] 已经计算过。

面砖楼面属于块料面层，有

S=墙内边线围护面积 S_0－占地面积 S_1＋相同块料材质的门洞面积 S_2

1. 墙内边线围护面积 $S_0 = (4.5-0.24) \times (6-0.24) \times 2 \text{m}^2 = 49.08 \text{m}^2$

注意：墙厚不是指墙的整个厚度，而是指轴线到墙内边线的距离。

2. 占地面积 $S_1 = 0.6 \times 2.4 \text{m}^2 = 1.44 \text{m}^2$

3. 相同块料材质的门洞面积 S_2：

（1）Ⓐ轴线上的门根据开启方向，门洞不属于房间，其门洞不增加面积。

（2）②轴线上的门根据开启方向，门洞属于房间，其门洞面积要增加。

$$S_2 = 0.9 \times 0.24 \text{m}^2 = 0.22 \text{m}^2$$

4. $S = S_0 - S_1 + S_2 = 49.08 \text{m}^2 - 1.44 \text{m}^2 + 0.22 \text{m}^2 = 47.86 \text{m}^2$

该楼地面工程的定额工程量清单见表 2-10。

表 2-10 [例题 2-22] 定额工程量清单

序号	定额编号	项目名称	项目特征	计量单位	工程量
1	11-5	细石混凝土找平层	30mm 厚 C20 细石混凝土	m²	47.64
2	11-50	地砖楼地面	粘结剂粘结 密缝 600mm×600mm 的面砖	m²	47.86

关于门洞的面积，要特别注意三点：

第一，门的默认安装位置：外开外边线，内开内边线。

第二，门洞的面积，不一定要增加。要根据门的开启方向判断门洞是否在计算的目标房间范围内，如果不在目标房间范围内，是不需要增加的。如果门洞在目标房间范围内而且采用了与目标房间同样的块料材质的才增加。

第三，门洞的面积=墙厚×门宽，地面没有门框的，尺寸直接取墙厚。

（2）石材拼花按最大外围尺寸以矩形面积计算。有拼花的石材地面，按设计图示尺寸扣除拼花的最大外围矩形面积计算面积。

（3）点缀按"个"计算，计算主体铺贴地面面积时，不扣除点缀所占面积。

（4）石材嵌边（波打线）、六面刷养护液、地面精磨、勾缝按设计图示尺寸以铺贴面积计算。

（5）石材打胶、弧形切割增加费按石材设计图示尺寸以"延长米"计算。

（三）踢脚线

踢脚线按设计图示长度乘以高度以面积计算。楼梯靠墙踢脚线（含锯齿形部分）贴块料按设计图示面积计算。

楼地面工程
定额工程量
计算规则（3）

[例题 2-23] 某建筑工程二层平面图如图 2-9 所示，墙体厚度为 240mm，C-1 窗的尺寸为 1.5m×1.5m，M-1 门的尺寸为 1.8m×2.4m，M-2 门的尺寸为 0.9m×2.1m，图中所有轴线均居中。干混砂浆铺贴大理石踢脚线 150mm，试计算该踢脚线工程的定额工程量并编制定额工程量清单。（计算结果保留两位小数）

解答：

踢脚线工程量计算公式：

$$S_{踢} = Lh$$

踢脚线长度 L=墙内边线周长 L_0-门洞、空圈的宽度 L_1+门洞、空圈的侧壁长 L_2+附墙中柱的侧壁长 L_3

踢脚线高度 $h = 0.15m$

踢脚线长度组成如下：

1. 墙内边线周长 $L_0 = (5.8 - 0.24 + 3.6 - 0.24) \times 2 \times 3m = 53.52m$。

2. 门洞、空圈的宽度 $L_1 = 0.9 \times 2 \times 2m + 1.8m = 5.4m$。

3. 门洞、空圈的侧壁长 L_2：

（1）M-1 的门洞根据开启方向属于中间房间，其门洞的侧壁长要增加，即

$$L_{21} = (0.24 - 0.1) \times 2m = 0.28m$$

（2）两个 M-2 的门洞根据开启方向属于中间房间，其门洞的侧壁长要增加，即

$$L_{22} = (0.24 - 0.1) \times 2 \times 2m = 0.56m$$

（3）$L_2 = L_{21} + L_{22} = 0.28m + 0.56m = 0.84m$。

4. 附墙中柱的侧壁长 $L_3 = 0$。

5. $L = L_0 - L_1 + L_2 + L_3 = 53.52m - 5.4m + 0.84m + 0 = 48.96m$。

则 $S_{踢} = 48.96 \times 0.15m^2 = 7.34m^2$。

该踢脚线工程的定额工程量清单见表 2-11。

表 2-11 [例题 2-23] 工程量清单

序号	定额编号	项目名称	项目特征	计量单位	工程量
1	11-96	石材踢脚线	干混砂浆铺贴 大理石	m²	7.34

关于门洞的侧壁，要特别注意四点：

第一，门的安装位置：外开外边线，内开内边线。

第二，门洞的侧壁，不一定要增加。要根据门的开启方向判断门洞侧壁是否在计算的目标房间范围内，如果不在目标房间范围内，是不需要增加的。如果在目标房间范围内，门洞侧壁才增加。

第三，门洞侧壁的长度=单个侧壁长（墙厚-门框）×2 个侧壁，其中门框尺寸按图纸标注；如果图纸没有标注，默认 100mm。

第四，一个门洞会影响门里外两边的踢脚线。

（四）楼梯面层

（1）楼梯面层按设计图示尺寸以楼梯（包括踏步、休息平台及 500mm 以内的楼梯井）水平投影面积计算。楼梯与楼地面相连时，算至梯口梁外侧边沿；无梯口梁的，算至最上一层踏步边沿加 300mm。

楼地面工程
定额工程量
计算规则（4）

楼梯是由四个构件构成的，分别是休息平台；踏步，又称为梯段；500mm 以内的楼梯井；梯梁或者无梁式楼梯"最上面一层踏步外放的 300mm"。楼梯间是由楼梯和楼板构成的，因此楼梯和楼梯间是两个概念，楼梯和楼梯间不一样。算楼梯装修工程量时，不能错算成楼梯间的。

楼梯和楼板的分界线，有梯梁时是梯梁的顶面；无梯梁时是最上面一级踏步的边沿往外放 300mm。楼梯与墙的分界线就是三道墙的内边线。

在楼梯的平面图里，踏步的一端是休息平台，另外一端则连着楼板，休息平台与楼板比较容易混淆。如果把楼板当成休息平台归属于楼梯，楼梯的工程量肯定要算错。所以，区分休息平台与楼板时要抓住它们各自的特点：一般情况下，休息平台是靠着窗户或墙的；而楼板要么靠着门，要么开敞，要么标有"上""下"字符。

楼梯装饰工程量其实就是四个构件的水平投影面积。首先，从楼梯的平面图中找出楼梯四个组成构件的水平投影，然后算出这四个构件投影的面积之和。这四个构件的投影是由楼梯间三道墙的内边线与楼梯、楼板分界线构成的闭合图形。

[例题 2-24] 图 2-11 所示的现浇混凝土楼梯为粘结剂粘贴的大理石楼梯，梯梁宽度为 240mm，试计算石材楼梯面层装饰工程的定额工程量，并编制定额工程量清单。（计算结果保留两位小数）

解答：

楼梯面层装饰工程的工程量 S=闭合图形的面积 S_0-500mm 宽以上的楼梯井面积 S_1

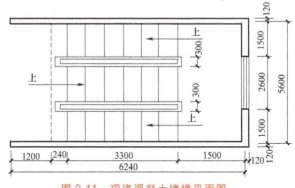

图 2-11 现浇混凝土楼梯平面图

则有

直形楼梯的工程量 S =长方形面积 S_0 -500mm 宽以上的楼梯井面积 S_1 =楼梯净长 L ×楼梯净宽 B -500mm 宽以上的楼梯井面积 S_1

1. 楼梯净宽 B =5m-0.12×2m=4.76m。

2. 楼梯净长 L =0.24m+3.3m+1.5m-0.12m=4.92m。

3. 长方形面积 S_0 =4.92×4.76m² =23.42m² 。

4. 楼梯井的宽度为 300mm<500mm，楼梯井属于楼梯，不扣除。

5. 楼梯的工程量 S =23.42m² 。

该楼梯面层装饰工程的定额工程量清单见表 2-12。

表 2-12 ［例题 2-24］工程量清单

序号	定额编号	项目名称	项目特征	计量单位	工程量
1	11-114	石材楼梯	粘结剂铺贴 大理石	m²	23.42

楼梯的层数与建筑物的层数是有区别的，上人屋顶楼梯的层数=建筑物的层数；不上人屋顶楼梯的层数=建筑物的层数-1，因此楼梯的层数≤建筑物的层数。先算出某层楼梯的水平投影面积，然后各层楼梯投影面积相加，即为整个楼梯的工程量。

楼梯的混凝土浇筑工程量、模板工程量、装饰工程量的计算规则都一样，都是由四个构件构成的水平投影面积，这三量是相等的。楼梯虽然组成很复杂，但它是土建造价中唯一一个三量合一的构件。

楼地面工程
定额工程量
计算规则（5）

（2）地毯配件的压辊按设计图示尺寸以"套"计算；压板按设计图示尺寸以"延长米"计算。

（五）台阶

1）整体面层台阶工程量按设计图示尺寸以台阶（包括最上层踏步边沿加 300mm）水平投影面积计算；块料面层台阶工程量按设计图示尺寸以展开台阶面积计算。

2）如与平台相连时，平台面积在 10m² 以内的按台阶计算；平台面积在 10m² 以上时，台阶算至最上层踏步边沿加 300mm，平台按楼地面工程计算套用相应定额，即：

① 当平台面积 S_0 ≤10m² ，平台和台阶全部列项为台阶，台阶工程量 $S_{水平投影}$ =（ B + b + b + b ）× A 。

② 当平台面积 S_0 >10m² ，需要沿最上面一级踏步外放 300mm，将台阶和平台分开，平台和台阶的划分线如图 2-12 中虚线所示。

③ 台阶工程量 $S_{水平投影}$ =（0.3+ b + b + b ）× A ；平台列项为楼地面，则平台的工程量 $S'_{水平投影}$ =（ B -0.3）× A 。

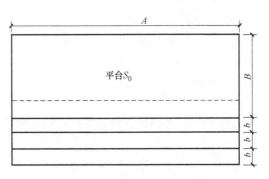

图 2-12 平台和台阶的划分示意

楼地面工程
定额工程量
计算规则（6）

[例题 2-25] 某台阶的平面图和剖面图如图 2-13 所示，20mm 厚干混砂浆台阶面层。试计算该台阶面层的定额工程量并编制定额工程量清单。（计算结果保留两位小数）

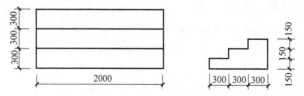

图 2-13 某台阶的平面图和剖面图

解答：

干混砂浆台阶面层属于整体面层台阶，按水平投影面积计算，则有

$$S = (0.3 \times 3) \times 2 \text{m}^2 = 1.80 \text{m}^2$$

该台阶面层装饰工程定额工程量清单见表 2-13。

表 2-13 [例题 2-25] 工程量清单

序号	定额编号	项目名称	项目特征	计量单位	工程量
1	11-131	干混砂浆台阶面层	20mm 厚干混砂浆面层	m²	1.80

[例题 2-26] [例题 2-25] 中，面层变为粘结剂铺贴大理石台阶面层，其余不变。试计算该台阶面层的定额工程量并编制定额工程量清单。（计算结果保留两位小数）

解答：

大理石台阶面层属于块料面层台阶，按展开台阶面积计算，则有

$$S_{水平投影} = 1.80 \text{m}^2$$

$$S_{立面投影} = 0.15 \times 2 \times 3 \text{m}^2 = 0.90 \text{m}^2$$

$$S_{总面积} = S_{水平投影} + S_{立面投影} = 1.8 \text{m}^2 + 0.90 \text{m}^2 = 2.70 \text{m}^2$$

该台阶面层装饰工程定额工程量清单见表 2-14。

表 2-14 [例题 2-26] 工程量清单

序号	定额编号	项目名称	项目特征	计量单位	工程量
1	11-136	石材台阶面层	粘结剂铺贴大理石面层	m²	2.70

（六）零星装饰项目

零星装饰项目按设计图示尺寸以面积计算。

（七）分格嵌条、防滑条

分格嵌条、防滑条按设计图示尺寸以"延长米"计算。

（八）面层割缝、楼梯开防滑槽

面层割缝、楼梯开防滑槽按设计图示尺寸以"延长米"计算。

（九）酸洗、打蜡

酸洗、打蜡工程量分别对应整体面层及块料面层的工程量。

[例题 2-27] 某工程楼地面装修大理石地面工程量为 56.91m²，现浇水磨石工程量为

58.66m²，试计算该楼地面装修工程中酸洗、打蜡的定额工程量并编制定额工程量清单。（计算结果保留两位小数）

解答：

大理石酸洗、打蜡的工程量为 56.91m²。现浇水磨石酸洗、打蜡的工程量为 0，现浇水磨石定额已含酸洗、打蜡，酸洗、打蜡不用列项，工程量也就为 0。

该楼地面装修工程中酸洗、打蜡定额工程量清单见表 2-15。

表 2-15　[例题 2-27]工程量清单

序号	定额编号	项目名称	项目特征	计量单位	工程量
1	11-155	酸洗、打蜡	大理石面层 楼地面	m²	56.91
2	—	酸洗、打蜡	现浇水磨石面层 楼地面	—	—

三、定额清单综合计算示例

[例题 2-28]　某工程底层平面图如图 2-14 所示，楼地面的装修做法为干混砂浆密缝铺贴 800mm×800mm 地砖面层；SBS 弹性沥青防潮层；30mm 厚 DS M20 干混砂浆找平层；100mm 厚卵石垫层 DM M5.0 干混砌筑砂浆灌缝；回填土厚度 450mm，素土夯实。踢脚线为 150mm 高干混砂浆铺贴面砖，门框宽度 100mm。试计算该工程的定额工程量并编制定额工程量清单。（计算结果保留两位小数）

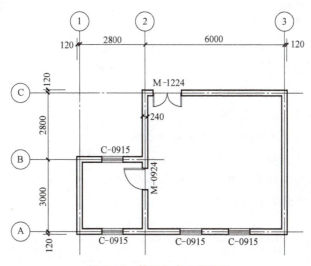

图 2-14　某工程底层平面图

解答：

1. 30mm 干混砂浆找平层属于整体面层，有

$$S_整 = 墙内边线围护面积 S_0 - 0.3m^2 以上占地面积 S_i$$

（1）墙内边线围护面积 $S_0 = (6-0.24)×(5.8-0.24)m^2 + (2.8-0.24)×(3-0.24)m^2 = 39.09m^2$。

（2）突出地面的构筑物、设备基础、室内铁道、地沟等所占面积 S_1 为 0。

（3）$\geq 0.3\text{m}^2$ 柱、垛、附墙烟囱、孔洞面积 S_2 为 0。

（4）$S_{\text{整}} = S_0 - S_1 - S_2 = 39.09\text{m}^2$。

2. 干混砂浆密缝铺贴 800mm×800mm 地砖面层，地砖面层属于块料面层，有

$S_{\text{块}}$＝墙内边线围护面积 S_0－占地面积 S_1＋相同块料材质的门洞面积 S_2

（1）墙内边线围护面积 $S_0 = 39.09\text{m}^2$。

（2）占地面积 S_1 为 0。

（3）相同块料材质的门洞面积 S_2。因为 1200mm 宽的门根据开启方向，门洞不属于房间，其门洞面积不增加；900mm 宽的门根据开启方向，门洞属于大房间，其门洞面积要增加，则有

$$S_2 = 0.9 \times 0.24\text{m}^2 = 0.22\text{m}^2$$

（4）$S_{\text{块}} = S_0 - S_1 + S_2 = 39.09\text{m}^2 - 0 + 0.22\text{m}^2 = 39.31\text{m}^2$。

3. 干混砂浆铺贴面砖踢脚线。踢脚线工程量计算式

$$S_{\text{踢}} = Lh = L \times 0.15$$

L＝墙内边线周长 L_0－门洞、空圈的宽度 L_1＋门洞、空圈的侧壁长 L_2＋附墙中柱的侧壁长 L_3

（1）墙内边线周长 $L_0 = (5.8 - 0.24 + 6 - 0.24) \times 2\text{m} + (2.8 - 0.24 + 3 - 0.24) \times 2\text{m} = 33.28\text{m}$。

（2）门洞、空圈的宽度 $L_1 = 1.2\text{m} + 0.9 \times 2\text{m} = 3.00\text{m}$。

（3）门洞、空圈的侧壁长 L_2。因为 1200mm 宽的门根据开启方向，门洞不属于房间，其门侧壁长不增加；900mm 宽的门根据开启方向，门洞属于大房间，其门侧壁长要增加，则有

$$L_2 = (0.24 - 0.1) \times 2\text{m} = 0.28\text{m}$$

（4）附墙中柱的侧壁长 $L_3 = 0$。

（5）$L = L_0 - L_1 + L_2 + L_3 = 33.28\text{m} - 3.00\text{m} + 0.28\text{m} + 0 = 30.56\text{m}$。

（6）$S_{\text{踢}} = 30.56 \times 0.15\text{m}^2 = 4.58\text{m}^2$。

4. 室内回填土工程量 $= 39.09 \times 0.45\text{m}^3 = 17.59\text{m}^3$。

5. 100mm 厚卵石垫层工程量 $= 39.09 \times 0.1\text{m}^3 = 3.91\text{m}^3$。

6. SBS 沥青防潮层工程量 $= 39.09\text{m}^2 + 0.25 \times 30.56\text{m}^2 = 46.73\text{m}^2$。

该工程定额工程量清单见表 2-16。

表 2-16　[例题 2-28] 工程量清单

序号	定额编号	项目名称	项目特征	计量单位	工程量
1	*11-1+10×11-3	干混砂浆找平层	30mm 厚 DS M20 干混砂浆	m^2	39.09
2	11-47	地砖楼地面	干混砂浆铺贴 密缝 800mm×800mm 地砖面层	m^2	39.31
3	11-95	面砖踢脚线	150mm 高 干混砂浆铺贴 面砖	m^2	4.58

（续）

序号	定额编号	项目名称	项目特征	计量单位	工程量
4	1-80	人工就地回填土	人工 就地 素土夯实	m³	17.59
5	4-87	碎石垫层	100mm 厚 卵石 DM M5.0 干混砌筑砂浆灌缝	m³	3.91
6	9-47	改性沥青卷材	SBS 弹性沥青防潮层 翻起 250mm 高	m²	46.73

项目3　国标工程量清单及清单计价

楼地面工程
工程量清单
编制及计价

一、国标工程量清单编制

《计算规范》附录 L 楼地面装饰工程包括：整体面层及找平层（011101）、块料面层（011102）、橡塑面层（011103）、其他材料面层（011104）、踢脚线（011105）、楼梯面层（011106）、台阶装饰（011107）、零星装饰项目（011108）8 个小节。

（一）整体面层及找平层（011101）

整体面层及找平层清单包括：水泥砂浆楼地面、现浇水磨石楼地面、细石混凝土楼地面、菱苦土楼地面、自流坪楼地面、平面砂浆找平层 6 个清单项目，分别按 011101001×××~011101006××× 编码。

1. 水泥砂浆楼地面（011101001）

1）水泥砂浆楼地面项目适用于各种类型的砂浆楼地面。

2）水泥砂浆楼地面工程内容一般包括基层清理、抹找平层、抹面层、材料运输。

3）清单项目应对找平层厚度、砂浆配合比；素水泥浆遍数；面层厚度、砂浆配合比；面层做法要求等内容的特征做出描述。

注意：水泥砂浆面层处理是拉毛还是提浆压光应在面层做法要求中描述。

4）国标清单工程量计算规则：按设计图示尺寸以面积计算，扣除突出地面构筑物、设备基础、室内铁道、地沟等所占面积，不扣除柱、垛、间壁墙、附墙烟囱及 $0.3m^2$ 以内的孔洞所占面积，门洞、空圈、暖气包槽、壁龛的开口部分不增加面积。

水泥砂浆楼地面的国标清单工程量等于墙内边线围护面积减去 $0.3m^2$ 以上占地面积。

5）清单计价。按清单工作内容，根据设计图纸和施工方案确定可组合的主要内容，水泥砂浆楼地面在《装饰定额》中的可组合的项目有找平层、面层。清单计价时，水泥砂浆楼地面可组合内容见表 2-17。

2. 现浇水磨石楼地面（011101002）

1）现浇水磨石楼地面项目适用于各种类型的现浇水磨石楼地面。

表 2-17　水泥砂浆楼地面可组合内容

项目名称	可组合的主要内容		对应的定额子目
水泥砂浆楼地面	1. 面层	楼地面水泥砂浆	11-8～11-10
		水泥砂浆随捣随抹	11-7
	2. 找平层	水泥砂浆	11-1～11-3
		细石混凝土	11-5～11-6

2）现浇水磨石楼地面工程内容一般包括基层清理，抹找平层，面层铺设，嵌条安装，材料运输，磨光、酸洗、打蜡。

3）清单项目应对找平层厚度、砂浆配合比；素水泥浆遍数；面层厚度、水泥石子浆配合比；嵌条材料的种类、规格；石子的种类、规格、颜色；颜料的种类、颜色；图案要求；磨光、酸洗、打蜡要求等内容的特征做出描述。

4）国标清单工程量计算规则：按设计图示尺寸以面积计算，扣除突出地面构筑物、设备基础、室内铁道、地沟等所占面积，不扣除柱、垛、间壁墙、附墙烟囱及 $0.3m^2$ 以内的孔洞所占面积，门洞、空圈、暖气包槽、壁龛的开口部分不增加面积。

现浇水磨石楼地面的国标清单工程量等于墙内边线围护面积减去 $0.3m^2$ 以上占地面积。

5）清单计价。按清单工作内容，根据设计图纸和施工方案确定可组合的主要内容，现浇水磨石楼地面在《装饰定额》中的可组合的项目有找平层、面层、嵌金属条。

3. 细石混凝土楼地面（011101003）

1）细石混凝土楼地面项目适用于各种类型的细石混凝土楼地面。

2）细石混凝土楼地面工程内容一般包括基层清理、抹找平层、抹面层、材料运输。

3）清单项目应对找平层厚度、砂浆配合比；面层厚度、混凝土强度等级等内容的特征做出描述。

4）国标清单工程量计算规则：按设计图示尺寸以面积计算，扣除突出地面构筑物、设备基础、室内铁道、地沟等所占面积，不扣除柱、垛、间壁墙、附墙烟囱及 $0.3m^2$ 以内的孔洞所占面积，门洞、空圈、暖气包槽、壁龛的开口部分不增加面积。

细石混凝土楼地面的国标清单工程量等于墙内边线围护面积减去 $0.3m^2$ 以上占地面积。

5）清单计价。按清单工作内容，根据设计图纸和施工方案确定可组合的主要内容，细石混凝土楼地面在《装饰定额》中的可组合的项目有找平层、面层。

4. 菱苦土楼地面（011101004）

1）菱苦土楼地面项目适用于各种类型的菱苦土楼地面。

2）菱苦土楼地面工程内容一般包括基层清理、抹找平层、抹面层、打蜡、材料运输。

3）清单项目应对找平层厚度、砂浆配合比；面层厚度；打蜡要求等内容的特征做出描述。

4）国标清单工程量计算规则：按设计图示尺寸以面积计算，扣除突出地面构筑物、设备基础、室内铁道、地沟等所占面积，不扣除柱、垛、间壁墙、附墙烟囱及 $0.3m^2$ 以内的孔洞所占面积，门洞、空圈、暖气包槽、壁龛的开口部分不增加面积。

菱苦土楼地面的国标清单工程量等于墙内边线围护面积减去 $0.3m^2$ 以上占地面积。

5）清单计价。按清单工作内容，根据设计图纸和施工方案确定可组合的主要内容，菱苦土楼地面在《装饰定额》中的可组合的项目有找平层，面层，酸洗、打蜡。

5. 自流坪楼地面（011101005）

1）自流坪楼地面项目适用于各种类型的自流坪楼地面。

2）自流坪楼地面工程内容一般包括基层清理，抹找平层，涂界面剂，涂刷中层漆，打磨、吸尘，镘自流平面漆（浆），拌和自流平浆料，铺面层。

3）清单项目应对找平层厚度、砂浆配合比；界面剂材料种类；中层漆材料种类、厚度；面漆材料种类、厚度；面层材料种类等内容的特征做出描述。

4）国标清单工程量计算规则：按设计图示尺寸以面积计算，扣除突出地面构筑物、设备基础、室内铁道、地沟等所占面积，不扣除柱、垛、间壁墙、附墙烟囱及 0.3m² 以内的孔洞所占面积，门洞、空圈、暖气包槽、壁龛的开口部分不增加面积。

自流坪楼地面的国标清单工程量等于墙内边线围护面积减去 0.3m² 以上占地面积。

5）清单计价。按清单工作内容，根据设计图纸和施工方案确定可组合的主要内容，自流坪楼地面在《装饰定额》中的可组合的项目有找平层、面层、界面剂。

6. 平面砂浆找平层（011101006）

1）平面砂浆找平层项目只适用于仅做找平层的平面抹灰。

2）平面砂浆找平层工程内容一般包括基层清理、抹找平层、材料运输。

3）清单项目应对找平层厚度、砂浆配合比等内容的特征做出描述。

4）国标清单工程量计算规则：按设计图示尺寸以面积计算。

平面砂浆找平层的国标清单工程量等于墙内边线围护面积减去 0.3m² 以上占地面积。

5）清单计价。按清单工作内容，根据设计图纸和施工方案确定可组合的主要内容，平面砂浆找平层在《装饰定额》中的可组合的项目是找平层。

（二）块料面层（011102）

块料面层及找平层清单包括：石材楼地面、碎石材楼地面、块料楼地面 3 个清单项目，分别按 011102001×××～011102003×××编码。

1. 石材楼地面（011102001）

1）石材楼地面项目适用于各种类型的砂浆楼地面。

2）石材楼地面工程内容一般包括基层清理、抹找平层、面层铺设、嵌缝、刷防护材料、酸洗、打蜡、材料运输。

3）清单项目应对找平层厚度、砂浆配合比；结合层厚度、砂浆配合比；面层材料的品种、规格、颜色；嵌缝材料种类；防护层材料种类；酸洗、打蜡要求等内容的特征做出描述。

4）国标清单工程量计算规则：按设计图示尺寸以面积计算。门洞、空圈、暖气包槽、壁龛的开口部分并入相应的工程量内。

石材楼地面的国标清单工程量等于墙内边线围护面积减去占地面积，再加上同材质的门洞面积。

5）清单计价。按清单工作内容，根据设计图纸和施工方案确定可组合的主要内容，石材楼地面在《装饰定额》中的可组合的项目有找平层、面层、嵌铜条、酸洗、打蜡。石材楼地面可组合内容见表 2-18。

表 2-18　石材楼地面可组合内容

项目名称	可组合的主要内容	对应的定额子目
石材楼地面	面层	11-31～11-39
	找平层	11-1～11-3、11-5～11-6
	嵌铜条	11-148
	酸洗、打蜡	11-155

2. 碎石材楼地面（011102002）

1）碎石材楼地面项目适用于各种类型的砂浆楼地面。

2）碎石材楼地面工程内容一般包括基层清理、抹找平层、面层铺设、嵌缝、刷防护材料、酸洗、打蜡、材料运输。

3）清单项目应对找平层厚度、砂浆配合比；结合层厚度、砂浆配合比；面层材料的品种、规格、颜色；嵌缝材料种类；防护层材料种类；酸洗、打蜡要求等内容的特征做出描述。

4）国标清单工程量计算规则：按设计图示尺寸以面积计算。门洞、空圈、暖气包槽、壁龛的开口部分并入相应的工程量内。

碎石材楼地面的国标清单工程量等于墙内边线围护面积减去占地面积，再加上同材质的门洞面积。

5）清单计价。按清单工作内容，根据设计图纸和施工方案，确定可组合的主要内容，碎石材楼地面在《装饰定额》中的可组合的项目有找平层面层、嵌铜条、酸洗、打蜡。

3. 块料楼地面（011102003）

1）块料楼地面项目适用于各种类型的砂浆楼地面。

2）块料楼地面工程内容一般包括基层清理、抹找平层、面层铺设、嵌缝、刷防护材料、酸洗、打蜡、材料运输。

3）清单项目应对找平层厚度、砂浆配合比；结合层厚度、砂浆配合比；面层材料的品种、规格、颜色；嵌缝材料种类；防护层材料种类；酸洗、打蜡要求等内容的特征做出描述。

4）国标清单工程量计算规则：按设计图示尺寸以面积计算。门洞、空圈、暖气包槽、壁龛的开口部分并入相应的工程量内。

块料楼地面的国标清单工程量等于墙内边线围护面积减去占地面积，再加上同材质的门洞面积。

5）清单计价。按清单工作内容，根据设计图纸和施工方案确定可组合的主要内容，块料楼地面在《装饰定额》中的可组合的项目有找平层面层、嵌铜条、酸洗、打蜡。

4. 注意

1）在描述碎石材项目的面层材料特征时可不用描述规格、颜色。

2）石材、块料与粘结材料的结合面刷防渗材料的种类在防护层材料的种类中描述。

3）磨边是指施工现场磨边。

（三）橡塑面层（011103）

橡塑面层清单包括：橡胶板楼地面、橡胶板卷材楼地面、塑料板楼地面和塑料卷材楼地面 4 个清单项目，分别按 011103001×××～011103004×××编码。

1. 橡胶板楼地面（011103001）

1）橡胶板楼地面项目适用于各种类型的橡胶板楼地面。

2）橡胶板楼地面工程内容一般包括基层清理、面层铺贴、压缝条装钉、材料运输。

3）清单项目应对粘结层厚度、材料种类；面层材料的品种、规格、颜色；压线条种类等内容的特征做出描述。

4）国标清单工程量计算规则：按设计图示尺寸以面积计算。门洞、空圈、暖气包槽、壁龛的开口部分并入相应的工程量内。

橡胶板楼地面的国标清单工程量等于墙内边线围护面积减去占地面积，再加上同材质的门洞面积。

5）清单计价。按清单工作内容，根据设计图纸和施工方案确定清单组合内容，橡胶板楼地面清单组合子目一般有面层铺贴、压线条。

2. 橡胶板卷材楼地面（011103002）

1）橡胶板卷材楼地面项目适用于各种类型的橡胶卷材楼地面。

2）橡胶板卷材楼地面工程内容一般包括基层清理、面层铺贴、压缝条装钉、材料运输。

3）清单项目应对粘结层厚度、材料种类；面层材料的品种、规格、颜色；压线条种类等内容的特征做出描述。

4）国标清单工程量计算规则：按设计图示尺寸以面积计算。门洞、空圈、暖气包槽、壁龛的开口部分并入相应的工程量内。

橡胶板卷材楼地面的国标清单工程量等于墙内边线围护面积减去占地面积，再加上同材质的门洞面积。

5）清单计价。按清单工作内容，根据设计图纸和施工方案确定清单组合内容，橡胶板卷材楼地面清单组合子目一般是面层铺贴。

3. 塑料板楼地面（011103003）

1）塑料板楼地面项目适用于各种类型的塑料板楼地面。

2）塑料板楼地面工程内容一般包括基层清理、面层铺贴、压缝条装钉、材料运输。

3）清单项目应对粘结层厚度、材料种类；面层材料的品种、规格、颜色；压线条种类等内容的特征做出描述。

4）国标清单工程量计算规则：按设计图示尺寸以面积计算。门洞、空圈、暖气包槽、壁龛的开口部分并入相应的工程量内。

塑料板楼地面的国标清单工程量等于墙内边线围护面积减去占地面积，再加上同材质的门洞面积。

5）清单计价。按清单工作内容，根据设计图纸和施工方案确定清单组合内容，塑料板楼地面清单组合子目一般有面层铺贴、压线条。

4. 塑料卷材楼地面（011103004）

1）塑料卷材楼地面项目适用于各种类型的塑料卷材楼地面。

2）塑料卷材楼地面工程内容一般包括基层清理、面层铺贴、压缝条装钉、材料运输。

3）清单项目应对粘结层厚度、材料种类；面层材料的品种、规格、颜色；压线条种类等内容的特征做出描述。

4）国标清单工程量计算规则：按设计图示尺寸以面积计算。门洞、空圈、暖气包槽、壁龛的开口部分并入相应的工程量内。

塑料卷材楼地面的国标清单工程量等于墙内边线围护面积减去占地面积，再加上同材质的门洞面积。

5）清单计价。按清单工作内容，根据设计图纸和施工方案确定清单组合内容，塑料卷材楼地面清单组合子目一般有面层铺贴、压条。

5. 注意

本部分如涉及找平层，另按《计算规范》表 L.1 找平层项目编码列项。

（四）其他材料面层（011104）

其他材料面层清单包括：地毯楼地面，竹、木（复合）地板，金属复合地板和防静电活动地板 4 个清单项目，分别按 011104001×××～011104004××× 编码。

1. 地毯楼地面（011104001）

1）地毯楼地面项目适用于各种类型的楼地面地毯。

2）地毯楼地面工程内容一般包括基层清理、铺贴面层、刷防护材料、装钉压条、材料运输。

3）清单项目应对面层材料的品种、规格、品牌、颜色，防护材料种类，粘结材料种类，压线条种类等内容的特征做出描述。

4）国标清单工程量计算规则：按设计图示尺寸以面积计算。门洞、空圈、暖气包槽、壁龛的开口部分并入相应的工程量内。

地毯楼地面的国标清单工程量等于墙内边线围护面积减去占地面积，再加上同材质的门洞面积。

5）清单计价。按清单工作内容，根据设计图纸和施工方案确定清单组合内容，地毯楼地面清单组合子目一般有面层、压条。

2. 竹、木（复合）地板（011104002）

1）竹、木（复合）地板项目适用于各种类型的竹、木地板。

2）竹、木（复合）地板工程内容一般包括基层清理、龙骨铺设、基层铺设、面层铺贴、刷防护材料、材料运输。

3）清单项目应对龙骨材料的种类、规格、铺设间距，基层材料的种类、规格，面层材料的品种、规格、品牌、颜色，防护材料种类等内容的特征做出描述。

4）国标清单工程量计算规则：按设计图示尺寸以面积计算。门洞、空圈、暖气包槽、壁龛的开口部分并入相应的工程量内。

竹、木（复合）地板的国标清单工程量等于墙内边线围护面积减去 $0.3m^2$ 以上占地面积。

5）清单计价。按清单工作内容，根据设计图纸和施工方案确定清单组合内容，竹、木（复合）地板清单组合子目一般有面层、龙骨。

3. 金属复合地板（011104003）

1）金属复合地板项目适用于各种类型的金属复合地板。

2）金属复合地板工程内容一般包括基层清理、龙骨铺设、基层铺设、面层铺贴、刷防护材料、材料运输。

3）清单项目应对龙骨材料的种类、规格、铺设间距，基层材料的种类、规格，面层材料的品种、规格、品牌、颜色，防护材料种类等内容的特征做出描述。

4）国标清单工程量计算规则：按设计图示尺寸以面积计算。门洞、空圈、暖气包槽、壁龛的开口部分并入相应的工程量内。

金属复合地板的国标清单工程量等于墙内边线围护面积减去占地面积，再加上同材质的门洞面积。

5）清单计价。按清单工作内容，根据设计图纸和施工方案确定清单组合内容，金属复合地板清单组合子目一般有面层、龙骨。

4. 防静电活动地板 （011104004）

1）防静电活动地板项目适用于各种类型的防静电活动地板。

2）防静电活动地板工程内容一般包括基层清理、固定支架安装、活动面层安装、刷防护材料、材料运输。

3）清单项目应对支架高度、材料种类，面层材料的品种、规格、品牌、颜色，防护材料种类等内容的特征做出描述。

4）国标清单工程量计算规则：按设计图示尺寸以面积计算。门洞、空圈、暖气包槽、壁龛的开口部分并入相应的工程量内。

防静电活动地板的国标清单工程量等于墙内边线围护面积减去占地面积，再加上同材质的门洞面积。

5）清单计价。按清单工作内容，根据设计图纸和施工方案确定清单组合内容，防静电活动地板清单组合子目一般有面层、龙骨。

（五）踢脚线 （011105）

踢脚线清单包括：水泥砂浆踢脚线、石材踢脚线、块料踢脚线、塑料板踢脚线、木质踢脚线、金属踢脚线、防静电踢脚线 7 个清单项目，分别按 011105001×××～011105007××× 编码。

1. 水泥砂浆踢脚线 （011105001）

1）水泥砂浆踢脚线项目适用于各种类型的砂浆踢脚线。

2）水泥砂浆踢脚线工程内容一般包括基层清理、底层和面层抹灰、材料运输。

3）清单项目应对踢脚线高度，底层厚度、砂浆配合比，面层厚度、砂浆配合比等内容的特征做出描述。

4）国标清单工程量计算规则：以平方米计量，按设计图示长度乘高度以面积计算；以米计量，按延长米计算。

水泥砂浆踢脚线的国标清单工程量等于高度×(墙内边线周长−门洞、空圈的宽度+门洞、空圈的侧壁长+附墙中柱的侧壁长)。

5）清单计价。按清单工作内容，根据设计图纸和施工方案确定清单组合内容，水泥砂浆踢脚线清单组合子目一般有踢脚线面层、底层抹灰。

2. 石材踢脚线 （011105002）

1）石材踢脚线项目适用于各种类型的石材踢脚线。

2）石材踢脚线工程内容一般包括基层清理，底层抹灰，面层铺贴、磨边，擦缝，磨光、酸洗、打蜡，刷防护材料，材料运输。

3）清单项目应对踢脚线高度，底层厚度，粘贴层厚度、材料种类，面层材料的品种、规格、品牌、颜色，勾缝材料种类，防护材料种类等内容的特征做出描述。

4）国标清单工程量计算规则：以平方米计量，按设计图示长度乘高度以面积计算；以米计量，按延长米计算。

石材踢脚线的国标清单工程量等于高度×（墙内边线周长–门洞、空圈的宽度+门洞、空圈的侧壁长+附墙中柱的侧壁长）。

5）清单计价。按清单工作内容，根据设计图纸和施工方案确定清单组合内容，石材踢脚线清单组合子目一般有踢脚线面层、底层抹灰。

3. 块料踢脚线 （011105003）

1）块料踢脚线项目适用于各种类型的块料踢脚线。

2）块料踢脚线工程内容一般包括基层清理，底层抹灰，面层铺贴、磨边，擦缝，磨光、酸洗、打蜡，刷防护材料，材料运输。

3）清单项目应对踢脚线高度，底层厚度，粘贴层厚度、材料种类，面层材料的品种、规格、品牌、颜色，勾缝材料种类，防护材料种类等内容的特征做出描述。

4）国标清单工程量计算规则：以平方米计量，按设计图示长度乘高度以面积计算；以米计量，按延长米计算。

块料踢脚线的国标清单工程量等于高度×（墙内边线周长–门洞、空圈的宽度+门洞、空圈的侧壁长+附墙中柱的侧壁长）。

5）清单计价。按清单工作内容，根据设计图纸和施工方案确定清单组合内容，块料踢脚线清单组合子目一般有踢脚线面层、底层抹灰。

4. 塑料板踢脚线 （011105004）

1）塑料板踢脚线项目适用于各种类型的塑料板踢脚线。

2）塑料板踢脚线工程内容一般包括基层清理、底层抹灰、面层铺贴、材料运输。

3）清单项目应对踢脚线高度，底层厚度、砂浆配合比，粘贴层厚度、材料种类，面层材料的品种、规格、品牌、颜色等内容的特征做出描述。

4）国标清单工程量计算规则：以平方米计量，按设计图示长度乘高度以面积计算；以米计量，按延长米计算。

塑料板踢脚线的国标清单工程量等于高度×（墙内边线周长–门洞、空圈的宽度+门洞、空圈的侧壁长+附墙中柱的侧壁长）。

5）清单计价。按清单工作内容，根据设计图纸和施工方案确定清单组合内容，塑料板踢脚线清单组合子目一般有踢脚线面层、底层抹灰。

5. 木质踢脚线 （011105005）

1）木质踢脚线项目适用于各种类型的木质踢脚线。

2）木质踢脚线工程内容一般包括基层清理、底层抹灰、面层铺贴、材料运输。

3）清单项目应对踢脚线高度，基层材料的种类、规格，面层材料的品种、规格、品牌、颜色，防护材料种类等内容的特征做出描述。

4）国标清单工程量计算规则：以平方米计量，按设计图示长度乘高度以面积计算；以米计量，按延长米计算。

木质踢脚线的国标清单工程量等于高度×（墙内边线周长–门洞、空圈的宽度+门洞、空圈的侧壁长+附墙中柱的侧壁长）。

5）清单计价。按清单工作内容，根据设计图纸和施工方案确定清单组合内容，木质踢脚线清单组合子目一般有踢脚线面层、底层抹灰。

6. 金属踢脚线 （011105006）

1）金属踢脚线项目适用于各种类型的金属踢脚线。

2）金属踢脚线工程内容一般包括基层清理、底层抹灰、面层铺贴、材料运输。

3）清单项目应对踢脚线高度，基层材料的种类、规格，面层材料的品种、规格、品牌、颜色，防护材料种类等内容的特征做出描述。

4）国标清单工程量计算规则：以平方米计量，按设计图示长度乘高度以面积计算；以米计量，按延长米计算。

金属踢脚线的国标清单工程量等于高度×（墙内边线周长-门洞、空圈的宽度+门洞、空圈的侧壁长+附墙中柱的侧壁长）。

5）清单计价。按清单工作内容，根据设计图纸和施工方案确定清单组合内容，金属踢脚线清单组合子目一般有踢脚线面层、底层抹灰。

7. 防静电踢脚线 （011105007）

1）防静电踢脚线项目适用于各种类型的防静电踢脚线。

2）防静电踢脚线工程内容一般包括基层清理、底层抹灰、面层铺贴、材料运输。

3）清单项目应对踢脚线高度，基层材料的种类、规格，面层材料的品种、规格、品牌、颜色，防护材料种类等内容的特征做出描述。

4）国标清单工程量计算规则：以平方米计量，按设计图示长度乘高度以面积计算；以米计量，按延长米计算。

防静电踢脚线的国标清单工程量等于高度×（墙内边线周长-门洞、空圈的宽度+门洞、空圈的侧壁长+附墙中柱的侧壁长）。

5）清单计价。按清单工作内容，根据设计图纸和施工方案确定清单组合内容，防静电踢脚浅清单组合子目一般有踢脚线面层、底层抹灰。

8. 注意

石材、块料与粘结材料的结合面刷防渗材料的种类在防护材料的种类中描述。

（六）楼梯面层 （011106）

楼梯面层清单包括：石材楼梯面层、块料楼梯面层、拼碎块料面层、水泥砂浆楼梯面层、现浇水磨石楼梯面层、地毯楼梯面层、木板楼梯面层、橡胶板楼梯面层、塑料板楼梯面层 9 个清单项目，分别按 011106001×××～011106009××× 编码。

1. 石材楼梯面层 （011106001）

1）石材楼梯面层项目适用于各种类型的石材楼梯面层。

2）石材楼梯面层工程内容一般包括基层清理、抹找平层、面层铺贴、贴嵌防滑条、勾缝、刷防护材料、酸洗、打蜡、材料运输。

3）清单项目应对找平层厚度、砂浆配合比，粘结层厚度、材料种类，面层材料的品种、规格、品牌、颜色，防滑条材料的种类、规格，勾缝材料种类，防护材料种类，酸洗、打蜡要求等内容的特征做出描述。

4）国标清单工程量计算规则：按设计图示尺寸以楼梯（包括踏步、休息平台及 500mm

以内的楼梯井）水平投影面积计算；楼梯与楼地面相连时，算至梯口梁内侧边沿；无梯口梁的，算至最上一层踏步边沿加 300mm。

石材楼梯面层的国标清单工程量等于水平投影面积。

5）清单计价。按清单工作内容，根据设计图纸和施工方案确定清单组合内容，石材楼梯面层清单组合子目一般有面层、嵌条、酸洗、打蜡。

2. 块料楼梯面层（011106002）

1）块料楼梯面层项目适用于各种类型的块料楼梯面层。

2）块料楼梯面层工程内容一般包括基层清理、抹找平层、面层铺贴、贴嵌防滑条、勾缝、刷防护材料、酸洗、打蜡、材料运输。

3）清单项目应对找平层厚度、砂浆配合比，粘结层厚度、材料种类，面层材料的品种、规格、品牌、颜色，防滑条材料的种类、规格，勾缝材料种类，防护材料种类，酸洗、打蜡要求等内容的特征做出描述。

4）国标清单工程量计算规则：按设计图示尺寸以楼梯（包括踏步、休息平台及 500mm以内的楼梯井）水平投影面积计算；楼梯与楼地面相连时，算至梯口梁内侧边沿；无梯口梁的，算至最上一层踏步边沿加 300mm。

块料楼梯面层的国标清单工程量等于水平投影面积。

5）清单计价。按清单工作内容，根据设计图纸和施工方案确定清单组合内容，块料楼梯面层清单组合子目一般有面层、嵌条、酸洗、打蜡。

3. 拼碎块料面层（011106003）

1）拼碎块料面层项目适用于各种类型的拼碎块料面层。

2）拼碎块料面层工程内容一般包括基层清理、抹找平层、面层铺贴、贴嵌防滑条、勾缝、刷防护材料、酸洗、打蜡、材料运输。

3）清单项目应对找平层厚度、砂浆配合比，粘结层厚度、材料种类，面层材料的品种、规格、品牌、颜色，防滑条材料的种类、规格，勾缝材料种类，防护材料种类，酸洗、打蜡要求等内容的特征做出描述。

4）国标清单工程量计算规则：按设计图示尺寸以楼梯（包括踏步、休息平台及 500mm以内的楼梯井）水平投影面积计算；楼梯与楼地面相连时，算至梯口梁内侧边沿；无梯口梁的，算至最上一层踏步边沿加 300mm。

拼碎块料面层的国标清单工程量等于水平投影面积。

5）清单计价。按清单工作内容，根据设计图纸和施工方案确定清单组合内容，拼碎块料面层清单组合子目一般有面层、嵌条、酸洗、打蜡。

4. 水泥砂浆楼梯面层（011106004）

1）水泥砂浆楼梯面层项目适用于各种类型的水泥砂浆楼梯面层。

2）水泥砂浆楼梯面层工程内容一般包括基层清理、抹找平层、抹面层、抹防滑条、材料运输。

3）清单项目应对找平层厚度、砂浆配合比，面层厚度、砂浆配合比，防滑条材料的种类、规格等内容的特征做出描述。

4）国标清单工程量计算规则：按设计图示尺寸以楼梯（包括踏步、休息平台及 500mm以内的楼梯井）水平投影面积计算；楼梯与楼地面相连时，算至梯口梁内侧边沿；无梯口梁的，算至最上一层踏步边沿加 300mm。

水泥砂浆楼梯面层的国标清单工程量等于水平投影面积。

5）清单计价。按清单工作内容，根据设计图纸和施工方案确定清单组合内容，水泥砂浆楼梯面层清单组合子目一般有面层、嵌条。

5. 现浇水磨石楼梯面层 （011106005）

1）现浇水磨石楼梯面层项目适用于各种类型的现浇水磨石楼梯面层。

2）现浇水磨石楼梯面层工程内容一般包括基层清理、抹找平层、抹面层、贴嵌防滑条、磨光、酸洗、打蜡、材料运输。

3）清单项目应对找平层厚度、砂浆配合比，面层厚度、砂浆配合比，防滑条材料的种类、规格，石子的种类、规格、颜色，颜料的种类、颜色，磨光、酸洗、打蜡要求等内容的特征做出描述。

4）国标清单工程量计算规则：按设计图示尺寸以楼梯（包括踏步、休息平台及 500mm 以内的楼梯井）水平投影面积计算；楼梯与楼地面相连时，算至梯口梁内侧边沿；无梯口梁的，算至最上一层踏步边沿加 300mm。

现浇水磨石楼梯面层的国标清单工程量等于水平投影面积。

5）清单计价。按清单工作内容，根据设计图纸和施工方案确定清单组合内容，现浇水磨石楼梯面层清单组合子目一般有面层、嵌条。

6. 地毯楼梯面层 （011106006）

1）地毯楼梯面层项目适用于各种类型的地毯楼梯面层。

2）地毯楼梯面层工程内容一般包括基层清理、抹找平层、面层铺贴、固定配件安装、刷防护材料、材料运输。

3）清单项目应对基层种类，找平层厚度、砂浆配合比，面层材料的品种、规格、品牌、颜色，防护材料种类，粘结材料种类，固定配件材料的种类、规格等内容的特征做出描述。

4）国标清单工程量计算规则：按设计图示尺寸以楼梯（包括踏步、休息平台及 500mm 以内的楼梯井）水平投影面积计算；楼梯与楼地面相连时，算至梯口梁内侧边沿；无梯口梁的，算至最上一层踏步边沿加 300mm。

地毯楼梯面层的国标清单工程量等于水平投影面积。

5）清单计价。按清单工作内容，根据设计图纸和施工方案确定清单组合内容，地毯楼梯面层清单组合子目有面层、嵌条。

7. 木板楼梯面层 （011106007）

1）木板楼梯面层项目适用于各种类型的木板楼梯面层。

2）木板楼梯面层工程内容一般包括基层清理、抹找平层、基层铺贴、面层铺贴、刷防护材料、材料运输。

3）清单项目应对找平层厚度、砂浆配合比，基层材料的种类、规格，面层材料的品种、规格、品牌、颜色，粘结材料种类，防护材料种类等内容的特征做出描述。

4）国标清单工程量计算规则：按设计图示尺寸以楼梯（包括踏步、休息平台及 500mm 以内的楼梯井）水平投影面积计算；楼梯与楼地面相连时，算至梯口梁内侧边沿；无梯口梁的，算至最上一层踏步边沿加 300mm。

木板楼梯面层的国标清单工程量等于水平投影面积。

5）清单计价。按清单工作内容，根据设计图纸和施工方案确定清单组合内容，木板楼梯面层清单组合子目有面层、嵌条、酸洗、打蜡。

8. 橡胶板楼梯面层 （011106008）

1）橡胶板楼梯面层项目适用于各种类型的橡胶板楼梯面层。

2）橡胶板楼梯面层工程内容一般包括基层清理、面层铺贴、压缝条装钉、材料运输。

3）清单项目应对粘结层厚度，材料的种类、规格，面层材料的品种、规格、品牌、颜色；压线条种类等内容的特征做出描述。

4）国标清单工程量计算规则：按设计图示尺寸以楼梯（包括踏步、休息平台及500mm以内的楼梯井）水平投影面积计算；楼梯与楼地面相连时，算至梯口梁内侧边沿；无梯口梁的，算至最上一层踏步边沿加300mm。

橡胶板楼梯面层的国标清单工程量等于水平投影面积。

5）清单计价。按清单工作内容，根据设计图纸和施工方案确定清单组合内容，橡胶板楼梯面层清单组合子目有面层、嵌条。

9. 塑料板楼梯面层 （011106009）

1）塑料板楼梯面层项目适用于各种类型的塑料板楼梯面层。

2）塑料板楼梯面层工程内容一般包括基层清理、面层铺贴、压缝条装钉、材料运输。

3）清单项目应对粘结层厚度，材料的种类、规格；面层材料的品种、规格、品牌、颜色；压线条种类等内容的特征做出描述。

4）国标清单工程量计算规则：按设计图示尺寸以楼梯（包括踏步、休息平台及500mm以内的楼梯井）水平投影面积计算；楼梯与楼地面相连时，算至梯口梁内侧边沿；无梯口梁的，算至最上一层踏步边沿加300mm。

塑料板楼梯面层的国标清单工程量等于水平投影面积。

5）清单计价。按清单工作内容，根据设计图纸和施工方案确定清单组合内容，塑料板楼梯面层清单组合子目有面层、嵌条。

10. 注意

1）在描述碎石材项目的面层材料特征时可不用描述规格、颜色。

2）石材、块料与粘结材料的结合面刷防渗材料的种类在防护材料的种类中描述。

（七）台阶装饰 （011107）

台阶装饰清单包括：石材台阶面、块料台阶面、拼碎块料台阶面、水泥砂浆台阶面、现浇水磨石台阶面、剁假石台阶面6个清单项目，分别按011107001×××～011107006×××编码。

1. 石材台阶面 （011107001）

1）石材台阶面项目适用于各种类型的石材台阶面。

2）石材台阶面工程内容一般包括基层清理、垫层铺设、抹找平层、面层铺贴、贴嵌防滑条、勾缝、刷防护材料、材料运输。

3）清单项目应对垫层材料的种类、厚度，找平层厚度、砂浆配合比，粘结层材料种类，面层材料的品种、规格、品牌、颜色，勾缝材料种类，防滑条材料的种类、规格，防护材料种类等内容的特征做出描述。

4）国标清单工程量计算规则：按设计图示尺寸以台阶（包括最上层踏步边沿加

300mm）水平投影面积计算。

石材台阶面的国标清单工程量等于水平投影面积。

5）清单计价。按清单工作内容，根据设计图纸和施工方案确定清单组合内容，石材台阶面清单组合子目有面层、找平层防滑条。

2. 块料台阶面（011107002）

1）块料台阶面项目适用于各种类型的块料台阶面。

2）块料台阶面工程内容一般包括基层清理、垫层铺设、抹找平层、面层铺贴、贴嵌防滑条、勾缝、刷防护材料、材料运输。

3）清单项目应对垫层材料的种类、厚度，找平层厚度、砂浆配合比，粘结层材料种类，面层材料的品种、规格、品牌、颜色，勾缝材料种类，防滑条材料的种类、规格，防护材料种类等内容的特征做出描述。

4）国标清单工程量计算规则：按设计图示尺寸以台阶（包括最上层踏步边沿加300mm）水平投影面积计算。

块料台阶面的国标清单工程量等于水平投影面积。

5）清单计价。按清单工作内容，根据设计图纸和施工方案确定清单组合内容，块料台阶面清单组合子目有面层、找平层、防滑条。

3. 拼碎块料台阶面（011107003）

1）拼碎块料台阶面项目适用于各种类型的拼碎块料台阶面。

2）拼碎块料台阶面工程内容一般包括基层清理、垫层铺设、抹找平层、面层铺贴、贴嵌防滑条、勾缝、刷防护材料、材料运输。

3）清单项目应对垫层材料的种类、厚度，找平层厚度、砂浆配合比，粘结层材料种类，面层材料的品种、规格、品牌、颜色，勾缝材料种类，防滑条材料的种类、规格，防护材料种类等内容的特征做出描述。

4）国标清单工程量计算规则：按设计图示尺寸以台阶（包括最上层踏步边沿加300mm）水平投影面积计算。

拼碎块料台阶面的国标清单工程量等于水平投影面积。

5）清单计价。按清单工作内容，根据设计图纸和施工方案确定清单组合内容，拼碎块料台阶面清单组合子目有面层、找平层、防滑条。

4. 水泥砂浆台阶面（011107004）

1）水泥砂浆台阶面项目适用于各种类型的水泥砂浆台阶面。

2）水泥砂浆台阶面工程内容一般包括基层清理、垫层铺设、抹找平层、抹面层、抹防滑条、材料运输。

3）清单项目应对垫层材料的种类、厚度；找平层厚度，砂浆配合比，面层厚度，砂浆配合比；防滑条材料种类等内容的特征做出描述。

4）国标清单工程量计算规则：按设计图示尺寸以台阶（包括最上层踏步边沿加300mm）水平投影面积计算。

水泥砂浆台阶面的国标清单工程量等于水平投影面积。

5）清单计价。按清单工作内容，根据设计图纸和施工方案确定清单组合内容，水泥砂浆台阶面清单组合子目有面层、找平层、防滑条。

5. 现浇水磨石台阶面（011107005）

1）现浇水磨石台阶面项目适用于各种类型的现浇水磨石台阶面。

2）现浇水磨石台阶面工程内容一般包括基层清理、垫层铺设、抹找平层、抹面层、贴嵌防滑条、打磨、酸洗、打蜡、材料运输。

3）清单项目应对垫层材料的种类、厚度，找平层厚度、砂浆配合比，面层厚度、水泥石子浆配合比，防滑条材料的种类、规格，石子的种类、规格、颜色，磨光、酸洗、打蜡要求等内容的特征做出描述。

4）国标清单工程量计算规则：按设计图示尺寸以台阶（包括最上层踏步边沿加300mm）水平投影面积计算。

现浇水磨石台阶面的国标清单工程量等于水平投影面积。

5）清单计价。按清单工作内容，根据设计图纸和施工方案确定清单组合内容，现浇水磨石台阶面清单组合子目有面层、找平层、防滑条。

6. 剁假石台阶面（011107006）

1）剁假石台阶面项目适用于各种类型的剁假石台阶面。

2）剁假石台阶面工程内容一般包括基层清理、垫层铺设、抹找平层、抹面层、剁假石、材料运输。

3）清单项目应对垫层材料的种类、厚度，找平层厚度、砂浆配合比，面层厚度、砂浆配合比，剁假石要求等内容的特征做出描述。

4）国标清单工程量计算规则：按设计图示尺寸以台阶（包括最上层踏步边沿加300mm）水平投影面积计算。

剁假石台阶面的国标清单工程量等于水平投影面积。

5）清单计价。按清单工作内容，根据设计图纸和施工方案确定清单组合内容，剁假石台阶面清单组合子目有面层、找平层、防滑条。

7. 注意

1）在描述碎石材项目的面层材料特征时可不用描述规格、颜色。

2）石材、块料与粘结材料的结合面刷防渗材料的种类在防护材料的种类中描述。

（八）零星装饰项目（011108）

零星装饰项目清单包括：石材零星项目、拼碎石材零星项目、块料零星项目、水泥砂浆零星项目4个清单项目，分别按011108001×××～011108004×××编码。

1. 石材零星项目（011108001）

1）石材零星项目适用于各种类型的石材零星项目。

2）石材零星项目工程内容一般包括清理基层、抹找平层、面层铺贴、勾缝、刷防护材料、酸洗、打蜡、材料运输。

3）清单项目应对工程部位，找平层厚度、砂浆配合比，贴结合层厚度、材料种类，面层材料的品种、规格、品牌、颜色，勾缝材料种类，防护材料种类，酸洗、打蜡要求等内容的特征做出描述。

4）国标清单工程量计算规则：按设计图示尺寸以面积计算。

2. 拼碎石材零星项目（011108002）

1）拼碎石材零星项目适用于各种类型的拼碎石材零星项目。

2）拼碎石材零星项目工程内容一般包括清理基层、抹找平层、面层铺贴、勾缝、刷防护材料、酸洗、打蜡、材料运输。

3）清单项目应对工程部位，找平层厚度、砂浆配合比，贴结合层厚度、材料种类，面层材料的品种、规格、品牌、颜色，勾缝材料种类，防护材料种类，酸洗、打蜡要求等内容的特征做出描述。

4）国标清单工程量计算规则：按设计图示尺寸以面积计算。

3. 块料零星项目（011108003）

1）块料零星项目适用于各种类型的块料零星项目。

2）块料零星项目工程内容一般包括清理基层、抹找平层、面层铺贴、勾缝、刷防护材料、酸洗、打蜡、材料运输。

3）清单项目应对工程部位，找平层厚度、砂浆配合比，贴结合层厚度、材料种类，面层材料的品种、规格、品牌、颜色，勾缝材料种类，防护材料种类，酸洗、打蜡要求等内容的特征做出描述。

4）国标清单工程量计算规则：按设计图示尺寸以面积计算。

4. 水泥砂浆零星项目（011108004）

1）水泥砂浆零星项目适用于各种类型的水泥砂浆零星项目。

2）水泥砂浆零星项目工程内容一般包括清理基层、抹找平层、抹面层、材料运输。

3）清单项目应对工程部位，找平层厚度、砂浆配合比，面层厚度、砂浆厚度等内容的特征做出描述。

4）国标清单工程量计算规则：按设计图示尺寸以面积计算。

5. 注意

1）楼梯、台阶牵边和侧面镶贴块料面层，不大于 $0.5m^2$ 的少量分散的楼地面镶贴块料面层，应按《计算规范》表 L.8 执行。

2）石材、块料与粘结材料的结合面刷防渗材料的种类在防护材料的种类中描述。

（九）相关问题说明

1）楼梯、阳台、走廊、回廊及其他结构的装饰性扶手、栏杆、栏板，应按《装饰定额》011503 项目编码列项。

2）楼梯台阶侧面装饰，$0.5m^2$ 以内少量分散的楼地面装修，应按《装饰定额》011108 项目编码列项。

（十）国标清单编制综合示例

[例题 2-29]　根据前述［例题 2-20］条件，试计算该楼地面工程国标清单工程量，并编制国标工程量清单。（计算结果保留两位小数）

解答：

1. 国标清单工程量计算：

水磨石楼面工程量 $= (4.5-0.24)\times(6-0.24)\times2m^2-0.6\times2.4m^2 = 49.08m^2 - 1.44m^2 = 47.64m^2$

2. 根据《计算规范》的项目划分编列清单，见表 2-19。

[例题 2-30]　根据前述［例题 2-28］条件，试计算该楼地面工程国标清单工程量，并编制国标工程量清单。（计算结果保留两位小数）

楼地面工
程工程量
清单编制
及计价案例

表 2-19 ［例题 2-29］工程量清单　　　　　　　工程名称：某工程

序号	项目编码	项目名称	项目特征	计量单位	工程量
1	011101002001	水磨石楼面	20mm 厚带图案现浇彩色水磨石面层 30mm 厚 C20 细石混凝土找平	m²	47.64

解答：

1. 国标清单工程量计算。

(1) 块料楼地面工程量 = $(6-0.24) \times (5.8-0.24) \text{m}^2 + (2.8-0.24) \times (3-0.24) \text{m}^2 + 0.9 \times 0.24 \text{m}^2 = 39.31 \text{m}^2$

(2) 水泥砂浆踢脚线工程量 = $[(5.8-0.24+6-0.24) \times 2 + (2.8-0.24+3-0.24) \times 2 - 1.2 - 0.9 \times 2 + (0.24-0.1) \times 2] \times 0.15 \text{m}^2 = 30.56 \times 0.15 \text{m}^2 = 4.58 \text{m}^2$

2. 根据《计算规范》的项目划分编列清单，见表 2-20。

表 2-20 ［例题 2-30］工程量清单　　　　　　　工程名称：某工程

序号	项目编码	项目名称	项目特征	计量单位	工程量
1	011102003001	块料楼地面	800mm×800mm；地砖面层 找平层：DS M20 干混砂浆，厚度为 30mm	m²	39.31
2	011105001001	水泥砂浆踢脚线	150mm 高 干混砂浆铺贴 地砖面层	m²	4.58

土方、垫层、卷材防潮的清单此处不列。

二、国标工程量清单计价

［例题 2-31］ 利用 ［例题 2-30］ 中的块料楼地面清单，并按《装饰定额》计算该国标清单的综合单价及合价（本题假设企业管理费和利润分别按 20% 和 10% 计取，以定额人工费与定额机械费之和为取费基数，属于房屋建筑工程，采用一般计税法，假设当时当地的人工、材料、机械除税信息价与定额取定价相同）。

解答：

1. 根据前述例题提供的条件，本题清单项目可组合的定额子目见表 2-21 所示。

表 2-21 ［例题 2-31］可组合的定额子目

序号	项目名称	可组合的定额子目	定额编号
1	块料楼地面	干混砂浆找平层	11-1+10×11-3
		地砖楼地面	11-47

2. 套用《装饰定额》确定相应的分部分项人工费、材料费和机械费：

(1) 干混砂浆找平层工程量 = 39.09m^2，并有：

人工费 = 8.0321 元$/\text{m}^2 + 10 \times 0.1581$ 元$/\text{m}^2 = 9.61$ 元$/\text{m}^2$

材料费 = 9.2329 元$/\text{m}^2 + 10 \times 0.4607$ 元$/\text{m}^2 = 13.84$ 元$/\text{m}^2$

机械费 = 0.1977 元$/\text{m}^2 + 10 \times 0.2481$ 元$/\text{m}^2 = 2.68$ 元$/\text{m}^2$

管理费 = (9.61+2.68)×20%元/m² = 2.46 元/m²

利润 = (9.61+2.68)×10%元/m² = 1.23 元/m²

（2）地砖楼地面工程量 = 39.31m²，并有：

人工费 = 33.86 元/m²

材料费 = 88.51 元/m²

机械费 = 0.20 元/m²

管理费 = (33.86+0.20)×20%元/m² = 6.81 元/m²

利润 = (33.86+0.20)×10%元/m² = 3.41 元/m²

3. 计算综合单价，填写综合单价计算表（表2-22）。

表 2-22　［例题 2-31］综合单价计算

序号	编号	名称	计量单位	数量	综合单价/元						合价/元
					人工费	材料费	机械费	管理费	利润	小计	
1	011102003001	块料楼地面	m²	39.31	43.42	102.27	2.87	9.26	4.63	162.45	6385.91
2	11-47	地砖楼地面	m²	39.31	33.86	88.51	0.20	6.81	3.41	132.79	5219.97
3	11-1+10×11-3	干混砂浆找平层（30mm）	m²	39.09	9.61	13.84	2.68	2.46	1.23	29.82	1165.66

模 块 小 结

本模块主要介绍了楼地面工程中有关整体面层、块料面层及楼梯面层、台阶装饰等定额使用的规定、工程量计算规则，以及楼地面工程清单编制与综合单价的计算。重点是掌握好有关整体面层中的砂浆配合比及厚度的调整，以及整体面层和块料面层计算的异同之处；掌握楼地面工程的清单列项与项目特征描述，同时要注意清单工程量计算规则与定额的区别。

思考与练习题

1. 整体面层、块料面层工程量计算规则有哪些相同之处？不同的地方又有哪些？

2. 求下列项目定额清单中的人工费、材料费、机械费：

1）18.6mm 厚 1:2 白水泥彩色石子浆，彩色水磨石楼地面（不带嵌条）。

2）18.6mm 厚 1:1.5 白水泥彩色石子浆，彩色水磨石楼地面（不带嵌条）。

3）23.2mm 厚干混砂浆粘结 800mm×800mm 块料（离缝）。

4）弧形石材踢脚线。

5）螺旋形楼梯，粘结剂贴地砖。

6）30mm 厚干混砂浆找平层。

7）1:1.5 白水泥白石子浆普通水磨石地面，带金属嵌条，加色粉，20 元/kg。

8）27mm 厚砂浆找平层面上干硬性砂浆铺贴大理石（预拌干硬性砂浆 484 元/m³）。

9）硬木长条平口地板铺贴在细木工板上，地板 260 元/m²。

10）螺旋形楼梯面做 DS M15 干混砂浆。

11）大理石楼梯饰面，每平方米楼梯需用大理石 1.8m²。

3. 某建筑物二层平面图如图 2-15 所示，楼面装修做法为：砂浆结合层，素水泥浆一道，花岗石面层；柱子 600mm×600mm，大理石窗台高 900mm。问题：（1）编制该楼地面工程的定额清单项目并计算工程量；（2）编制该楼地面工程的国标清单项目并计算工程量；（3）试计算该楼地面工程的国标清单项目费用。

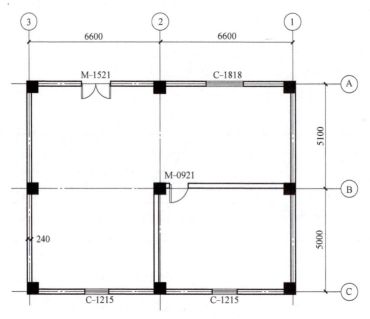

图 2-15　某建筑物二层平面图

4. 第 3 题中增加 120mm 高花岗石踢脚线，其余条件不变。问题：（1）编制该踢脚线的定额清单项目并计算工程量；（2）编制该踢脚线的国标清单项目并计算工程量；（3）试计算该踢脚线的国标清单项目费用（只将定额和清单匹配即可，具体综合单价数据不用计算）。

5. 某台阶平面图与剖面图如图 2-16 所示，干混砂浆粘贴花岗石板，问题：（1）列出该台阶的定额清单项目并计算工程量；（2）编制该台阶的国标清单项目并计算工程量；（3）试计算该台阶的国标清单项目费用（只将定额和清单匹配即可，具体数据不用计算）。

6. 如果图 2-16 中台阶长度由 1000mm 变为 2000mm，第 5 题其余条件不变。问题：（1）列出该台阶的定额清单项目并计算工程量；（2）编制该台阶的国标清单项目并计算工程量；（3）试计算该台阶的国标清单项目费用（只将定额和清单匹配即可，具体综合单价数据不用计算）。

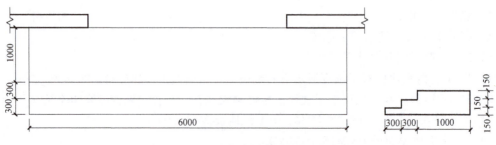

图 2-16　某台阶平面图与剖面图

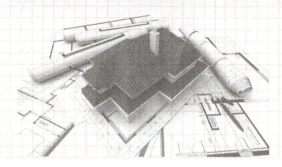

模块3

墙（柱）面装饰装修工程

本模块包括墙面抹灰、柱（梁）面抹灰、零星抹灰及其他、墙面块料面层、柱（梁）面块料面层、零星块料面层、墙饰面、柱（梁）饰面、幕墙工程及隔断、隔墙等。

项目1 知识准备

一、墙（柱）面装饰的基本构造

墙（柱）面装饰的基本构造包括底层、中间层、面层三部分。底层通过对墙体表面做抹灰处理，将墙体找平并保证与面层连接牢固。中间层是底层与面层连接的中介部分，要求牢固可靠，应具有防潮、防腐、保温隔热、通风等功能。面层是墙体装饰层。

一般抹灰按建筑物要求分为普通抹灰、中级抹灰、高级抹灰三个等级，不同的等级有不同的质量要求，而不同的质量要求又有不同的施工方法。抹装饰线条中的线角的道数以一个突出的棱角为一道线，柱垛是指与墙体相连的柱面突出墙体部分。

二、常用的墙（柱）面饰面材料

常用的墙（柱）面饰面材料如下：

1. 石灰砂浆与干混砂浆

石灰砂浆是由石灰和砂按一定配合比例混合而成的。干混砂浆是由水泥和砂按一定配合比例，再加少许水混合而成。砂浆根据需要也可掺少量外加剂以改善和易性。

2. 干粘石

干粘石是将彩色石粒直接粘在砂浆层（粘结层）上的一种装饰抹灰做法。其优点是操作简单、减少湿作业、施工速度快、节约材料，并具有庄重、明快、天然美观的装饰效果。

3. 水刷石

水刷石是石粒类装饰抹灰的传统做法。其特点是只采取分格分色、线条凹凸等艺术处理，就能使粉刷面达到自然、明快、庄重的天然美观的艺术效果。水刷石饰面造价一般，但耐久性强，装饰效果美观大方；不足之处是对操作技术要求较高，费工费料、湿作业量大，劳动条件差，成品易积尘土而被污染。水刷石如图3-1所示。

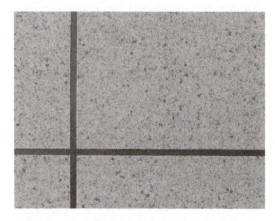

图 3-1 水刷石

4. 斩假石

斩假石又称为剁斧石，是在干混砂浆基层上涂抹一层石粒水泥浆，待硬化具有初始强度后，用剁斧、齿斧及各种錾子等工具通过精工细作，剁出有规律的清晰的石纹，使其成为顺直均匀、深浅一致的人造装饰石材，类似天然花岗石的表面形态。其特点是表面石纹规整、装饰效果好。斩假石如图3-2所示。

5. 拉毛灰

拉毛灰是在干混砂浆或水泥石灰混合砂浆底层、中层表面，再抹水泥石灰混合砂浆、纸筋石灰砂浆等，用抹子或麻毛刷将砂浆拉起波纹或斑点，形成"毛疙瘩"状的面层饰面。拉毛灰的种类较多，如拉长毛、短毛，拉粗毛、细毛，此外还有条筋拉毛等。拉毛灰的特点是具有吸声作用。拉毛灰如图3-3所示。

图3-2　斩假石　　　　　　　　　　　　　图3-3　拉毛灰

6. 大理石饰面板

大理石是一种变质岩，由火成岩和沉积岩在地壳变动中受高温、高压增生熔融再结晶而成，毛料（荒料）经锯切、研磨、抛光与切割后可制成大理石饰面板。其特点是纹理有斑、条理有纹，呈层状结构，属于中硬质；其优点是施工操作工艺简便、易操作，节约材料，成本低，并且有色彩绚丽、花纹丰富、富丽堂皇、光彩夺目的装饰效果；其缺点是易被腐蚀而失去光泽，施工速度慢等。

7. 花岗石饰面板

花岗石是一种分布广泛的火成岩，主要由石英、长石和云母等结晶粒组成，毛料经锯切、研磨、抛光与切割后可制成细琢面、光面或镜面的花岗石饰面板。其特点是岩质坚硬、密实，颗粒分布细而均匀，色泽鲜艳；其优点是施工流程简单、易操作，就地取材、成本低，强度高、耐久性好，颜色美观，给人庄重大方之感；其缺点是加工难度较大，施工速度慢等。

8. 水磨石饰面板

水磨石饰面板是用大理石石粒、颜料、水泥、中砂等材料，经选配制坯、养护、磨光、打亮制成的饰面板，具有表面光亮、坚固耐用、色泽鲜艳、图案美观大方的优点。

9. 外墙贴面砖

外墙贴面砖是用陶瓷面砖做成的外墙饰面。其特点是质地密实、釉面光亮、耐磨、耐水、耐腐蚀、抗冻，给人以光亮晶莹、清洁大方的美感，是一种应用比较普遍的外墙贴面装饰。

10. 内墙面贴面装饰

内墙面贴面装饰是用薄板状精陶制品釉面砖（又称为瓷片）作内墙饰面。其特点是色纯白、釉面光亮、耐磨蚀、抗冻等；其优点是洁白素雅、清晰整洁，给人以清白明快的美感，施工操作工艺简单，并且用料少、成本较低。

11. 明框玻璃幕墙

明框玻璃幕墙是指玻璃板镶嵌在铝框内，成为四周有铝框的幕墙构件，然后将其镶嵌在横梁上，形成横梁、立柱均外露，铝框分格明显的立面玻璃幕墙。

12. 隐框玻璃幕墙

隐框玻璃幕墙是指幕墙构件的玻璃用硅酮结构密封胶（简称结构胶）粘结在铝框上，大多数情况下不再加金属连接件。因此，铝框全部隐蔽在玻璃后面，形成大面积全玻璃镜面。

13. 全玻璃幕墙

全玻璃幕墙是指整个幕墙面全部由玻璃组成，玻璃本身既是饰面材料，又是承受自重与风压的结构件的幕墙。全玻璃幕墙的构造和施工特点是装饰效果优良，墙体自重轻，材料单一、施工方便、工期短，维护方便，视野开阔；其缺点是造价较高，抗风、抗震性能差，能耗较大，对周围建筑物形成光污染。

14. 铝板幕墙

铝板幕墙是指建筑物外墙面全由铝合金饰面板组成的墙体。铝板幕墙的构造和施工特点是外墙装饰效果好，墙体自重轻，材料单一、施工方便、工期短，维护方便，色彩和光泽保存长久；其缺点是造价较高、抗风性能差、能耗较大。

项目 2　定额计量与计价

一、定额说明

《装饰定额》中，第十二章包含十节共 218 个子目，各小节子目划分情况见表 3-1。

表 3-1　墙（柱）面工程定额子目划分

墙（柱）面工程定额各小节子目划分		定额编码	子目数
一　墙面抹灰	一般抹灰	12-1～12-9	9
	装饰抹灰	12-10～12-20	11
二　柱（梁）面抹灰	一般抹灰	12-21～12-22	2
	装饰抹灰	12-23～12-25	3
三　零星抹灰及其他	一般抹灰	12-26	1
	装饰抹灰	12-27～12-29	3
	特殊砂浆	12-30～12-35	6
	其他	12-36～12-37	2

（续）

墙（柱）面工程定额各小节子目划分			定额编码	子目数
四	墙面块料面层	石材墙面	12-38～12-46	9
		瓷砖、外墙面砖墙面	12-47～12-59	13
		其他块料墙面	12-60～12-65	6
		块料饰面骨架	12-66～12-68	3
五	柱（梁）面块料面层	石材柱面	12-69～12-74	6
		瓷砖、外墙面砖柱面	12-75～12-87	13
		其他块料柱面	12-88～12-93	6
六	零星块料面层	石材零星项目	12-94～12-97	4
		瓷砖、外墙面砖零星项目	12-98～12-101	4
		其他块料零星项目	12-102～12-107	6
		石材饰块及其他	12-108～12-110	3
七	墙饰面	附墙龙骨基层	12-111～12-122	12
		夹板基层	12-123～12-125	3
		面层	12-126～12-146	21
		成品面层安装	12-147～12-150	4
八	柱（梁）饰面	龙骨基层	12-151～12-156	6
		夹板基层	12-157～12-160	4
		面层	12-161～12-175	15
九	幕墙工程	带骨架幕墙	骨架及基层	12-176～12-181	6
			幕墙面层	12-182～12-191	10
		全玻幕墙	12-192～12-195	4
		防火隔离带	12-196	1
十	隔断、隔墙	隔断	12-197～12-215	19
		隔墙龙骨	12-216～12-218	3

子目设置说明如下：

（1）《装饰定额》第十二章定额中砂浆的厚度、种类、配合比及装饰材料的品种、型号、规格、间距等与定额不同时，按设计规定调整。

[例题 3-1] 斩假石柱面 1：1.5 水泥白石屑浆，请确定其定额清单费用（管理费 10%，利润 5%）。（计算结果保留两位小数）

墙柱面工程定额章说明（1）

解答：

定额编号：12-25H，计算过程见表 3-2。

（2）墙面抹灰。

1）墙面一般抹灰定额子目，除定额另有说明外均按厚度 20mm、三遍抹灰取定考虑。设计抹灰厚度、遍数与定额取定不同时，按以下规则调整：

① 抹灰厚度设计与定额不同时，按每增减 1mm 相应定额进行调整。

表 3-2 ［例题 3-1］定额清单费用计算

计量单位	人工费	材料费	机械费	管理费	利润	小计
元/100m²	—	925.52−258.85× 1.15+280.15× 1.15	—	—	—	—
	6588.74	950.02	21.63			
元/m²	6588.74/100= 65.89	950.02/100= 9.50	21.63/100= 0.22	（65.89+0.22）× 0.1=6.61	（65.89+0.22）× 0.05=3.31	65.89+9.50+ 0.22+6.61+ 3.31=85.53

［例题 3-2］ 23mm 厚的干混砂浆 DP M20.0 抹钢板网墙，请确定其定额清单费用（管理费 10%，利润 5%）。（计算结果保留两位小数）

解答：

1. 为了满足 23mm 厚，需要进行定额变换：12-4+3×12-3。

2. 12-4 中的砂浆配合比是 DP M20.0，12-3 中干混抹灰砂浆的配合比不是 DP M20.0，需要进行配合比换算。

定额编号：12-3H

计量单位：元/100m²

人工费：0

材料费：51.83−446.85×0.116+0.116×446.95=51.84

机械费：1.16

3. 定额清单费用计算过程见表 3-3。

表 3-3 ［例题 3-2］定额清单费用计算

计量单位	人工费	材料费	机械费	管理费	利润	小计
元/100m²	1687.95+3×0	963.8+3×51.84	20.74+3×1.16	—	—	—
	1687.95	1119.32	24.22	—	—	
元/m²	1687.95/100= 16.88	1119.32/100= 11.19	24.22/100= 0.24	（16.88+0.24）× 0.1=1.71	（16.88+0.24）× 0.05=0.86	16.88+11.19+ 0.24+1.71+ 0.86=30.88

注意：调整抹灰厚度时，在使用厚度增减定额的同时，如果砂浆配合比与定额不同，也要换算。

② 当抹灰遍数增加（或减少）一遍时，每 100m² 另增加（或减少）2.94 工日。

［例题 3-3］ 内墙面 20mm 厚干混抹灰砂浆 DP M15.0 二遍抹灰，请确定其定额清单人工费、材料费和机械费。

解答：

定额编号：12-1H

计量单位：元/100m²

人工费：1498.23−2.94×155=1042.53

材料费：1042.68

机械费：22.48

2）突出柱、梁、墙、阳台、雨篷等的混凝土线条，按其突出线条的棱线道数不同套用相应的定额，但单独窗台板、栏板扶手、女儿墙压顶上的单阶突出不计线条抹灰增加费。线条断面为外突弧形的，一个曲面按一道考虑。

3）零星抹灰适用于各种壁柜、碗柜、飘窗板、空调搁板、暖气罩、池槽、花台、高度 250mm 以内的栏板、内空截面面积 $0.4m^2$ 以内的地沟以及 $0.5m^2$ 以内的其他各种零星抹灰。

4）高度超过 250mm 的栏板套用墙面抹灰定额。

5）打底找平定额子目适用于墙面饰面需单独做找平的基层抹灰，定额按二遍考虑。

6）随砌随抹套用打底找平定额子目，人工乘以系数 0.70，其余不变。

7）抹灰定额不含成品滴水线的材料费用，如有发生，材料费另计。

墙柱面工程定额章说明（2）

（3）弧形的墙、柱、梁等的抹灰、块料面层按相应项目人工乘以系数 1.10，材料乘以系数 1.02。

[例题 3-4]　弧形墙面干挂石材，密缝，请确定其定额清单费用（管理费 10%，利润 5%）。（计算结果保留两位小数）

解答：

定额编号：12-43H，计算过程见表 3-4。

表 3-4　[例题 3-4] 定额清单费用计算

计量单位	人工费	材料费	机械费	管理费	利润	小计
元/100m²	6169×1.1	16684.19×1.02	—	—	—	—
	6785.90	17017.87	0.00	—	—	—
元/m²	6785.90/100 = 67.86	17017.87/100 = 170.18	0.00	(67.86+0.24)× 0.1=6.81	(67.86+0.24)× 0.05=3.41	67.86+170.18+ 0+6.81+ 3.41=248.26

（4）女儿墙和阳台栏板的内外侧抹灰套用外墙抹灰定额。女儿墙无泛水挑砖的，人工及机械乘以系数 1.10；女儿墙带泛水挑砖的，人工及机械乘以系数 1.30。

（5）抹灰、块料面层及饰面的柱墩、柱帽（弧形石材除外），每个柱墩、柱帽另增加人工：抹灰 0.25 工日、块料 0.38 工日、饰面 0.5 工日。

[例题 3-5]　列出下列项目的定额清单（定额编号、定额名称）。

1. 花岗石柱墩。

2. 柱墩抹灰。

解答：

定额清单如下：

1. 定额编号 12-74，圆柱墩。

2. 定额编号 12-21H，柱面抹灰（增加人工）。

（6）块料面层。

1）干粉型粘结剂粘贴块料定额中粘结剂的厚度，除石材为 6mm 外，其余均为 4mm。粘结剂厚度设计与定额不同时，应按比例调整。

[例题 3-6]　某内墙面采用 5mm 干粉型粘结剂粘贴大理石，请确定其定额清单费用（管理费 10%，利润 5%）。（计算结果保留两位小数）

解答：

定额中干粉型粘结剂厚度 6mm，消耗量 918kg；例题中干粉型粘结剂厚度 5mm，消耗量 ＝918×5/6kg。

定额编号：12-40H，计算过程见表 3-5。

表 3-5　[例题 3-6] 定额清单费用计算

计量单位	人工费	材料费	机械费	管理费	利润	小计
元/100m²	—	16195.92+ (918×5/6− 918)×2.24	—	—	—	—
	5738.26	15853.20	0.00	—	—	—
元/m²	5738.26/100＝ 57.38	15853.20/100＝ 158.53	0.00	(57.38+0)× 0.1＝5.74	(57.38+0)× 0.05＝2.87	57.38+158.53+ 0+5.74+ 2.87＝224.52

2）外墙面砖灰缝均按 8mm 计算，设计面砖规格及灰缝大小与定额不同时，面砖及勾缝材料做相应调整。

3）玻化砖、干挂玻化砖或波形面砖等按瓷砖、面砖相应项目执行。

4）设计要求的石材、瓷砖等块料的倒角、磨边、背胶的费用另计。石材需要做表面防护处理的，费用可按相应定额计取。

5）块料面层的零星项目适用于天沟、窗台板、遮阳板、过人洞、暖气壁龛、池槽、花台、门窗套、挑檐、腰线、竖（横）线条以及 0.5m² 以内的其他各种零星项目。其中，石材门窗套应按门窗工程相应定额子目执行。

[例题 3-7]　列出下列项目的定额清单（定额编号、定额名称）。

1. 干混砂浆铺贴瓷砖门窗套。

2. 干混砂浆铺贴大理石门窗套。

解答：

定额清单如下：

1. 定额编号 12-98，瓷砖零星项目。

2. 定额编号 8-143，干混砂浆铺贴石材门窗套。

6）石材饰块定额子目仅适用于内墙面的饰块饰面。

（7）墙、柱（梁）饰面及隔断、隔墙。

1）附墙龙骨基层定额中的木龙骨按双向考虑，如设计采用单向时，人工乘以系数 0.55，木龙骨用量做相应调整；设计断面面积与定额不同时，木龙骨用量做相应调整。

2）墙、柱（梁）饰面及隔断、隔墙定额子目中的龙骨间距、规格如与设计不同时，龙骨用量按设计要求调整。

3）弧形墙饰面按墙面相应定额子目人工乘以系数 1.15，材料乘以系数 1.05。非现场加工的饰面仅人工乘以系数 1.15。

墙柱面工程定额章说明（3）

[例题 3-8]　弧形内墙面贴人造革，请确定其定额清单费用（管理费 10%，利润 5%）。（计算结果保留两位小数）

解答：

定额编号：12-130H，计算过程见表3-6。

表3-6　[例题3-8] 定额清单费用计算

计量单位	人工费	材料费	机械费	管理费	利润	小计
元/100m²	4519.65×1.15	6061.83×1.05	不变	—	—	
	5197.60	6364.92	0.00	—	—	
元/m²	5197.60/100＝51.98	6364.92/100＝63.65	0.00	(51.98+0)×0.1＝5.20	(51.98+0)×0.05＝2.60	51.98+63.65+0+5.20+2.60＝123.43

4）柱（梁）饰面面层无定额子目的，套用墙面相应子目执行，人工乘以系数1.05。在《装饰定额》第十二章第八节柱（梁）饰面查不到定额的，可套用第七节墙饰面的定额进行换算。

5）饰面、隔断定额内，除注明外均未包括压条、收边、装饰线（条），如设计有要求时，应按相应定额执行。

6）隔墙夹板基层及面层套用墙饰面相应定额子目。

7）成品浴厕隔断已综合了隔断门所增加的工料。

8）如设计要求做防腐或防火处理的，应按《装饰定额》的相应定额子目执行。

（8）幕墙。

1）幕墙定额按骨架基层、面层分别编列子目。

2）玻璃幕墙中的玻璃按成品玻璃考虑；幕墙需设置的避雷装置，其工、料、机定额已综合；幕墙的封边、封顶、防火隔离层的费用另行计算。

3）型材、挂件如设计材质、用量与定额取定不同时，可以调整。

4）幕墙饰面中的结构胶与耐候胶设计用量与定额取定用量不同时，可以调整。

5）玻璃幕墙设计带有门窗的，窗并入幕墙面积计算，门单独计算并套用《装饰定额》中的门窗工程相应定额子目。

①玻璃幕墙的窗，属于玻璃幕墙，套用《装饰定额》第十二章的定额。

②玻璃幕墙的门，属于门窗工程，套用《装饰定额》第八章的定额。

6）曲面、异型或斜面（倾斜角度超过30°时）的幕墙按相应定额子目的人工乘以系数1.15，面板单价应调整，骨架弯弧费另计。

7）单元板块面层可以是玻璃、石材、金属板等不同材料组合，面层材料不同可以调整主材单价，安装费不做调整。

8）防火隔离带按缝宽100mm、高240mm考虑，镀锌钢板的规格、含量与定额取定用量不同时，可以调整。

（9）预埋件按《装饰定额》第五章中的铁件制作安装项目执行。后置埋件、化学螺栓另行计算，按《装饰定额》子目执行。

（10）阳台、雨篷、檐沟抹灰分别套用楼地面、墙、天棚的相应定额。

[例题3-9]　某雨篷装修如图3-4所示，未标明的部位全部是干混砂浆抹灰。列出此雨篷装修的全部定额清单（定额编号、定额名称）。

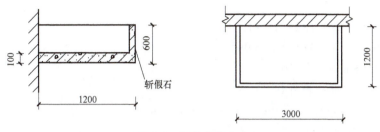

图 3-4　雨篷装修示意

解答：

定额清单如下：

1. 底板下部：定额编号 13-1，天棚抹灰。

2. 翻沿外侧：定额编号 12-12，墙面斩假石装饰抹灰。

3. 翻沿内侧：定额编号 12-2，外墙面一般抹灰。

4. 底板上部：定额编号 11-8，干混砂浆楼地面。

（11）玻璃幕墙面层如是单层玻璃，中空玻璃子目中的玻璃型号、规格按设计要求调整，其余不变。

（12）金属板幕墙面层如是铝塑板，铝塑板子目中的材料按设计要求调整，其余不变。

二、定额工程量计算规则

（一）抹灰

（1）内墙面、墙裙抹灰面积按设计图示主墙间净长乘高度以面积计算，应扣除墙裙、门窗洞口及单个 0.3m² 以上的孔洞所占面积，不扣除踢脚线、装饰线以及墙与构件交接处的面积；且门窗洞口和孔洞的侧壁面积不增加，附墙柱、梁、垛的侧面并入相应的墙面面积内。

墙柱面工程
定额工程量
计算规则（1）

（2）抹灰高度按室内楼地面至天棚底面净高计算。墙面抹灰面积应扣除墙裙抹灰面积，如墙面和墙裙抹灰种类相同，工程量合并计算。

[例题 3-10]　根据前述例题 2-19 的图 2-9，结构层高为 3.6m，左右房间的板厚为120mm，中间房间的板厚为150mm，该墙面做法为干混砂浆抹灰。三个房间天棚装修为抹灰涂料，试计算该建筑墙面工程的定额工程量并编制定额工程量清单。（计算结果保留两位小数）

解答：

该建筑墙面工程的定额工程量 $S=$ 内墙面基准面积 $S_0-0.3m^2$ 以上孔洞所占面积 S_1+ 中间附墙柱的侧壁面积 S_2。

1. $S_0=$ 内边线周长 $L_0\times$ 装修高度 H。

（1）天棚装修为抹灰涂料时，墙面可装修至天棚板底，墙装修高度 = 层高 - 板厚。

（2）左右房间的墙装修高度 = 3.6m - 0.12m = 3.48m。

（3）中间房间的墙装修高度 = 3.6m - 0.15m = 3.45m。

（4）三个房间内边线周长相等，则 $L_0=(3.6-0.12\times2+5.8-0.12\times2)\times2m=17.84m$。

（5）$S_0=17.84\times3.48\times2m^2+17.84\times3.45m^2=185.71m^2$。

2. 计算 S_1:

(1) 门面积 $= 0.9 \times 2.1 \times 2 \times 2 \mathrm{m}^2 + 1.8 \times 2.4 \times 1 \mathrm{m}^2 = 11.88 \mathrm{m}^2$。

(2) 窗面积 $= 1.5 \times 1.5 \times 1 \times 4 \mathrm{m}^2 = 9 \mathrm{m}^2$。

(3) $S_1 = 11.88 \mathrm{m}^2 + 9 \mathrm{m}^2 = 20.88 \mathrm{m}^2$。

3. 中间附墙柱侧壁面积为 0。

4. $S = S_0 - S_1 + S_2 = 185.71 \mathrm{m}^2 - 20.88 \mathrm{m}^2 + 0 = 164.83 \mathrm{m}^2$。

该建筑墙面工程的定额工程量清单见表 3-7。

表 3-7 [例题 3-10] 工程量清单

序号	定额编号	项目名称	项目特征	计量单位	工程量
1	12-1	墙面一般抹灰	内墙 干混砂浆抹灰	m^2	164.83

[例题 3-11] 根据 [例题 3-10] 的条件,三个房间天棚装修改为石膏板吊顶,离地高度 2.9m,试计算该建筑墙面工程的定额工程量并编制定额工程量清单。(计算结果保留两位小数)

解答:

该建筑墙面工程的定额工程量 $S =$ 内墙面基准面积 $S_0 - 0.3 \mathrm{m}^2$ 以上孔洞所占面积 $S_1 +$ 中间附墙柱的侧壁面积 S_2

1. $S_0 =$ 内边线周长 $L_0 \times$ 装修高度 H。

(1) 天棚装修为石膏板吊顶,墙面只能装修至吊顶底,墙装修高度 = 吊顶离地高度 2.9m。

(2) $L_0 = 17.84 \mathrm{m}$。

(3) $S_0 = 17.84 \times 2.9 \times 3 \mathrm{m}^2 = 155.21 \mathrm{m}^2$。

2. $S_1 = 20.88 \mathrm{m}^2$。

3. 中间附墙柱侧壁面积为 0。

4. $S = S_0 - S_1 + S_2 = 155.21 \mathrm{m}^2 - 20.88 \mathrm{m}^2 + 0 = 134.33 \mathrm{m}^2$。

该建筑墙面工程的定额工程量清单见表 3-8。

表 3-8 [例题 3-11] 工程量清单

序号	定额编号	项目名称	项目特征	计量单位	工程量
1	12-1	墙面一般抹灰	内墙 干混砂浆抹灰 吊顶离地高度 2.9m	m^2	134.33

(3) 外墙抹灰面积按设计图示尺寸以面积计算,应扣除门窗洞口、外墙裙(墙面和墙裙抹灰种类相同的应合并计算)和单个 $0.3 \mathrm{m}^2$ 以上的孔洞所占面积,不扣除装饰线以及墙与构件交接处的面积;且门窗洞口和孔洞侧壁面积不增加。附墙柱、梁、垛侧面抹灰面积应并入外墙面抹灰工程量内计算。

(4) 突出的线条抹灰增加费以突出棱线的道数不同分别按"延长米"

墙柱面工程
定额工程量
计算规则 (2)

计算。两条及多条线条相互之间净距 100mm 以内的，每两条线条按一条计算工程量。

（5）柱面抹灰按设计图示尺寸的柱断面周长乘抹灰高度以面积计算。牛腿、柱帽、柱墩工程量并入相应柱工程量内。梁面抹灰按设计图示梁断面周长乘长度以面积计算。

（6）墙面勾缝按设计图示尺寸以面积计算，扣除墙裙、门窗洞口及单个 $0.3m^2$ 以上的孔洞所占面积。附墙柱、梁、垛侧面勾缝面积应并入墙面勾缝工程量内计算。

（7）女儿墙（包括泛水、挑砖）内侧与外侧、阳台栏板（不扣除花格所占孔洞面积）内侧与外侧抹灰工程量按设计图示尺寸以面积计算。

（8）阳台、雨篷、檐沟等抹灰按工作内容分别套用相应定额子目。外墙抹灰与天棚抹灰以梁下滴水线为分界，滴水线计入墙面抹灰内。

[例题 3-12]　根据 [例题 3-9] 的图 3-4，翻沿宽度为 60mm，试计算该雨篷装修的定额工程量。（计算结果保留两位小数）

该雨篷装修定额工程量如下：

1. 天棚抹灰工程量 $= 1.2 \times 3 m^2 = 3.6 m^2$。

2. 墙面斩假石装饰抹灰工程量 $= 0.6 \times (3 + 1.2 \times 2) m^2 = 3.24 m^2$。

3. 外墙面一般抹灰工程量 $= (0.6 - 0.1) \times (3 - 0.06 \times 2 + 1.2 \times 2) m^2 = 2.64 m^2$。

4. 干混砂浆楼地面工程量 $= (1.2 - 0.06) \times (3 - 0.06) m^2 = 3.35 m^2$。

（二）块料面层

（1）墙、柱（梁）面镶贴块料按设计图示饰面面积计算。柱面带牛腿的，牛腿工程量展开并入柱工程量内。

[例题 3-13]　根据例题 2-19 的图 2-9，层高为 3.6m，左右房间的板厚为 120mm，中间房间的板厚为 150mm，该墙面做法为 20mm 厚干混砂浆铺贴 150mm×220mm 瓷砖，门框为 100mm 厚，窗框为 80mm 厚。三个房间天棚装修为抹灰涂料。试计算该建筑墙面工程的定额工程量并编制定额工程量清单。（计算结果保留两位小数）

墙柱面工程
定额工程量
计算规则（3）

解答：

该建筑墙面工程的定额工程量 $S=$ 内墙面基准面积 $S_0 - 0.3m^2$ 以上孔洞所占面积 $S_1 +$ 中间附墙柱的侧壁面积 $S_2 +$ 门窗侧壁面积 S_3

1. $S_0 =$ 内边线周长 $L_0 \times$ 装修高度 H。

（1）天棚装修为抹灰涂料时，墙面可装修至天棚板底，墙装修高度 = 层高 - 板厚。

（2）左右房间的墙装修高度 $= 3.6m - 0.12m = 3.48m$。

（3）中间房间的墙装修高度 $= 3.6m - 0.15m = 3.45m$。

（4）三个房间内边线周长相等，则 $L_0 = (3.6 - 0.12 \times 2 + 5.8 - 0.12 \times 2) \times 2 m = 17.84m$。

（5）$S_0 = 17.84 \times 3.48 \times 2 m^2 + 17.84 \times 3.45 m^2 = 185.71 m^2$。

2. 计算 S_1：

（1）门面积 $= 0.9 \times 2.1 \times 2 \times 2 m^2 + 1.8 \times 2.4 \times 1 m^2 = 11.88 m^2$。

（2）窗面积 $= 1.5 \times 1.5 \times 1 \times 4 m^2 = 9 m^2$。

（3）$S_1 = 11.88 m^2 + 9 m^2 = 20.88 m^2$。

3. S_3 中间附墙柱的侧壁面积为 0。

4. S_3 需增加门窗侧壁面积：

（1）窗的侧壁面积 $S_{31} = [(0.24-0.08)/2] \times (1.5 \times 2 + 1.5 \times 2) \times 4\text{m}^2 = 1.92\text{m}^2$。

（2）根据开启方向，判定 M-2 和 M-1 的侧壁均在房间内，要增加，则有门的侧壁面积 $S_{32} = (0.24-0.1) \times [(2.1 \times 2 + 0.9) \times 2 + 2.4 \times 2 + 1.8]\text{m}^2 = 2.35\text{m}^2$。

（3）$S_3 = 1.92\text{m}^2 + 2.35\text{m}^2 = 4.27\text{m}^2$。

5. $S = S_0 - S_1 + S_2 + S_3 = 185.71\text{m}^2 - 20.88\text{m}^2 + 0 + 4.27\text{m}^2 = 169.10\text{m}^2$

该建筑墙面工程的定额工程量清单见表 3-9。

表 3-9　[例题 3-13] 工程量清单

序号	定额编号	项目名称	项目特征	计量单位	工程量
1	12-48	瓷砖墙面	内墙 20mm 厚干混砂浆铺贴 150mm×220mm 瓷砖	m²	169.10

[例题 3-14]　根据 [例题 3-13]，天棚装修改为石膏板吊顶，其余条件不变。试计算该建筑墙面工程的定额工程量。（计算结果保留两位小数）

解答：

天棚装修为石膏板吊顶，墙装修高度=吊顶离地高度 2.9m。内墙面基准面积为 17.84×2.9×3m² = 155.21m²，则该建筑墙面工程的定额工程量 S 为

$$S = 155.21\text{m}^2 + 0 - 20.88\text{m}^2 + 4.27\text{m}^2 = 138.60\text{m}^2$$

关于窗的侧壁面积，要特别注意以下几点：

第一，窗是装在墙中间，室内外各一半侧壁。

第二，窗有上、下、左、右四个侧壁。侧壁算哪几个，需要看窗台的装修。如果窗台和墙面及窗侧壁的装修不一样，窗台单独装修，称为"有窗台"，需要计算左、右、上三个侧壁；如果窗台和墙面及窗侧壁的装修一样，称为"无窗台"，需要计算上、下、左、右四个侧壁。

第三，窗侧壁的宽=（墙厚-窗框厚）/2。窗框尺寸按图纸标注，如果图纸没有标注，默认 80mm。

一般关于门的侧壁，要特别注意以下几点：

第一，门的安装位置：外开外边线，内开内边线。

第二，门四个侧壁：三个侧壁影响墙柱面；一个侧壁影响楼地面。

第三，门侧壁的面积，不一定要增加，要根据门的开启方向，判断门侧壁是否在计算的目标房间范围内，如果不在目标房间范围内，是不需要增加的；如果门侧壁在目标房间范围内而且是和目标房间同样块料材质的才增加。

第四，门侧壁的宽=墙厚-门框。门框尺寸按图纸标注，如果图纸没有标注，默认 100mm。

第五，一般需要增加门侧壁的长度。

（2）女儿墙与阳台栏板的镶贴块料工程量以展开面积计算。

（3）镶贴块料柱墩、柱帽（弧形石材除外）的工程量并入相应柱内计算。圆弧形成品石材柱帽、柱墩，按其圆弧的最大外径以周长计算。

墙柱面工程
定额工程量
计算规则（4）

（三）墙、柱饰面及隔断

（1）墙饰面的龙骨、基层、面层均按设计图示饰面尺寸以面积计算，扣除门窗洞及单个 $0.3m^2$ 以上的孔洞所占的面积，不扣除单个 $0.3m^2$ 以内的孔洞所占面积。

墙柱面工程
定额工程量
计算规则（5）

[例题 3-15]　室内墙面做法为木龙骨基层，不锈钢面层，计算如图 3-5 所示的隔墙定额工程量。

解答：

隔墙定额工程量 $S = 2.152 \times 3.502m^2 = 7.54m^2$

（2）柱（梁）饰面的龙骨、基层、面层按设计图示饰面尺寸以面积计算。

[例题 3-16]　某建筑物第二层，层高 3.9mm，板厚 150mm，600mm×500mm 的混凝土柱表面装饰 20mm 厚的软包层，求：1. 柱子软包层的定额工程量；2. 柱子抹灰的定额工程量。

解答：

1. 柱子软包层定额工程量 $S_{饰面}$：

软包层高 $H_1 = 3.9m - 0.15m = 3.75m$

软包层长 $L_{饰面} = (2 \times 0.2 + 0.6 + 2 \times 0.2 + 0.5) \times 2m = 3.8m$

$$S_{饰面} = 3.75 \times 3.8m^2 = 14.25m^2$$

2. 柱子抹灰定额工程量 $S_{抹灰}$：

抹灰高 $H_1 = 3.9m - 0.15m = 3.75m$

抹灰长 $L_{断面} = (0.6 + 0.5) \times 2m = 2.2m$

$$S_{抹灰} = 3.75 \times 2.2m^2 = 8.25m^2$$

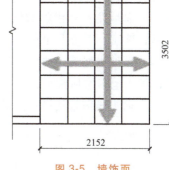

图 3-5　墙饰面

（3）隔断龙骨、基层、面层均按设计图示尺寸以外围（或框外围）面积计算，扣除门窗洞口及单个 $0.3m^2$ 以上的孔洞所占面积。

[例题 3-17]　某工程隔墙做法为轻钢龙骨，夹板基层，拼花夹板面层，计算如图 3-6 所示隔墙的定额工程量。其中，隔墙总长 25m，隔墙高 2.3m，门洞宽 1.5m。

解答：

隔墙需要分别套用轻钢龙骨、夹板基层、拼花夹板面层三个定额。

内墙面基准面积 $S_0 = 25 \times 2.3m^2 = 57.5m^2$

$0.3m^2$ 以上孔洞所占面积

$$S_1 = 1.5 \times 2.3m^2 = 3.45m^2$$

隔墙定额工程量

$$S = 57.5m^2 - 3.45m^2 = 54.05m^2$$

（4）成品卫生间隔断门的材质与隔断相同时，门的面积并入隔断面积内计算。

（四）幕墙

（1）玻璃幕墙、铝板幕墙按设计图示尺寸以外围（或框外围）面积计算。玻璃

图 3-6　隔墙

幕墙中与幕墙同种材质窗的工程量并入相应幕墙内。全玻璃幕墙带肋部分并入幕墙面积内计算。

[例题 3-18] 计算如图 3-7 所示的幕墙定额工程量。

解答：

隔墙需要分别套用轻钢龙骨、夹板基层、拼花夹板面层三个定额。

幕墙定额工程量 $S = 6.67 \times 3.39 \text{m}^2 - 3.9 \times 2.02 \text{m}^2$
$$= 14.73 \text{m}^2$$

（2）石材幕墙按设计图示饰面面积计算，开放式石材幕墙的离缝面积不扣除。

（3）幕墙龙骨分铝材和钢材按设计图示以质量计算，螺栓、焊条不计质量。

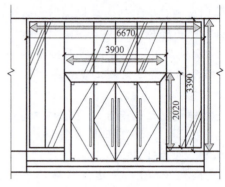

图 3-7 幕墙

（4）幕墙内衬板、遮梁（墙）板按设计图示展开面积计算，不扣除 0.3m^2 以内的孔洞面积，折边也不增加面积。

（5）防火隔离带按设计图示尺寸以"m"计算。

三、定额清单综合计算示例

[例题 3-19] 某工程三层建筑平面图如图 3-8 所示，该建筑内墙净高为 3.0m，大理石窗台高 900mm。设计瓷砖墙裙为 15mm 厚干混抹灰砂浆 DP M15.0 打底，5mm 厚干混砂浆 DP M20.0 贴 150mm×220mm 瓷砖，高度为 1.5m；其余部分墙面为 20mm 厚干混抹灰砂浆 DP M20.0 抹灰，门框宽 10cm，窗框宽 8cm，门沿开启方向安装在墙边，窗户安装在墙中间。试计算该建筑墙面工程的定额工程量并编制定额工程量清单。（计算结果保留两位小数）

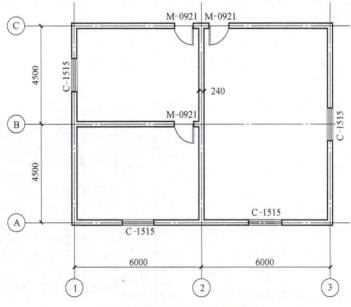

图 3-8 某工程三层建筑平面图

解答：

1. 干混砂浆墙面抹灰工程量 $S_{面}$：

$S_{面}$ = 内墙面基准面积 S_0 − 0.3m² 以上孔洞所占面积 S_1 + 中间附墙柱的侧壁面积 S_2

（1）S_0 = 内边线周长 L_0 × 装修高度 H，则有

$$H = 3m − 1.5m = 1.5m$$

$$L_0 = (6 − 0.24 + 9 − 0.24) × 2m + (6 − 0.24 + 4.5 − 0.24) × 2 × 2m = 69.12m$$

$$S_0 = 1.5 × 69.12m² = 103.68m²$$

（2）计算 S_1。因为瓷砖墙裙的存在，门窗不是整个影响墙面抹灰，而是只有门窗的上部局部影响墙面抹灰。需要借助辅助的门窗高度示意图（图 3-9），来确定门窗上部影响墙面抹灰的高度。

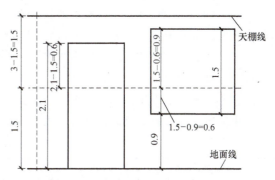

图 3-9 门窗高度示意（单位：m）

绘制门窗高度示意图时，上下两根水平线代表被装修墙面的地面线和天棚线，中间的水平虚线代表抹灰和瓷砖的临界线。门从地面开始往上画门高 2.1m，超过虚线的高度经计算是 0.6m；窗台线离地面 0.9m高；窗户从窗台线开始往上画 1.5m，超过虚线的高度经计算是 0.9m。

在计算门窗占掉的抹灰面积时，门窗高度示意图只能反映门窗局部的高度，不能反映门窗的宽度和数量；门窗的宽度和数量还需要在平面图里读取。

$$门所占面积 S_{11} = 0.9 × (2.1 − 1.5) × (1 + 1 + 2)m² = 2.16m²$$

$$窗所占面积 S_{12} = 1.5 × (1.5 + 0.9 − 1.5) × (1 + 1 + 1 + 1)m² = 5.40m²$$

$$S_1 = 2.16m² + 5.40m² = 7.56m²$$

（3）中间附墙柱侧壁面积为 0。

（4）$S_{面} = S_0 − S_1 + S_2 = 103.68m² − 7.56m² + 0 = 96.12m²$。

2. 干混砂浆抹底灰（瓷砖下）工程量 $S_{底}$：

$S_{底}$ = 内墙面基准面积 S_0 − 0.3m² 以上孔洞所占面积 S_1 + 中间附墙柱的侧壁面积 S_2

（1）S_0 = 内边线周长 L_0 × 装修高度 H，则有

$$H = 1.5m$$

$$L_0 = 69.12m$$

$$S_0 = 103.68m²$$

（2）计算 S_1：

$$门所占面积 S_{11} = 0.9 × 1.5 × (1 + 1 + 2)m² = 5.40m²$$

$$窗所占面积 S_{12} = 1.5 × (1.5 − 0.9) × (1 + 1 + 1 + 1)m² = 3.60m²$$

$$S_1 = 5.40m² + 3.60m² = 9.00m²$$

（3）中间附墙柱侧壁面积为 0。

（4）$S_{底} = S_0 − S_1 + S_2 = 103.68m² − 9.00m² + 0 = 94.68m²$。

3. 瓷砖墙裙工程量 $S_{瓷}$：

$$S_{瓷} = 内墙面基准面积 S_0 - 0.3m^3 以上孔洞所占面积 S_1 + 中间附墙柱的侧壁面积 S_2 +$$
$$门窗侧壁面积 S_3$$

（1）$S_0 = 103.68m^2$。

（2）$S_1 = 9.00m^2$。

（3）S_2 中间附墙柱侧壁面积为 0。

（4）S_3 需增加门窗侧壁面积：

1）窗的侧壁面积 $S_{31} = [(0.24-0.08)/2] \times (1.5+0.6 \times 2) \times 4m^2 = 0.86m^2$。

2）根据开启方向，判定ⓒ轴 M-0921 的侧壁在房间外，不需要增加；Ⓑ轴 M-0921 的侧壁在房间内，需要增加，则有

$$门的侧壁面积 S_{32} = (0.24-0.1) \times (1.5 \times 2)m^2 = 0.42m^2$$

3）$S_3 = 0.86m^2 + 0.42m^2 = 1.28m^2$。

（5）$S_{瓷} = S_0 - S_1 + S_2 + S_3 = 103.68m^2 - 9.00m^2 + 0 + 1.28m^2 = 95.96m^2$。

该建筑墙面工程的定额工程量清单见表 3-10。

表 3-10 ［例题 3-19］工程量清单

序号	定额编号	项目名称	项目特征	计量单位	工程量
1	12-1	墙面一般抹灰	20mm 厚 干混抹灰砂浆 DP M20.0	m²	96.12
2	12-16	墙面抹底灰	15mm 厚 干混抹灰砂浆 DP M15.0	m²	94.68
3	12-48	瓷砖墙面	内墙 5mm 厚干混砂浆 DP M20.0 铺贴 150mm×220mm 瓷砖	m²	95.96

项目 3 国标工程量清单及清单计价

一、国标工程量清单编制

《计算规范》附录 M 墙、柱面装饰与隔断、幕墙工程包括：墙面抹灰（011201）、柱（梁）面抹灰（011202）、零星抹灰（011203）、墙面块料面层（011204）、柱（梁）面镶贴块料（011205）、镶贴零星块料（011206）、墙饰面（011207）、柱（梁）饰面（011208）、幕墙工程（011209）、隔断（011210）10 个小节。同时，《建设工程工程量计算规范（2013）浙江省补充规定》在墙面抹灰（011201）中增加了 3 个项目。

（一）墙面抹灰（011201）

墙面抹灰清单包括：墙面一般抹灰、墙面装饰抹灰、墙面勾缝、立面砂浆找平层 4 个清单项目，项目编码分别按 011201001×××~011201004×××设置。根据《建设工程工程量计算规范（2013）浙江省补充规定》增加阳台、雨篷板抹灰，檐沟抹灰和装饰线条抹灰增加费 3 个项目，项目编码按 Z011201005×××~Z011201007×××设置。

1. 墙面一般抹灰（011201001）

1）墙面一般抹灰项目适用于各种类型的砂浆墙面抹灰。

2）墙面一般抹灰工程内容一般包括基层清理，砂浆制作、运输，底面抹灰，抹面层，抹装饰面，勾分格缝。

3）清单项目应对墙体类型；底层、面层抹灰的厚度、遍数，砂浆配合比；装饰面材料种类；分格缝的宽度、材料种类等内容的特征做出描述。

4）国标清单工程量计算规则：按设计图示尺寸以面积计算，扣除墙裙、门窗洞口及单个大于 $0.3m^2$ 的孔洞面积，不扣除踢脚线、挂镜线和墙与构件交接处的面积。门窗洞口和孔洞的侧壁及顶面不增加面积。附墙柱、梁、垛、烟囱侧壁并入相应的墙面面积内。

① 外墙抹灰面积按外墙垂直投影面积计算，飘窗突出外墙面增加的抹灰并入外墙工程量内。

② 外墙裙抹灰面积按其长度乘以高度计算。

③ 内墙抹灰面积按主墙间的净长乘以高度计算：无墙裙的，高度按室内楼地面至天棚底面计算；有墙裙的，高度按墙裙顶至天棚底面计算；有吊顶天棚抹灰，高度算至天棚底，抹至吊顶以上部分在综合单价中考虑。

④ 内墙裙抹灰按内墙净长乘以高度计算。

墙面一般抹灰的国标清单工程量等于墙内边线周长×装修高度+附墙柱、梁、垛、烟道的侧壁－$0.3m^2$ 以上孔洞所占面积。

5）清单计价。墙面一般抹灰在《装饰定额》中的可组合的主要内容见表 3-11。

表 3-11　墙面一般抹灰可组合的主要内容

项目编码	项目名称	可组合的主要内容	对应的定额子目
011201001	墙面一般抹灰	一般抹灰	12-1、12-2、12-4～12-9
		抹灰厚度调整	12-3
		基层界面处理	12-17～12-20
		塑料线条分格条	15-65
		其他	—

2. 墙面装饰抹灰（011201002）

1）墙面装饰抹灰项目适用于各种类型石材、面砖装饰的墙面抹灰。

2）墙面装饰抹灰工程内容一般包括基层清理，砂浆制作、运输，底面抹灰，抹面层，抹装饰面，勾分格缝。

3）清单项目应对墙体类型；底层、面层抹灰的厚度、遍数，砂浆配合比；装饰面材料种类；分格缝的宽度、材料种类等内容的特征做出描述。

4）国标清单工程量计算规则：按设计图示尺寸以面积计算，扣除墙裙、门窗洞口及单个大于 $0.3m^2$ 的孔洞面积，不扣除踢脚线、挂镜线和墙与构件交接处的面积。门窗洞口和孔洞的侧壁及顶面不增加面积。附墙柱、梁、垛、烟囱侧壁并入相应的墙面面积内。

① 外墙抹灰面积按外墙垂直投影面积计算，飘窗突出外墙面增加的抹灰并入外墙工程量内。

② 外墙裙抹灰面积按其长度乘以高度计算。

③ 内墙抹灰面积按主墙间的净长乘以高度计算：无墙裙的，高度按室内楼地面至天棚底面计算；有墙裙的，高度按墙裙顶至天棚底面计算；有吊顶天棚抹灰，高度算至天棚底，

抹至吊顶以上部分在综合单价中考虑。

④ 内墙裙抹灰按内墙净长乘以高度计算。

墙面装饰抹灰的国标清单工程量等于墙内边线周长×装修高度+附墙柱、梁、垛、烟道的侧壁-0.3m² 以上孔洞所占面积。

5）清单计价。按清单工作内容，根据设计图纸和施工方案确定可组合的主要内容，墙面装饰抹灰在《装饰定额》中的可组合项目有装饰抹灰、分格缝。

3. 墙面勾缝 （011201003）

1）墙面勾缝项目适用于各种类型的墙面勾缝。

2）墙面勾缝工程内容一般包括基层清理，砂浆的制作、运输，勾缝。

3）清单项目应对勾缝类型、勾缝材料种类等内容的特征做出描述。

4）国标清单工程量计算规则：按设计图示尺寸以面积计算，扣除墙裙、门窗洞口及单个大于 0.3m² 的孔洞面积，不扣除踢脚线、挂镜线和墙与构件交接处的面积。门窗洞口和孔洞的侧壁及顶面不增加面积。附墙柱、梁、垛、烟囱侧壁并入相应的墙面面积内。

① 外墙抹灰面积按外墙垂直投影面积计算，飘窗突出外墙面增加的抹灰并入外墙工程量内。

② 外墙裙抹灰面积按其长度乘以高度计算。

③ 内墙抹灰面积按主墙间的净长乘以高度计算：无墙裙的，高度按室内楼地面至天棚底面计算；有墙裙的，高度按墙裙顶至天棚底面计算；有吊顶天棚抹灰，高度算至天棚底，抹至吊顶以上部分在综合单价中考虑。

④ 内墙裙抹灰按内墙净长乘以高度计算。

5）清单计价。按清单工作内容，根据设计图纸和施工方案确定可组合的主要内容，墙面勾缝在《装饰定额》中的可组合项目是墙面勾缝。

4. 立面砂浆找平层 （011201004）

1）立面砂浆找平层项目适用于仅做找平层的立面抹灰。

2）立面砂浆找平层工程内容一般包括基层清理，砂浆的制作、运输，抹灰找平。

3）清单项目应对基层类型，找平层砂浆的厚度、遍数、配合比等内容的特征做出描述。

4）国标清单工程量计算规则：按设计图示尺寸以面积计算，扣除墙裙、门窗洞口及单个> 0.3m² 的孔洞面积，不扣除踢脚线、挂镜线和墙与构件交接处的面积。门窗洞口和孔洞的侧壁及顶面不增加面积。附墙柱、梁、垛、烟囱侧壁并入相应的墙面积内。

① 外墙抹灰面积按外墙垂直投影面积计算，飘窗突出外墙面增加的抹灰并入外墙工程量内。

② 外墙裙抹灰面积按其长度乘以高度计算。

③ 内墙抹灰面积按主墙间的净长乘以高度计算：无墙裙的，高度按室内楼地面至天棚底面计算；有墙裙的，高度按墙裙顶至天棚底面计算；有吊顶天棚抹灰，高度算至天棚底，抹至吊顶以上部分在综合单价中考虑。

④ 内墙裙抹灰按内墙净长乘以高度计算。

5）清单计价。按清单工作内容，根据设计图纸和施工方案确定可组合的主要内容，立面砂浆找平层在《装饰定额》中的可组合项目是墙面抹灰。

5. 阳台、雨篷板抹灰（Z011201005）

1) 阳台、雨篷板抹灰项目适用于各种类型的阳台、雨篷板抹灰。

2) 阳台、雨篷板抹灰工程内容一般包括基层清理，砂浆的制作、运输，底面抹灰，抹面层，抹装饰面，勾分格缝。

3) 清单项目应对抹灰材料、配合比，装饰面材料种类，翻檐（侧板）高度，分隔缝宽度、材料种类等内容的特征做出描述。

4) 国标清单工程量计算规则：按设计图示水平投影面积计算。

5) 清单计价。按清单工作内容，根据设计图纸和施工方案确定可组合的主要内容，阳台、雨篷板抹灰在《装饰定额》中的可组合项目有楼地面找平、墙面抹灰、天棚抹灰。

6. 檐沟抹灰（Z011201006）

1) 檐沟抹灰项目适用于各种类型的檐沟抹灰。

2) 檐沟抹灰工程内容一般包括基层清理，砂浆的制作、运输，底面抹灰，抹面层，抹装饰面，勾分格缝。

3) 清单项目应对抹灰材料、配合比，装饰面材料种类，底板宽度、侧板高度，分隔缝宽度、材料种类等内容的特征做出描述。

4) 国标清单工程量计算规则：按设计图示中心线长度计算。

5) 清单计价。按清单工作内容，根据设计图纸和施工方案确定可组合的主要内容，檐沟抹灰在《装饰定额》中的可组合项目有楼地面找平、墙面抹灰、天棚抹灰。

7. 装饰线条抹灰增加费（Z011201007）

1) 装饰线条抹灰增加费项目适用于各种类型的装饰线条抹灰增加的费用。

2) 清单项目应对线条形状、展开宽度，抹灰材料、配合比，装饰面材料种类等内容的特征做出描述。

3) 国标清单工程量计算规则：按设计图示尺寸以长度计算。

4) 清单计价。按清单工作内容，根据设计图纸和施工方案确定可组合的主要内容，装饰线条抹灰增加费在《装饰定额》中的可组合项目有 12-36、12-37。

8. 注意

1) 立面砂浆找平项目适用于仅做找平层的立面抹灰。

2) 墙面抹石灰砂浆、水泥砂浆、混合砂浆、聚合物水泥砂浆、麻刀石灰浆、石灰膏等按墙面一般抹灰编码列项；墙面水刷石、斩假石、干粘石、假面砖等按墙面装饰抹灰编码列项。

3) 飘窗突出外墙面增加的抹灰并入外墙工程量内。

4) 有吊顶天棚的内墙面抹灰，抹至吊顶以上部分在综合单价中考虑。

（二）柱（梁）面抹灰（011202）

柱（梁）面抹灰清单包括：柱、梁面一般抹灰，柱、梁面装饰抹灰，柱、梁面砂浆找平，柱面勾缝 4 个清单项目，分别按 011202001×××~011202004×××编码。

1. 柱、梁面一般抹灰（011202001）

1) 柱、梁面一般抹灰项目适用于各种砂浆类型的柱、梁面一般抹灰。

2) 柱、梁面一般抹灰工程内容一般包括基层清理，砂浆的制作、运输，底层抹灰，抹面层，勾分格缝。

3）清单项目应对柱（梁）体类型；底层、面层的厚度，砂浆配合比；装饰面层种类；分格缝的宽度、材料种类等内容的特征做出描述。

4）国标清单工程量计算规则：柱面抹灰按设计图示柱断面周长乘高度以面积计算；梁面抹灰按设计图示梁断面周长乘长度以面积计算。

5）清单计价。按清单工作内容，根据设计图纸和施工方案确定可组合的主要内容，柱、梁面一般抹灰在《装饰定额》中的可组合项目有一般抹灰。

2. 柱、梁面装饰抹灰（011202002）

1）柱、梁面装饰抹灰项目适用于各种类型的石材、面砖装饰的柱、梁面抹灰。

2）柱、梁面装饰抹灰工程内容一般包括基层清理，砂浆的制作、运输，底层抹灰，抹面层，勾分格缝。

3）清单项目应对柱（梁）体类型；底层、面层的厚度，砂浆配合比；装饰面层种类；分格缝的宽度、材料种类等内容的特征做出描述。

4）国标清单工程量计算规则：柱面抹灰按设计图示柱断面周长乘高度以面积计算；梁面抹灰按设计图示梁断面周长乘长度以面积计算。

5）清单计价。按清单工作内容，根据设计图纸和施工方案确定可组合的主要内容，柱、梁面装饰抹灰在《装饰定额》中的可组合项目有抹灰、勾缝。

3. 柱、梁面砂浆找平（011202003）

1）柱、梁面砂浆找平项目适用于仅做找平层的柱（梁）面抹灰。

2）柱、梁面砂浆找平工程内容一般包括基层清理，砂浆的制作、运输，抹灰找平。

3）清单项目应对柱（梁）体类型，找平砂浆的厚度、配合比等内容的特征做出描述。

4）国标清单工程量计算规则：柱面抹灰按设计图示柱断面周长乘高度以面积计算；梁面抹灰按设计图示梁断面周长乘长度以面积计算。

5）清单计价。按清单工作内容，根据设计图纸和施工方案确定可组合的主要内容，柱、梁面砂浆找平在《装饰定额》中的可组合项目是找平层。

4. 柱面勾缝（011202004）

1）柱面勾缝项目适用于各种类型的柱面勾缝。

2）柱面勾缝工程内容一般包括基层清理，砂浆的制作、运输，勾缝。

3）清单项目应对勾缝类型、勾缝材料种类等内容的特征做出描述。

4）国标清单工程量计算规则：按设计图示柱断面周长乘高度以面积计算。

5）清单计价。按清单工作内容，根据设计图纸和施工方案确定可组合的主要内容，柱面勾缝在《装饰定额》中的可组合项目是柱面勾缝。

5. 注意

1）砂浆找平项目适用于仅做找平层的柱（梁）面抹灰。

2）柱（梁）面抹石灰砂浆、水泥砂浆、混合砂浆、聚合物水泥砂浆、麻刀石灰浆、石膏灰浆等按柱（梁）面一般抹灰编码列项。柱（梁）面抹水刷石、斩假石、干粘石、假面砖等按柱（梁）面装饰抹灰列项。

（三）零星抹灰（011203）

零星抹灰清单包括：零星项目一般抹灰、零星项目装饰抹灰、零星项目砂浆找平 3 个清单项目，分别按 011203001×××～011203003×××设置项目编码。

1. 零星项目一般抹灰（011203001）

1）零星项目一般抹灰项目适用于墙、柱（梁）面≤0.5m²的少量分散的各类砂浆抹灰。

2）零星项目一般抹灰工程内容一般包括基层清理，砂浆的制作、运输，底层抹灰，抹面层，抹装饰面，勾分隔缝。

3）清单项目应对基层的类型、部位，底层、面层砂浆的厚度、配合比，装饰面材料种类，分格缝的宽度、材料种类等内容的特征做出描述。

4）国标清单工程量计算规则：按设计的图示尺寸以面积计算。

5）清单计价。按清单工作内容，根据设计图纸和施工方案确定可组合的主要内容，零星项目一般抹灰在《装饰定额》中的可组合项目有零星一般抹灰、勾缝。

2. 零星项目装饰抹灰（011203002）

1）零星项目装饰抹灰项目适用于墙、柱（梁）面≤0.5m²的少量分散的各类石材、面砖块料装饰抹灰。

2）零星项目装饰抹灰工程内容一般包括基层清理，砂浆的制作、运输，底层抹灰，抹面层，抹装饰面，勾分隔缝。

3）清单项目应对基层的类型、部位，底层、面层砂浆的厚度、配合比，装饰面材料种类，分格缝的宽度、材料种类等内容的特征做出描述。

4）国标清单工程量计算规则：按设计图示尺寸以面积计算。

5）清单计价。按清单工作内容，根据设计图纸和施工方案确定可组合的主要内容，零星项目装饰抹灰在《装饰定额》中的可组合项目有零星装饰抹灰、勾缝。

3. 零星项目砂浆找平（011203003）

1）零星项目砂浆找平项目适用于墙、柱（梁）面≤0.5m²的少量分散的仅做找平层的零星抹灰。

2）零星项目砂浆抹灰工程内容一般包括基层清理，砂浆的制作、运输，抹灰找平。

3）清单项目应对基层的类型、部位，找平层的砂浆厚度、配合比等内容的特征做出描述。

4）国标清单工程量计算规则：按设计图示尺寸以面积计算。

5）清单计价。按清单工作内容，根据设计图纸和施工方案确定可组合的主要内容，零星项目砂浆找平在《装饰定额》中的可组合项目有零星砂浆找平。

4. 注意

1）零星项目抹石灰砂浆、水泥砂浆、混合砂浆、聚合物水泥砂浆、麻刀石灰浆、石膏灰浆等按零星项目一般抹灰编码列项；抹水刷石、斩假石、干粘石、假面砖等按零星项目装饰抹灰列项。

2）墙、柱（梁）面≤0.5m²的少量分散的抹灰按零星抹灰项目编码列项。

（四）墙面块料面层（011204）

墙面块料面层清单包括：石材墙面、拼碎石材墙面、块料墙面和干挂石材钢骨架4个清单项目，分别按011204001×××~011204004×××设置项目编码。

1. 石材墙面（011204001）

1）石材墙面项目适用于各种类型石材墙面的装饰。

2）石材墙面工程内容一般包括基层清理，砂浆的制作、运输，粘结层铺贴，面层安装，嵌缝，刷防护涂料，磨光、酸洗、打蜡。

3）清单项目应对墙体类型，安装方式，面层材料的品种、规格、颜色，缝宽、嵌缝材料种类，防护材料种类，磨光、酸洗、打蜡要求等内容的特征做出描述。

4）国标清单工程量计算规则：按设计图示尺寸以镶贴表面积计算。

内墙面块料面层工程量等于墙内边线×内墙装修高度−所有孔洞+附墙柱、梁、垛、烟道侧壁+孔洞的侧壁及顶面。

5）清单计价。按清单工作内容，根据设计图纸和施工方案确定可组合的主要内容，石材墙面在《装饰定额》中的可组合项目有块料铺贴、酸洗、打蜡。

2. 拼碎石材墙面（011204002）

1）拼碎石材墙面项目适用于各种类型石材墙面的装饰。

2）拼碎石材墙面工程内容一般包括基层清理，砂浆的制作、运输，粘结层铺贴，面层安装，嵌缝，刷防护涂料，磨光、酸洗、打蜡。

3）清单项目应对墙体类型，安装方式，面层材料的品种、规格、颜色，缝宽、嵌缝材料种类，防护材料种类，磨光、酸洗、打蜡要求等内容的特征做出描述。

4）国标清单工程量计算规则：按设计图示尺寸以镶贴表面积计算。

内墙面块料面层工程量等于墙内边线×内墙装修高度−所有孔洞+附墙柱、梁、垛、烟道侧壁+孔洞的侧壁及顶面。

5）清单计价。按清单工作内容，根据设计图纸和施工方案确定可组合的主要内容，拼碎石材墙面在《装饰定额》中的可组合项目有块料铺贴、酸洗、打蜡。

3. 块料墙面（011204003）

1）块料墙面项目适用于各种类型块料墙面的装饰。

2）块料墙面工程内容一般包括基层清理，砂浆的制作、运输，粘结层铺贴，面层安装，嵌缝，刷防护涂料，磨光、酸洗、打蜡。

3）清单项目应对墙体类型，安装方式，面层材料的品种、规格、颜色，缝宽、嵌缝材料种类，防护材料种类，磨光、酸洗、打蜡要求等内容的特征做出描述。

4）国标清单工程量计算规则：按设计图示尺寸以镶贴表面积计算。

内墙面块料面层工程量等于墙内边线×内墙装修高度−所有孔洞+附墙柱、梁、垛、烟道侧壁+孔洞的侧壁及顶面。

5）清单计价。按清单工作内容，根据设计图纸和施工方案确定可组合的主要内容，块料墙面在《装饰定额》中的可组合项目有块料铺贴、酸洗、打蜡。

4. 干挂石材钢骨架（011204004）

1）干挂石材钢骨架项目适用于各种干挂石材钢骨架的装饰。

2）干挂石材钢骨架工程内容一般包括骨架的制作、运输、安装，刷漆。

3）清单项目应对骨架的种类、规格，防锈漆的品种、涂刷遍数等内容的特征做出描述。

4）国标清单工程量计算规则：按设计图示尺寸以质量计算。

5）清单计价。按清单工作内容，根据设计图纸和施工方案确定可组合的主要内容，干挂石材钢骨架在《装饰定额》中的可组合项目有12-67～12-68。

5. 清单计价

墙面块料面层在《装饰定额》中的可组合的主要内容见表 3-12。

表 3-12　墙面块料面层可组合的主要内容

项目编码	项目名称	可组合的主要内容		对应的定额子目
011204001	石材墙面	石材面层	挂贴	12-38
			干混砂浆粘贴	12-39、12-41
			干粉型粘结剂粘贴	12-40、12-42
			干挂面层	12-43～12-45
			膨胀螺栓干挂面层	12-46
		面层酸洗打蜡		12-110
		其他		
011204003	块料墙面	块料面层	瓷砖墙面	12-47～12-52
			外墙面砖墙面	12-53～12-58
			背栓式干挂瓷砖	12-59
			其他块料墙面	12-60～12-65
			块料饰面骨架	12-66～12-68
		底层抹灰	水泥砂浆抹底灰	12-16
			抹灰砂浆厚度调整	12-3
		基层界面处理		12-110
		其他		

6. 注意

1）在描述碎块项目的面层材料特征时可不描述规格、颜色。

2）石材、块料与粘结材料的结合面刷防渗材料的种类在防护层材料的种类中描述。

3）安装方式可描述为砂浆或粘结剂粘贴、挂贴、干挂等，不论哪种安装方式，都要详细描述与组价相关的内容。

[例题 3-20]　某房屋工程平面图、剖面图、墙身大样图如图 3-10 所示，设计室内外高差 0.3m，门位于墙体内侧平齐安装，窗安装位于墙中，门窗框厚 90mm；外墙面 DP M15.0 干混抹灰砂浆打底厚 15mm；50mm×230mm 外墙砖，离缝 8mm；DP M20.0 干混抹灰砂浆厚 5mm 粘贴。试计算该墙面工程国标清单工程量并编制国标工程量清单。（计算结果保留两位小数）

解答：

1. 国标清单工程量计算：

（1）外墙长 = [（9+0.24）+（5+0.24）] ×2m = 28.96m。

（2）块料面层高度 = 2.8m+0.3m+0.3m = 3.4m。

（3）门面积 $S_{1225} = 1.2 \times 2.5 \times 2m = 6m^2$。

（4）窗面积：

1）$S_{1215} = （1.2 \times 1.5） \times 5m^2 = 9m^2$。

2）$S_{1515} = 1.5 \times 1.5 \times 1m^2 = 2.25m^2$。

（5）门窗洞面积：

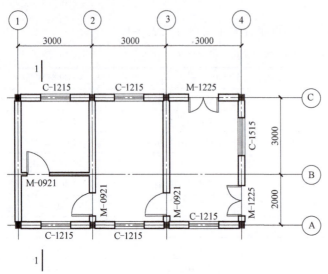

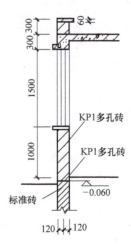

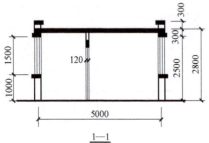

门窗表

编号	洞口尺寸/mm	数量
M-0921	900×2100	3
M-1225	1200×2500	2
C-1215	1200×1500	5
C-1515	1500×1500	1

图 3-10 [例题 3-20] 图

1） $S'_{1215} = [1.2 \times 1.5 - (1.2 - 0.028 \times 2) \times (1.5 - 0.028 \times 2)] \times 5 \mathrm{m}^2 = 0.74 \mathrm{m}^2$。

2） $S'_{1515} = [1.5 \times 1.5 - (1.5 - 0.028 \times 2) \times (1.5 - 0.028 \times 2)] \times 1 \mathrm{m}^2 = 0.16 \mathrm{m}^2$。

3） $S'_{1225} = [1.2 \times 2.5 - (1.2 - 0.028 \times 2) \times (2.5 - 0.028)] \times 2 \mathrm{m}^2 = 0.34 \mathrm{m}^2$。

（6）门窗侧面积：

1）C-1215 侧面积 $= [(0.24 - 0.09)/2 + 0.028] \times (1.2 - 0.028 \times 2 + 1.5 - 0.028 \times 2) \times 2 \times 5 \mathrm{m}^2 = 2.67 \mathrm{m}^2$。

2）C-1515 侧面积 $= [(0.24 - 0.09)/2 + 0.028] \times (1.5 - 0.028 \times 2 + 1.5 - 0.028 \times 2) \times 2 \times 1 \mathrm{m}^2 = 0.59 \mathrm{m}^2$。

3）M-1225 侧面积 $= (0.24 - 0.09 + 0.028) \times [1.2 - 0.028 \times 2 + (2.5 - 0.028) \times 2] \times 2 \mathrm{m}^2 = 2.17 \mathrm{m}^2$。

（7）外墙面砖工程量 $= 28.96 \times 3.4 \mathrm{m}^2 - 6 \mathrm{m}^2 - 9 \mathrm{m}^2 - 2.25 \mathrm{m}^2 + 0.74 \mathrm{m}^2 + 0.16 \mathrm{m}^2 + 0.34 \mathrm{m}^2 + 2.67 \mathrm{m}^2 + 0.59 \mathrm{m}^2 + 2.17 \mathrm{m}^2 = 87.88 \mathrm{m}^2$。

2．该墙面工程的国标工程量清单见表 3-13。

表 3-13 [例题 3-20] 工程量清单　　　　　　　工程名称：某工程

序号	项目编码	项目名称	项目特征	计量单位	工程数量
1	011204003001	块料墙面	外墙面 DP M15.0 干混抹灰砂浆打底厚 15mm；DP M20.0 干混抹灰砂浆厚 5mm 粘贴；50mm×230mm 外墙砖，离缝 8mm	m²	87.88

（五）柱（梁）面镶贴块料（011205）

柱（梁）面镶贴块料清单包括：石材柱面、块料柱面、拼碎块柱面、石材梁面、块料梁面 5 个清单项目，项目编码按 011205001×××～011205005×××设置。

1. 石材柱面（011205001）

1) 石材柱面项目适用于各种类型石材的柱面装饰。

2) 石材柱面工程内容一般包括基层清理，砂浆的制作、运输，粘结层铺贴，面层安装，嵌缝，刷防护涂料，磨光、酸洗、打蜡。

3) 清单项目应对柱的截面类型、尺寸，安装方式，面层材料的品种、规格、颜色，缝宽、嵌缝材料种类，防护材料种类，磨光、酸洗、打蜡要求等内容的特征做出描述。

4) 国标清单工程量计算规则：按镶贴表面积计算。

5) 清单计价。按清单工作内容，根据设计图纸和施工方案确定可组合的主要内容，石材柱面在《装饰定额》中的可组合项目有块料铺贴、酸洗、打蜡。

2. 块料柱面（011205002）

1) 块料柱面项目适用于各种类型块料的柱面装饰。

2) 块料柱面工程内容一般包括基层清理，砂浆的制作、运输，粘结层铺贴，面层安装，嵌缝，刷防护涂料，磨光、酸洗、打蜡。

3) 清单项目应对柱的截面类型、尺寸，安装方式，面层材料的品种、规格、颜色，缝宽、嵌缝材料种类，防护材料种类，磨光、酸洗、打蜡要求等内容的特征做出描述。

4) 国标清单工程量计算规则：按镶贴表面积计算。

5) 清单计价。按清单工作内容，根据设计图纸和施工方案确定可组合的主要内容，块料柱面在《装饰定额》中的可组合项目有块料铺贴、酸洗、打蜡。

3. 拼碎块柱面（011205003）

1) 拼碎块柱面项目适用于各种类型拼碎块料的柱面装饰。

2) 拼碎块柱面工程内容一般包括基层清理，砂浆的制作、运输，粘结层铺贴，面层安装，嵌缝，刷防护涂料，磨光、酸洗、打蜡。

3) 清单项目应对柱的截面类型、尺寸，安装方式，面层材料的品种、规格、颜色，缝宽、嵌缝材料种类，防护材料种类，磨光、酸洗、打蜡要求等内容的特征做出描述。

4) 国标清单工程量计算规则：按镶贴表面积计算。

5) 清单计价。按清单工作内容，根据设计图纸和施工方案确定可组合的主要内容，拼碎块柱面在《装饰定额》中的可组合项目有拼碎块料铺贴、酸洗、打蜡。

4. 石材梁面（011205004）

1) 石材梁面项目适用于各种类型石材的梁面装饰。

2) 石材梁面工程内容一般包括基层清理，砂浆的制作、运输，粘结层铺贴，面层安装，嵌缝，刷防护涂料，磨光、酸洗、打蜡。

3) 清单项目应对安装方式，面层材料的品种、规格、颜色，缝宽、嵌缝材料种类，防护材料种类，磨光、酸洗、打蜡要求等内容的特征做出描述。

4) 国标清单工程量计算规则：按镶贴表面积计算。

5）清单计价。按清单工作内容，根据设计图纸和施工方案确定可组合的主要内容，石材梁面在《装饰定额》中的可组合项目有石材铺贴、酸洗、打蜡。

5. 块料梁面（011205005）

1）块料梁面项目适用于各种类型块料的梁面装饰。

2）块料梁面工程内容一般包括基层清理，砂浆的制作、运输，粘结层铺贴，面层安装，嵌缝，刷防护涂料，磨光、酸洗、打蜡。

3）清单项目应对安装方式，面层材料的品种、规格、颜色，缝宽、嵌缝材料种类，防护材料种类，磨光、酸洗、打蜡要求等内容的特征做出描述。

4）国标清单工程量计算规则：按镶贴表面积计算。

5）清单计价。按清单工作内容，根据设计图纸和施工方案确定可组合的主要内容，块料梁面在《装饰定额》中的可组合项目有块料梁面铺贴、酸洗、打蜡。

6. 注意

1）在描述碎块项目的面层材料特征时不用描述规格、颜色。

2）石材、块料与粘结材料的结合面刷防渗材料的种类在防护层材料的种类中描述。

3）柱（梁）面干挂石材的钢骨架按《计算规范》表 M.4 相应项目编码列项。

[例题 3-21] 某工程钢筋混凝土独立柱共 10 根，构造如图 3-11 所示，柱面湿挂 600mm×600mm 花岗石面层，30mm 厚 1:2 干混砂浆灌浆。试计算该墙面工程国标清单工程量并编制国标工程量清单。（计算结果保留两位小数）

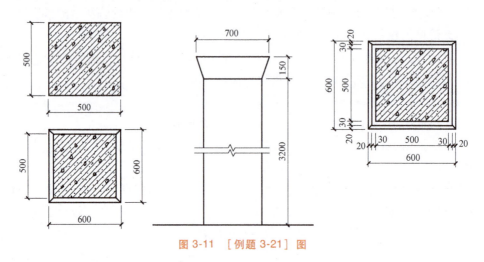

图 3-11 [例题 3-21] 图

解答：

1. 国标清单工程量计算：

（1）柱身挂贴花岗石工程量：$0.6×4×3.2×10\text{m}^2 = 76.8\text{m}^2$。

（2）花岗石柱帽工程量按图示尺寸展开面积计算，本例柱帽为倒置的棱台。

花岗石柱帽工程量 = $1/2×$斜高$×$（上面的周边长 + 下面的周边长）

$$= 1/2\sqrt{(0.05^2 + 0.15^2)} ×(0.6 + 0.70)×4×10\text{m}^2$$

$$= 4.11\text{m}^2$$

（3）合计工程量 = $76.8\text{m}^2 + 4.11\text{m}^2 = 80.91\text{m}^2$。

2. 该墙面工程的国标工程量清单见表 3-14。

表 3-14 ［例题 3-21］工程量清单 工程名称：某工程

序号	项目编码	项目名称	项目特征	计量单位	工程数量
1	011205001001	石材柱面	钢筋混凝土柱面，30mm 厚 1：2 干混砂浆灌浆，挂贴 600mm×600mm 花岗石柱面；工程量包括 10 个花岗石柱帽及清洗、打蜡	m²	80.91

（六）镶贴零星块料（011206）

镶贴零星块料清单包括石材零星项目、块料零星项目、拼碎块零星项目 3 个清单项目，分别按 011206001×××～011206003×××设置项目编码。

1. 石材零星项目（011206001）

1）石材零星项目适用于各种类型的石材零星项目。

2）石材零星项目工程内容一般包括基层清理，砂浆的制作、运输，面层安装，嵌缝，刷防护涂料，磨光、酸洗、打蜡。

3）清单项目应对基层的类型、部位，安装方式，面层材料的品种、规格、颜色、缝宽、嵌缝材料种类，防护材料种类，磨光、酸洗、打蜡要求等内容的特征做出描述。

4）国标清单工程量计算规则：按镶贴表面积计算。

5）清单计价。按清单工作内容，根据设计图纸和施工方案确定可组合的主要内容，石材零星项目在《装饰定额》中的可组合项目有零星石材铺贴、酸洗、打蜡。

2. 块料零星项目（011206002）

1）块料零星项目适用于各种类型的块料零星项目。

2）块料零星项目工程内容一般包括基层清理，砂浆的制作、运输，面层安装，嵌缝，刷防护涂料，磨光、酸洗、打蜡。

3）清单项目应对基层的类型、部位，安装方式，面层材料的品种、规格、颜色、缝宽、嵌缝材料种类，防护材料种类，磨光、酸洗、打蜡要求等内容的特征做出描述。

4）国标清单工程量计算规则：按镶贴表面积计算。

5）清单计价。按清单工作内容，根据设计图纸和施工方案确定可组合的主要内容，块料零星项目在《装饰定额》中的可组合项目有零星块料铺贴、酸洗、打蜡。

3. 拼碎块零星项目（011206003）

1）拼碎块零星项目适用于各种类型的拼碎块零星项目。

2）拼碎块零星项目工程内容一般包括基层清理，砂浆的制作、运输，面层安装，嵌缝，刷防护涂料，磨光、酸洗、打蜡。

3）清单项目应对基层的类型、部位，安装方式，面层材料的品种、规格、颜色、缝宽、嵌缝材料种类，防护材料种类，磨光、酸洗、打蜡要求等内容的特征做出描述。

4）国标清单工程量计算规则：按镶贴表面积计算。

5）清单计价。按清单工作内容，根据设计图纸和施工方案确定可组合的主要内容拼碎块零星项目在《装饰定额》中的可组合项目有零星拼碎石材铺贴、酸洗、打蜡。

4. 注意

1）在描述碎块项目的面层材料特征时不用描述规格、颜色。

2）石材、块料与粘结材料的结合面刷防渗材料的种类在防护层材料的种类中描述。

3) 零星项目干挂石材的钢骨架按《计算规范》表 M.4 相应项目编码列项。

4) 墙（柱）面 ≤ 0.5m² 的少量分散的镶贴块料面层按《计算规范》表 M.6 中的零星项目执行。

（七）墙饰面（011207）

墙饰面清单包括墙面装饰板、墙面装饰浮雕 2 个清单项目，分别按 011207001×××～011207002×××设置项目编码。

1. 墙面装饰板（011207001）

1) 墙面装饰板项目适用于各种类型的墙面装饰板。

2) 墙面装饰板工程内容一般包括基层清理，龙骨的制作、运输、安装，钉隔离层，基层铺钉，面层铺贴。

3) 清单项目应对龙骨的材料种类、规格、中距，隔离层材料的种类（如油毡隔离层、玻璃棉毡隔离层）、规格，基层材料的种类、规格（如 5mm、9mm 胶合板，石膏板，细木工板基层等），面层材料的品种、规格、颜色（如木质类装饰、不锈钢镜、铝质装饰板、玻璃、石膏装饰板、塑料面板等），压条材料的种类、规格等内容的特征做出描述。

4) 国标清单工程量计算规则：按设计图示墙净长乘以净高以面积计算，扣除门窗洞口及单个 >0.3m² 的孔洞所占面积。

5) 清单计价。按清单工作内容，根据设计图纸和施工方案确定可组合的主要内容，墙面装饰板在《装饰定额》中的可组合项目有龙骨、隔离层、基层、面层、压条。

2. 墙面装饰浮雕（011207002）

1) 墙面装饰浮雕项目适用于各种类型的墙面装饰浮雕。

2) 墙面装饰浮雕工程内容一般包括基层清理，材料的制作、运输，安装成型。

3) 清单项目应对基层类型、浮雕材料种类、浮雕样式等内容的特征做出描述。

4) 国标清单工程量计算规则：设计图示尺寸以面积计算。

（八）柱（梁）饰面（011208）

柱（梁）饰面清单包括柱（梁）面装饰、成品装饰柱 2 个清单项目，分别按 011208001×××～011208002×××设置项目编码。

1. 柱（梁）面装饰（011208001）

1) 柱（梁）面装饰项目适用于各种类型的柱（梁）面装饰。

2) 柱（梁）面装饰工程内容一般包括清理基层，龙骨的制作、运输、安装，钉隔离层，基层铺钉，面层铺贴。

3) 清单项目应对龙骨的材料种类、规格、中距，隔离层、基层材料的种类、规格，面层材料的品种、规格、颜色，压条材料的种类、规格等内容的特征做出描述。

4) 国标清单工程量计算规则：按设计图示饰面外围尺寸以面积计算，柱帽、柱墩并入相应柱饰面工程量内。

5) 清单计价。按清单工作内容，根据设计图纸和施工方案确定可组合的主要内容，柱（梁）面装饰在《装饰定额》中的可组合项目有龙骨、隔离层、基层、面层、压条。

2. 成品装饰柱（011208002）

1) 成品装饰柱项目适用于各种类型的成品装饰柱。

2) 成品装饰柱工程内容一般包括柱的运输、固定、安装。

3）清单项目应对柱的截面、高度尺寸，柱材质等内容的特征做出描述。

4）国标清单工程量计算规则：成品装饰柱按设计数量以根计算或按设计长度以米计算。

5）清单计价　按清单工作内容，根据设计图纸和施工方案确定可组合的主要内容，成品装饰柱在《装饰定额》中的可组合项目有 12-173～12-175。

（九）幕墙工程（011209）

幕墙工程清单包括带骨架幕墙、全玻（无框玻璃）幕墙 2 个清单项目，分别按011209001×××～011209002×××设置项目编码。

1. 带骨架幕墙（011209001）

1）带骨架幕墙项目适用于各种类型的带骨架的幕墙。

2）带骨架幕墙工程内容一般包括骨架的制作、运输、安装，面层安装，隔离带、框边封闭，嵌缝、塞口，清洗。

3）清单项目应对骨架的材料种类、规格、中距，面层材料的品种、规格、颜色，面层固定方式，隔离带、框边封闭材料的品种、规格，嵌缝、塞口材料种类等内容的特征做出描述。

4）国标清单工程量计算规则：按设计图示框外围尺寸以面积计算，与幕墙同种材质的窗所占面积不扣除。

5）清单计价。按清单工作内容，根据设计图纸和施工方案确定可组合的主要内容，幕墙工程在《装饰定额》中的可组合项目有骨架、面层、隔离带、封边、嵌缝。

2. 全玻（无框玻璃）幕墙（011209002）

1）全玻（无框玻璃）幕墙项目适用于各种类型的无框玻璃幕墙。

2）全玻（无框玻璃）幕墙工程内容一般包括幕墙安装，嵌缝、塞口，清洗。

3）清单项目应对玻璃的品种、规格、颜色，粘结塞口材料种类，固定方式等内容的特征做出描述。

4）国标清单工程量计算规则：按设计图示尺寸以面积计算，带肋全玻幕墙按展开面积计算。

5）清单计价。按清单工作内容，根据设计图纸和施工方案确定可组合的主要内容，全玻（无框玻璃）幕墙在《装饰定额》中的可组合项目有 12-192～12-195。

3. 注意

幕墙钢骨架按《计算规范》表 M.4 干挂石材钢骨架编码列项。

（十）隔断（011210）

隔断清单包括木隔断、金属隔断、玻璃隔断、塑料隔断、成品隔断、其他隔断 6 个清单项目，分别按 011210001×××～011210006×××设置项目编码。

1. 木隔断（011210001）

1）木隔断项目适用于各种类型的木质隔断。

2）木隔断工程内容一般包括骨架及边框的制作、运输、安装，隔板的制作、运输、安装，嵌缝、塞口，装钉压条。

3）清单项目应对骨架、边框材料的种类、规格，隔板材料的品种、规格、颜色，嵌缝、塞口材料品种，压条材料种类等内容的特征做出描述。

4）国标清单工程量计算规则：按设计图示框外围尺寸以面积计算，不扣除单个≤0.3m² 的孔洞所占面积；浴厕门的材质与隔断相同时，门的面积并入隔断面积内。

5）清单计价。按清单工作内容，根据设计图纸和施工方案确定可组合的主要内容，木隔断在《装饰定额》中的可组合项目有12-197、12-198、12-208～12-211。

2. 金属隔断 （011210002）

1）金属隔断项目适用于各种类型的金属隔断。

2）金属隔断工程内容一般包括骨架及边框的制作、运输、安装，隔板的制作、运输、安装，嵌缝、塞口。

3）清单项目应对骨架、边框材料的种类、规格，隔板材料的品种、规格、颜色，嵌缝、塞口材料品种等内容的特征做出描述。

4）国标清单工程量计算规则：按设计图示框外围尺寸以面积计算，不扣除单个≤0.3m² 的孔洞所占面积；浴厕门的材质与隔断相同时，门的面积并入隔断面积内。

5）清单计价。按清单工作内容，根据设计图纸和施工方案确定可组合的主要内容，金属隔断在《装饰定额》中的可组合项目有12-202～12-206。

3. 玻璃隔断 （011210003）

1）玻璃隔断项目适用于各种类型的玻璃隔断。

2）玻璃隔断工程内容一般包括边框的制作、运输、安装，玻璃的制作、运输、安装，嵌缝、塞口。

3）清单项目应对边框材料的种类、规格，玻璃的品种、规格、颜色，嵌缝、塞口材料品种等内容的特征做出描述。

4）国标清单工程量计算规则：按设计图示框外围尺寸以面积计算，不扣除单个≤0.3m² 的孔洞所占面积。

5）清单计价。按清单工作内容，根据设计图纸和施工方案确定可组合的主要内容，玻璃隔断在《装饰定额》中的可组合项目有12-205、12-214。

4. 塑料隔断 （011210004）

1）塑料隔断项目适用于各种类型的塑料隔断。

2）塑料隔断工程内容一般包括骨架及边框的制作、运输、安装，隔板的制作、运输、安装，嵌缝、塞口。

3）清单项目应对边框材料的种类、规格，隔板材料的品种、规格、颜色，嵌缝、塞口材料品种等内容的特征做出描述。

4）国标清单工程量计算规则：按设计图示框外围尺寸以面积计算，不扣除单个≤0.3m² 的孔洞所占面积。

5）清单计价。按清单工作内容，根据设计图纸和施工方案确定可组合的主要内容，塑料隔断在《装饰定额》中的可组合项目有块料梁面铺贴、酸洗、打蜡。

5. 成品隔断 （011210005）

1）成品隔断项目适用于各种类型的成品隔断。

2）成品隔断工程内容一般包括隔断的运输、安装，嵌缝、塞口。

3）清单项目应对隔断材料的品种、规格、颜色，配件的品种、规格等内容的特征做出描述。

4）国标清单工程量计算规则：

① 以平方米计量，按设计图示框外围尺寸以面积计算。

② 以间计量，按设计要求的数量计算。

5）清单计价。按清单工作内容，根据设计图纸和施工方案确定可组合的主要内容，成品隔断在《装饰定额》中的可组合项目有 12-214、12-215。

6. 其他隔断（011210006）

1）其他隔断项目适用于除上述五种隔断之外的其他隔断。

2）其他隔断工程内容一般包括骨架及边框安装，隔板安装，嵌缝、塞口。

3）清单项目应对骨架、边框材料的种类、规格，隔板材料的品种、规格、颜色，嵌缝、塞口材料品种等内容的特征做出描述。

4）国标清单工程量计算规则：按设计图示框外围尺寸以面积计算，不扣除单个 ≤ $0.3m^2$ 的孔洞所占面积。

5）清单计价。按清单工作内容，根据设计图纸和施工方案确定可组合的主要内容，其他隔断在《装饰定额》中的可组合项目有 12-207、12-212～12-213。

（十一）注意问题

墙（柱）面装饰工程清单项目必须按设计图纸注明的装饰位置，结构层材料名称，龙骨设置方式，面层材料的名称、规格及材质，装饰造型要求，特殊工艺及材料处理要求等，并根据每个项目可能包含的工程内容进行描述，构成各个清单项目。

各工程项目清单在编制时应注意以下问题：

1. 有关项目列项问题

1）一般抹灰包括石灰砂浆、混合砂浆、水泥砂浆、聚合物水泥砂浆、膨胀珍珠岩水泥砂浆和麻刀灰、纸筋石灰、石膏灰等。

2）装饰抹灰包括水刷石、水磨石、斩假石（剁斧石）、干粘石、假面砖、拉条灰、拉毛灰、甩毛灰等。

3）柱面抹灰项目、石材柱面项目、块料柱面项目适用于矩形柱、异型柱（包括圆形柱、半圆形柱等）。

4）墙面、柱（梁）面、零星抹灰的砂浆找平清单项目适用于仅做找平层的情况。

5）零星抹灰和零星镶贴块料面层项目适用于小面积的（≤ $0.5m^2$）少量分散的抹灰和块料面层。

6）柱帽、柱墩的抹灰、镶贴块料及饰面等情况，应在项目特征中予以注明；弧形梁等特殊类型的抹灰、镶贴块料及饰面等，应单独立项。

7）墙面抹灰钉贴的钢丝网、钢板网应按《计算规范》表 F.7 中的砌块墙钢丝网加固项目（编码：010607005）编码列项，并相应修改清单项目名称。

8）飘窗、空调搁板的抹灰参照浙江省现行预算定额中的计算规则，按《建设工程工程量计算规范（2013）浙江省补充规定》中的阳台、雨篷板抹灰项目（编码：Z011201005）进行编码列项。

9）隔断、幕墙项目内含有门窗的，既可以包含在隔断、幕墙内，也可单独编码列项，并在清单项目中进行描述。

10）阳台、雨篷、檐沟设计有防水构造时，应按《计算规范》附录 J 相应项目编码列项。

11）柱（梁）面、零星项目干挂石材的钢骨架及幕墙钢骨架按《计算规范》表 M.4 中的干挂石材钢骨架编码列项。

2. 有关工程项目特征的说明

1）墙体类型是指砖墙、石墙、混凝土墙、砌块墙以及内墙、外墙等。

2）底层、面层的厚度应根据设计图纸规定确定。

3）勾缝类型是指清水砖墙、砖柱的加浆勾缝（平缝或凹缝），石墙、石柱的勾缝。

4）块料的安装方式可描述为砂浆或粘结剂粘贴、挂贴、干挂等，不论哪种安装方式，都要详细描述与组价相关的内容。

5）在描述拼碎块料项目的面层材料特征时可不用描述规格、颜色。

6）防护材料是指石材、块料等防碱背涂处理剂和面层防酸涂剂等，也包括与粘结层的结合面涂刷的防渗材料。

7）嵌缝材料是指嵌缝砂浆、嵌缝油膏、密封胶等封堵材料。

8）基层材料是指面层内的底板材料，如木墙裙、木护墙、木板隔墙等，用于在龙骨上粘贴或铺钉内衬底板。

9）玻纤网安装作为抹灰项目的组合内容，并入相应抹灰清单项目工作内容内，并在项目特征中加以描述。

10）设计石材有磨装饰边要求时，应描述磨边类型及数量。

（十二）国标清单编制综合示例

[例题 3-22]　根据 [例题 2-20] 的图 2-10，该建筑内墙净高为 3.3m，窗台高 900mm。设计内墙裙为 5mm 厚干混砂浆贴 152mm×152mm 瓷砖，高度为 1.8m，其余部分墙面为 20mm 厚干混砂浆抹灰，门窗框宽度分别为 100mm 和 80mm。试计算该墙面工程国标清单工程量并编制国标工程量清单（计算结果保留两位小数）。

解答：

1. 国标清单工程量计算

（1）干混砂浆墙面抹灰工程量 $S_{干}$：

$S_{干}$ = 内墙面基准面积 S_0 − 0.3m^2 以上孔洞所占面积 S_1 + 中间附墙柱的侧壁面积 S_2

1）S_0 = 内边线周长 L_0 × 装修高度 H，则有

$$H = 3.3\text{m} - 1.8\text{m} = 1.5\text{m}$$

$$L_0 = (6 - 0.24 + 4.5 - 0.24) \times 2 \times 2\text{m}$$
$$= 40.08\text{m}$$

$$S_0 = 1.5 \times 40.08\text{m}^2 = 60.12\text{m}^2$$

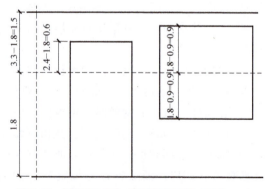

图 3-12　[例题 3-22] 门窗高度示意（单位：m）

2）计算 S_1。门窗高度示意图如图 3-12 所示。

$$门所占面积 S_{11} = 0.9 \times (2.4 - 1.8) \times (1 + 2)\text{m}^2 = 1.62\text{m}^2$$

窗所占面积 $S_{12} = 1.8 \times (1.8 + 0.9 - 1.8) \times (1+1) \, \text{m}^2 = 3.24 \, \text{m}^2$

$$S_1 = 1.62 \, \text{m}^2 + 3.24 \, \text{m}^2 = 4.86 \, \text{m}^2$$

3）中间附墙柱侧壁面积为 0。

4）$S_干 = S_0 - S_1 + S_2 = 60.12 \, \text{m}^2 - 4.86 \, \text{m}^2 + 0 = 55.26 \, \text{m}^2$。

（2）瓷砖墙裙工程量 $S_瓷$：

$S_瓷 =$ 内墙面基准面积 $S_0 - 0.3 \, \text{m}^2$ 以上孔洞所占面积 $S_1 +$ 中间附墙柱的侧壁面积 $S_2 +$ 门窗侧壁面积 S_3

1）$S_0 = (4.5 - 0.12 \times 2 + 6 - 0.12 \times 2) \times 2 \times 2 \times 1.8 \, \text{m}^2 = 72.14 \, \text{m}^2$

2）计算 S_1：

门所占面积 $S_{11} = 0.9 \times 1.8 \times (1+2) \, \text{m}^2 = 4.86 \, \text{m}^2$

窗所占面积 $S_{12} = 1.8 \times (1.8 - 0.9) \times (1+1) \, \text{m}^2 = 3.24 \, \text{m}^2$

$$S_1 = 4.86 \, \text{m}^2 + 3.24 \, \text{m}^2 = 8.10 \, \text{m}^2$$

3）中间附墙柱侧壁面积为 0。

4）S_3 需增加门窗侧壁面积：

窗的侧壁面积 $S_{31} = [(0.24 - 0.08)/2] \times (0.9 \times 2 + 1.8) \times 2 \, \text{m}^2 = 0.58 \, \text{m}^2$

根据开启方向，判定Ⓐ轴上的 M-0924 的侧壁在房间外，不需要增加；②轴上的 M-0924 的侧壁在房间内，需要增加。

门的侧壁面积 $S_{32} = 1 \times (0.24 - 0.1) \times (1.8 \times 2) \, \text{m}^2 = 0.50 \, \text{m}^2$

$$S_3 = 0.58 \, \text{m}^2 + 0.50 \, \text{m}^2 = 1.08 \, \text{m}^2$$

5）$S_瓷 = S_0 - S_1 + S_2 + S_3 = 72.14 \, \text{m}^2 - 8.10 \, \text{m}^2 + 0 + 1.08 \, \text{m}^2 = 65.12 \, \text{m}^2$。

2. 该墙面工程的国标工程量清单见表 3-15。

表 3-15　[例题 3-22] 工程量清单　　　　　　　　　　工程名称：某工程

序号	项目编码	项目名称	项目特征	计量单位	工程数量
1	011201001001	墙面一般抹灰	20mm 厚 干混砂浆抹灰	m²	55.26
2	011204003001	块料墙面	内墙裙 5mm 厚干混砂浆贴 152mm × 152mm 瓷砖 墙裙高度为 1.8m 15mm 厚的干混砂浆打底抹平	m²	65.12

二、国标工程量清单计价

[例题 3-23]　利用 [例题 3-22] 中的块料墙面清单，并按《装饰定额》计算该国标清单的综合单价及合价（本题假设企业管理费和利润分别按20%和10%计取，以定额人工费与定额机械费之和为取费基数，属于房屋建筑工程，采用一般计税法，假设当时当地人工、材料、机械除税信息价与定额取定价格相同）。

解答：

根据前述例题提供的条件，本题清单项目可组合的定额子目见表 3-16。套用《装饰定额》确定相应的分部分项人工费、材料费和机械费。

表 3-16　块料墙面清单项目可组合内容

序号	项目名称	可组合内容	定额编号
1	块料墙面	瓷砖墙面	12-47

1. 瓷砖墙面工程量　$S_{瓷}=65.12\text{m}^2$，另有

人工费 $=52.47$ 元$/\text{m}^2$

材料费 $=29.45$ 元$/\text{m}^2$

机械费 $=0.05$ 元$/\text{m}^2$

管理费 $=(52.47+0.05)\times20\%$ 元$/\text{m}^2=10.50$ 元$/\text{m}^2$

利润 $=(52.47+0.05)\times10\%$ 元$/\text{m}^2=5.25$ 元$/\text{m}^2$

2. 干混砂浆打底找平工程量 $S_{干}$

（1）$S_{干}=$ 内墙面基准面积 $S_0-0.3\text{m}^2$ 以上孔洞所占面积 S_1+ 中间附墙柱的侧壁面积 S_2

1）$S_0=(4.5-0.12\times2+6-0.12\times2)\times2\times2\times1.8\text{m}^2=72.14\text{m}^2$

2）计算 S_1：

门所占面积 $S_{11}=0.9\times1.8\times(1+2)\text{m}^2=4.86\text{m}^2$

窗所占面积 $S_{12}=1.8\times(1.8-0.9)\times(1+1)\text{m}^2=3.24\text{m}^2$

$S_1=4.86\text{m}^2+3.24\text{m}^2=8.10\text{m}^2$

3）中间附墙柱侧壁面积为 0。

$S_{干}=S_0-S_1+S_2=72.14\text{m}^2-8.10\text{m}^2+0=64.04\text{m}^2$

（2）人工费 $=10.09$ 元$/\text{m}^2$，材料费 $=7.17$ 元$/\text{m}^2$，机械费 $=0.16$ 元$/\text{m}^2$，管理费 $=(10.09+0.16)\times20\%$ 元$/\text{m}^2=2.05$ 元$/\text{m}^2$，利润 $=(10.09+0.16)\times10\%$ 元$/\text{m}^2=1.03$ 元$/\text{m}^2$。

3. 计算综合单价，填写综合单价计算表，见表 3-17。

表 3-17　[例题 3-23] 综合单价计算

编号	名称	计量单位	数量	综合单价/元						合计/元
				人工费	材料费	机械费	管理费	利润	小计	
011204003001	块料墙面	65.12	55.26	52.47	29.45	0.05	10.50	5.25	97.72	5400.01
12-47	瓷砖墙面	65.12	55.26	52.47	29.45	0.05	10.50	5.25	97.72	5400.01

模 块 小 结

本模块主要介绍了墙（柱）面工程中有关抹灰、块料面层及饰面、隔墙等定额使用的规定、工程量计算规则，以及墙（柱）面工程清单编制与综合单价的计算。重点是掌握好有关抹灰中的砂浆配合比及厚度的调整，以及抹灰和块料面层计算的异同之处；掌握墙（柱）面工程的清单列项与项目特征描述，同时要注意清单工程量计算规则与定额的区别。

思考与练习题

1. 编制墙面抹灰清单项目时，项目特征需描述哪些内容？

2. 编制墙面镶贴块料清单项目时，项目特征需描述哪些内容？

3. 编制墙面饰面清单项目时，项目特征需描述哪些内容？

4. 墙面抹灰与墙面镶贴块料的定额工程量计算规则有何异同之处？

5. 求下列项目定额清单中的人工费、材料费、机械费。

（1）22mm 厚的干混砂浆 DP M15 抹钢板网墙。

（2）23mm 厚的干混砂浆 DP M20 抹内墙面。

（3）女儿墙（带泛水）抹灰。

（4）附墙龙骨基层单向。

（5）弧形斩假石外墙面。

（6）15mm 厚半玻钢化玻璃栏板，钢化玻璃单价 150 元/m^2。

（7）20mm 厚砂浆铺贴台阶花岗石，台阶侧面同材质。

（8）混凝土墙面四遍干混砂浆粉刷。

（9）弧形砖墙面抹干混砂浆。

（10）现浇混凝土雨篷干混砂浆抹灰：

1）翻口高度 350mm。

2）翻口高度 150mm。

（11）干混砂浆粘贴外墙面砖（周长 600mm）柱帽。

（12）墙面木龙骨平面基层，龙骨断面 35mm×45mm，间距 400mm×400mm。

6. 根据模块 2 思考与练习题第 3 题，该墙面做法为干混砂浆抹灰。房间天棚装修为抹灰涂料，试计算该建筑墙面工程的定额工程量并编制定额工程量清单。

7. 根据模块 2 思考与练习题第 3 题，该墙面做法为干混砂浆抹灰。房间天棚装修为吊顶，离地 2.7m，试计算该建筑墙面工程的定额工程量并编制定额工程量清单。

8. 根据模块 2 思考与练习题第 3 题，该墙面做法为 5mm 厚干混砂浆贴 152mm×152mm 瓷砖。房间天棚装修为抹灰涂料，试计算该建筑墙面工程的定额工程量并编制定额工程量清单。

9. 根据模块 2 思考与练习题第 3 题，该墙面做法为 5mm 厚干混砂浆贴 152mm×152mm 瓷砖。房间天棚装修为吊顶，离地 2.7m，试计算该建筑墙面工程的定额工程量并编制定额工程量清单。

10. 根据模块 2 思考与练习题第 3 题，该墙面做法为内墙裙 15mm 厚干混砂浆打底抹平；5mm 厚干混砂浆贴 152mm×152mm 瓷砖，高度为 1.5m，其余部分为干混砂浆抹灰。房间天棚装修为吊顶，离地 2.7m，试计算该建筑墙面工程的国标工程量并编制国标工程量清单。

11. 利用上面第 10 题中编制的块料墙面国标清单，并按《装饰定额》计算该国标清单的综合单价及合价（本题假设企业管理费和利润分别按 20% 和 10% 计取，以定额人工费与定额机械费之和为取费基数，属于房屋建筑工程，采用一般计税法，假设当时当地人工、材料、机械除税信息价与定额取定价格相同）。

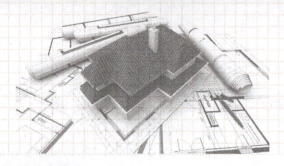

模块4

天棚装饰装修工程

本模块包括混凝土面天棚抹灰、天棚吊顶、装配式成品天棚安装、天棚其他装饰等，适用于天棚装饰装修工程。

项目1　知识准备

一、天棚

天棚也叫顶棚，它与地面形成空间的两个水平面，需与其他专业相配合来完成。天棚的设计应与空间环境相协调，按其空间形式来选择相应的做法。对天棚的基本要求是光洁、美观，能通过反射光照来改善采光和卫生状况。

天棚可归纳为吊顶、平顶、跌落式天棚三大类。跌落式天棚是指处在不同的标高上，上下错落，适用于餐厅、会议室等结构梁底比较低的空间，可以提高空间的高度及局部高度。

二、吊顶

吊顶是将天棚上的线管、通风管、水管隐藏在天棚里，使外面空间显得美观。吊顶的基本构造包括吊筋、龙骨和面层三部分。

1. 吊筋

吊筋（吊杆）通常用圆钢制作。

2. 龙骨

龙骨是用来支撑造型、固定结构的一种构造。龙骨是家庭装修常用的骨架和基材，使用非常普遍。龙骨的种类很多，根据制作材料的不同，可分为木龙骨、轻钢龙骨、铝合金龙骨、钢龙骨等；根据使用部位来划分，可分为吊顶龙骨、竖墙龙骨、铺地龙骨以及悬挂龙骨等；根据装饰施工工艺不同，还有承重及不承重龙骨（即上人龙骨和不上人龙骨）等。再加上每种龙骨的规格及造型的不同，龙骨的种类可谓千差万别、琳琅满目。就常用的轻钢龙骨而言，根据其型号、规格及用途的不同，一般有 T 型、C 型、U 型龙骨等。图 4-1 为吊顶龙骨示意图。

3. 面层

吊顶常见的面层有抹灰面层、板材面层、立体面层、曲边面层、曲面面层等。其中，曲边面层是指天棚上下方向的垂直弧形部分，曲面面层是指天棚左右方向的水平弧形部分。

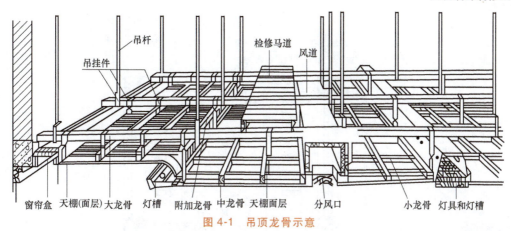

吊杆
吊挂件
检修马道
风道

窗帘盒　天棚(面层)　大龙骨　灯槽　附加龙骨　中龙骨　天棚面层　分风口　　小龙骨　灯具和灯槽

图 4-1　吊顶龙骨示意

项目 2　定额计量与计价

天棚工程定额
章说明（1）

一、定额说明

《装饰定额》中，第十三章包含四个小节共计 82 个子目，各小节子目划分情况见表 4-1。

表 4-1　天棚工程定额子目划分

天棚工程定额各小节子目划分			定额编码	子目数
一	混凝土面天棚抹灰		13-1～13-3	3
二	天棚吊顶	天棚骨架　方木楞	13-4～13-7	4
		天棚骨架　轻钢龙骨	13-8～13-14	7
		天棚基层	13-15～13-26	12
		天棚面层	13-27～13-52	26
三	装配式成品天棚安装	金属板天棚	13-53～13-68	16
		成品格栅天棚	13-69～13-74	6
四	天棚其他装饰	—	13-75～13-82	8

[例题 4-1]　根据图 4-2 中的天棚装修做法，龙骨为铝合金轻钢龙骨，列出需要计算的定额清单项目名称（定额编号、定额名称）。

解答：

定额清单如下：

1. 铝合金轻钢龙骨，定额编号 13-8。

2. 木芯板基层，定额编号 13-17。

3. 灯槽，定额编号 13-75。

4. 乳胶漆，定额编号 14-128。

（1）混凝土面天棚抹灰。

1）设计抹灰砂浆种类、配合比与定额不同时可以调整，砂浆厚度、抹灰遍数与定额不

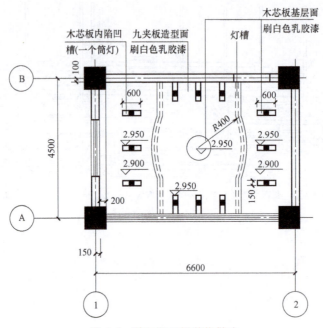

图 4-2 某工程天棚装修做法

同时不调整。

[例题 4-2] 天棚 22mm 厚干混抹灰砂浆 DP M20.0 四遍抹灰，请计算其定额清单中的人工费、材料费和机械费。

分析： 本题中告诉了厚度、砂浆等级、抹灰遍数三个信息，但是 22mm 厚不需要换算，四遍也不需要换算，只需要换算砂浆等级即可。

解答：

定额编号：13-1H

计量单位：元/100m²

人工费：1249.30

材料费：757.41−446.85×1.695+446.95×1.695＝757.58

机械费：16.48

2）基层需涂刷水泥浆或界面剂的，套用《装饰定额》第十二章中的"墙、柱面装饰与隔断、幕墙工程"相应定额，人工乘以系数 1.10。

[例题 4-3] 某工程天棚装饰做法为专用界面剂、天棚抹灰，列出此天棚装饰的定额清单（定额编号、定额名称）。

解答：

定额清单如下：

1. 定额编号 13-1，天棚抹灰。

2. 定额编号 12-19H＝12-19×1.1，天棚界面剂。

3）楼梯底面抹灰，套用天棚抹灰定额；其中楼梯底面为锯齿形时，相应定额子目人工乘以系数 1.35。

4）阳台、雨篷、水平遮阳板、沿沟底面抹灰，套用天棚抹灰定额；阳台、雨篷台口梁抹灰按展开面积并入板底面积；沿沟及面积 $1m^2$ 以内板的底面抹灰，人工乘以系数 1.20。

5）梁与天棚板底抹灰材料不同时应分别计算，梁抹灰另套用《装饰定额》第十二章"墙、柱面装饰与隔断、幕墙工程"中的柱（梁）面抹灰定额。

6）天棚混凝土板底批腻子套用《装饰定额》第十四章"油漆、涂料、裱糊工程"相应定额子目。

（2）天棚吊顶。

1）天棚龙骨、基层、面层除装配式成品天棚安装外，其余均按龙骨、基层、面层分别列项套用相应定额子目。

2）天棚龙骨、基层、面层材料如设计与定额不同时，按设计要求做相应调整。

天棚工程定额
章说明（2）

3）天棚面层在同一标高的为平面天棚，存在一个以上标高的为跌级天棚。跌级天棚按平面、侧面分别列项套用相应定额子目。

4）在夹板基层上贴石膏板，套用每增加一层石膏板定额。

5）天棚不锈钢板等金属板嵌条、镶块等小块料套用零星、异型贴面定额。

6）本模块定额中的玻璃均按成品玻璃考虑。

7）木质龙骨、基层、面层等涂刷防火涂料或防腐油漆时，套用《装饰定额》第十四章"油漆、涂料、裱糊工程"相应定额子目。

8）天棚基层及面层如为拱形、圆弧形等曲面时，按相应定额人工乘以系数 1.15。

（3）装配式成品天棚安装定额包括了龙骨、面层安装。

（4）定额中吊筋均按后施工打膨胀螺栓考虑；如设计为预埋件时，扣除定额中的合金钢钻头、金属膨胀螺栓用量，每 $100m^2$ 扣除人工 1.0 工日，预埋件另套用《装饰定额》第五章"混凝土及钢筋混凝土工程"相关定额子目计算。

吊筋高度按 1.5m 以内综合考虑。如设计需做二次支撑时，应另按《装饰定额》第六章"金属结构工程"相关子目计算。

[例题 4-4]　天棚平面单层方木龙骨，采用预埋件，请计算其定额清单中的人工费、材料费和机械费。

解答：

1. 定额编号：13-4H

计量单位：元/$100m^2$

人工费：1269.45−155×1＝1114.45

材料费：3462.75−5.34×2.63−0.28×70.83＝3428.87

机械费：2.20

2. 定额编号：5-95

计量单位：元/$100m^2$

人工费：2551.64

材料费：4334.07

机械费：1742.26

（5）定额已综合考虑石膏板、木板面层上开灯孔、检修孔等孔洞的费用，如在金属板、玻璃、石材面板上开孔时，费用另行计算。检修孔、风口等洞口加固的费用已包含在天棚定额中。

（6）灯槽内侧板高度在150mm以内的套用灯槽子目，高度大于150mm的套用天棚侧板子目；宽度500mm以上或面积1m²以上的嵌入式灯槽按跌级天棚计算。

（7）送风口和回风口按成品安装考虑。

二、工程量计算规则

天棚工程定额
工程量计算规则

（一）天棚抹灰

天棚抹灰按设计结构尺寸以展开面积计算，不扣除间壁墙、垛、柱、附墙烟囱、检查口和管道所占的面积，带梁天棚的梁侧抹灰并入天棚面积内。

[例题4-5] 某建筑工程二层平面图如图4-3所示。墙体厚度为240mm，图中所有轴线均居中，天棚做法为干混砂浆抹灰15mm厚，KZ500mm×500mm，二层顶梁均为300mm×600mm，顶板厚均为110mm，试计算该天棚工程的定额工程量并编制定额工程量清单。（计算结果保留两位小数）

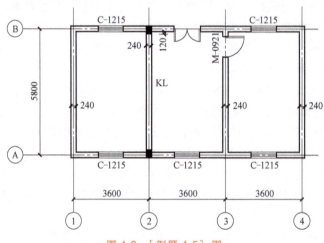

图4-3 [例题4-5] 图

解答：

天棚工程定额工程量 $S_天$＝墙内边线围成的面积 S_0
（房间净长×房间净宽）＋天棚梁两侧面的面积 S_1

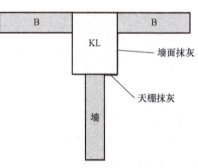

图4-4 墙上梁装修归属示意

1. 墙内边线围成的面积 S_0。梁的宽度≥墙厚，梁下面有墙，梁与墙一起抹灰时，梁的竖直面抹灰属于墙面抹灰，梁比墙宽的水平面抹灰属于天棚抹灰，如图4-4所示。计算天棚抹灰时，板底至梁内边线围成的抹灰要计算，梁底宽出墙的水平抹灰面积也要并入一起计算，两个平面平移合并的面积就是墙内边线围成的面积。

$$S_0=(3.6-0.12×2)×(5.8-0.12×2)m^2+(7.2-0.12×2)×(5.8-0.24)m^2=57.38m^2$$

2. 天棚梁两侧面的面积 S_1。用二层建筑平面图与结构的顶梁进行比对，发现小房间和大房间四周梁下都有墙，与墙一起装修，属于墙面装修；大房间中间，梁下面没有墙而且在房间中，因此右侧大房间的天棚是带梁天棚，需要增加这根梁的两个侧面。

$$S_1 = (0.6-0.11) \times (5.8+0.24-0.5 \times 2) \times 2 \, m^2 = 4.94 m^2$$

3. $S_天 = S_0 + S_1 = 57.38 m^2 + 4.94 m^2 = 62.32 m^2$。

该天棚工程定额工程量清单见表4-2。

表4-2 [例题4-5] 工程量清单

序号	定额编号	项目名称	项目特征	计量单位	工程量
1	13-1	天棚抹灰	天棚抹灰 15mm厚	m²	62.32

关于带梁天棚，要特别注意四点：

第一，是否是带梁天棚，要用至少两张图纸比对：某层的建筑平面图与这一层结构顶梁的配筋图，例如在算首层天棚时，用首层的建筑平面图与首层结构顶梁配筋图比对；算二层天棚时，用二层的建筑平面图与二层结构顶梁配筋图比对。

第二，下面没有墙的梁两侧，就是要增加的。

第三，某层梁的结构配筋图，与某层的顶梁结构配筋图是不同的，二者相差一层。

第四，为防止梁结构平面图找错，可用标高找梁的图纸。例如，某建筑物层高都是3.6m，在算首层天棚时，用首层的建筑平面图与首层结构顶梁配筋图比对，首层天棚的建筑标高是+3.6m，需要比对的梁结构标高是+3.55m；在算二层天棚时，用二层的建筑平面图与二层结构顶梁配筋图比对，二层天棚的建筑标高是+7.2m，需要比对的梁结构标高是+7.15m。

（二）板式楼梯底面抹灰

板式楼梯底面抹灰面积按水平投影面积乘以系数1.15计算，锯齿形楼梯底板抹灰面积按水平投影面积乘以系数1.37计算。楼梯底面积包括梯段、休息平台、平台梁、楼梯与楼面板连接梁（无梁连接时算至最上一级踏步边沿加300mm）、宽度500mm以内的楼梯井、单跑楼梯上下平台与楼梯段等宽部分。

（三）平面天棚及跌级天棚的平面部分

平面天棚及跌级天棚的平面部分，龙骨、基层和饰面板工程量均按设计图示尺寸以面积计算，不扣除间壁墙、垛、柱、附墙烟囱、检查口和管道所占的面积，扣除单个0.3m²以上的独立柱、孔洞（灯孔、检查孔面积不扣除）及与天棚相连的窗帘盒所占的面积。

（四）跌级天棚的侧面

跌级天棚的侧面部分，龙骨、基层、面层工程量按跌级高度乘以相应长度以面积计算。

[例题4-6] 某三室一厅商品房如图4-5所示，其客厅为U38不上人轻钢龙骨石膏板吊顶，龙骨间距为450mm×450mm。试计算该天棚工程的定额工程量并编制定额工程量清单。（计算结果保留两位小数）

解答：

1. 天棚龙骨工程量：

（1）平面工程量 $S_{平龙} = (7.5+0.6 \times 2) \times (4.5+0.6 \times 2) \, m^2 = 49.59 m^2$。

（2）侧面工程量 $S_{侧龙} = (7.5+4.5) \times 2 \times 0.3 \, m^2 = 7.20 m^2$。

2. 石膏板面层工程量：

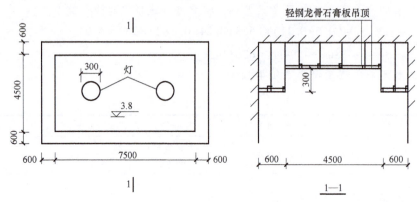

图 4-5　［例题 4-6］图

（1）平面工程量 $S_{平石} = 49.59\text{m}^2$。

（2）侧面工程量 $S_{侧石} = 7.20\text{m}^2$。

该天棚工程定额工程量清单见表 4-3。

表 4-3　［例题 4-6］工程量清单

序号	定额编号	项目名称	项目特征	计量单位	工程量
1	13-8	平面轻钢龙骨	平面 轻钢龙骨 U38	m^2	49.59
2	13-9	侧面轻钢龙骨	侧面 轻钢龙骨 U38	m^2	7.20
3	13-22	平面石膏板	平面 石膏板 安装在 U 型轻钢龙骨上	m^2	49.59
4	13-23	侧面石膏板	侧面 石膏板 安装在 U 型轻钢龙骨上	m^2	7.20

（五）拱形及弧形天棚

拱形及弧形天棚在起拱或下弧起止范围，按展开面积计算。

（六）金属板零星、异型贴面

不锈钢板等金属板零星、异型贴面面积按外接矩形面积计算。

（七）灯槽

灯槽按展开面积计算。

三、定额清单综合计算示例

［例题 4-7］　某商品房客厅吊顶如图 4-6 所示，单层方木龙骨，细木工板基层，装饰夹板面层，细木工板悬挑式灯槽。试计算该天棚工程的定额工程量并编制定额工程量清单。（计算结果保留两位小数）

解答：

1. 天棚龙骨工程量：

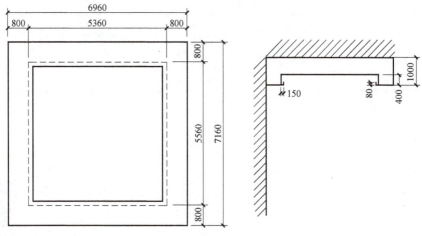

图 4-6 [例题 4-7] 图

（1）平面工程量 $S_{平龙} = 6.96 \times 7.16 \, m^2 = 49.83 \, m^2$。

（2）侧面工程量 $S_{侧龙} = (5.36 + 5.56) \times 2 \times 0.4 \, m^2 = 8.74 \, m^2$。

2. 基层、面层工程量：

（1）平面工程量 $S_{平面} = 6.96 \times 7.16 \, m^2 = 49.83 \, m^2$。

（2）侧面工程量 $S_{侧面} = (5.36 + 5.56) \times 2 \times 0.4 \, m^2 = 8.74 \, m^2$。

3. 灯槽工程量：

（1）侧板工程量 $= 0.08 \times (5.36 - 2 \times 0.15 + 5.56 - 2 \times 0.15) \times 2 \, m^2 = 1.65 \, m^2$。

（2）平面工程量 = 虚线围成的长方形面积 - 最小实线长方形面积 = $5.36 \times 5.56 \, m^2 - (5.36 - 2 \times 0.15) \times (5.56 - 2 \times 0.15) \, m^2 = 0.35 \, m^2$。

（3）灯槽工程量 $= 1.65 \, m^2 + 0.35 \, m^2 = 2.00 \, m^2$。

该天棚工程定额工程量清单见表 4-4。

表 4-4 [例题 4-7] 工程量清单

序号	定额编号	项目名称	项目特征	计量单位	工程量
1	13-4	方木天棚龙骨	平面 单层 方木	m²	49.83
2	13-6	方木天棚龙骨	侧面 直线形 方木	m²	8.74
3	13-15	细木工板基层	平面 细木工板 钉在木龙骨上	m²	49.83
4	13-16	细木工板基层	侧面 细木工板 钉在木龙骨上	m²	8.74
5	13-27	装饰夹板面层	平面 装饰夹板	m²	49.83
6	13-29	装饰夹板面层	侧面 装饰夹板	m²	8.74

（续）

序号	定额编号	项目名称	项目特征	计量单位	工程量
7	13-75	悬挑式灯槽	直形 细木工板 高 400mm	m²	2.00

项目 3　国标工程量清单及清单计价

一、国标工程量清单编制

（一）天棚抹灰（011301）

天棚抹灰清单包括天棚抹灰 1 个清单项目，按 011301001×××编码。

天棚抹灰（011301001）：

1）天棚抹灰项目适用于各种类型的天棚抹灰。

2）天棚抹灰工程内容一般包括基层清理、底层抹灰、抹面层。

3）清单项目应对基层类型；抹灰的厚度、材料种类；砂浆配合比等内容的特征做出描述。

4）国标清单工程量计算规则：按设计图示尺寸以水平投影面积计算，不扣除间壁墙（包括半砖墙）、垛、柱、附墙烟囱、检查口和管道所占的面积。带梁天棚的梁两侧的抹灰并入天棚抹灰内计算，板式楼梯底面抹灰按斜面积计算，锯齿形楼梯底板抹灰按展开面积计算。

5）清单计价。天棚抹灰在《装饰定额》中的可组合主要内容见表 4-5。

天棚工程工程量清单编制及计价

表 4-5　天棚抹灰可组合的主要内容

项目名称	可组合的主要内容		对应的定额子目
天棚抹灰	混凝土面天棚	石灰砂浆面	13-1H
		干混砂浆面	13-1
		混合砂浆面	13-1H
		石膏浆	13-2

（二）天棚吊顶（011302）

天棚吊顶清单包括：吊顶天棚、格栅吊顶、吊筒吊顶、藤条造型悬挂吊顶、织物软雕吊顶、装饰网架吊顶 6 个清单项目，按 011302001×××～011302006×××编码。

1. 吊顶天棚（011302001）

1）吊顶天棚项目适用于各种类型的天棚吊顶。

2）吊顶天棚工程内容一般包括基层清理、吊杆安装；龙骨安装；基层板铺贴；面层铺贴；嵌缝；刷防护材料。

3）清单项目应对吊顶形式，吊杆的规格、高度；龙骨的材料种类、规格、中距；基层材料的种类、规格；面层材料的种类、规格；压条材料的种类、规格；嵌缝材料种类；防护材料种类等内容的特征做出描述。

4）国标清单工程量计算规则：按设计图示尺寸以水平投影面积计算。天棚面中的灯槽及跌级式、锯齿形、吊挂式、藻井式天棚展开增加的面积不另计算，不扣除间壁墙、检查洞、附墙烟囱、柱垛和管道所占面积，扣除单个大于 $0.3m^2$ 的孔洞、独立柱及与天棚相连的窗帘盒所占的面积。

5）清单计价。吊顶天棚在《装饰定额》中的可组合的主要内容见表4-6。

表 4-6　吊顶天棚可组合的主要内容

项目名称	可组合的主要内容		对应的定额子目
吊顶天棚	天棚骨架	木龙骨	13-4 ~ 13-7
		轻钢龙骨	13-8 ~ 13-12
		铝合金龙骨	13-13、13-14
	天棚基层	细木工板	13-15 ~ 13-19
		胶合板	13-20、13-21
		石膏板	13-22 ~ 13-26
	天棚面层	各种饰面	13-27 ~ 13-52
	装饰条、压条	压条、装饰线	15-25 ~ 15-81

2. 格栅吊顶（011302002）

1）格栅吊顶项目适用于各种类型的格栅吊顶。

2）格栅吊顶工程内容一般包括基层清理、安装龙骨、基层板铺贴、面层铺贴、刷防护材料。

3）清单项目应对龙骨的材料种类、规格、中距；基层材料的种类、规格；面层材料的种类、规格；防护材料种类等内容的特征做出描述。

4）国标清单工程量计算规则：按设计图示尺寸以水平投影面积计算。

5）清单计价。按清单工作内容，根据设计图纸和施工方案确定清单组合内容，格栅吊顶在《装饰定额》中的可组合项目有 13-73、13-74。

3. 吊筒吊顶（011302003）

1）吊筒吊顶项目适用于各种类型的吊筒吊顶。

2）吊筒吊顶工程内容一般包括基层清理，吊筒制作、安装，刷防护材料。

3）清单项目应对吊筒的形状、规格；吊筒材料种类；防护材料种类等内容的特征做出描述。

4）国标清单工程量计算规则：按设计图示尺寸以水平投影面积计算。

5）清单计价。按清单工作内容，根据设计图纸和施工方案确定清单组合内容，无适配定额，需要自行补充定额或从当地补充定额库中选取合适的定额。

4. 藤条造型悬挂吊顶（011302004）

1）藤条造型悬挂吊顶项目适用于各种类型的藤条造型悬挂吊顶。

2）藤条造型悬挂吊顶工程内容一般包括基层清理、龙骨安装、铺贴面层。

3）清单项目应对骨架材料的种类、规格；面层材料的品种、规格等内容的特征做出描述。

4) 国标清单工程量计算规则：按设计图示尺寸以水平投影面积计算。

5) 清单计价。按清单工作内容，根据设计图纸和施工方案确定清单组合内容，无适配定额，需要自行补充定额或从当地补充定额库中选取合适的定额。

5. 织物软雕吊顶（011302005）

1) 织物软雕吊顶项目适用于各种类型的织物软雕吊顶。

2) 织物软雕吊顶工程内容一般包括基层清理、龙骨安装、铺贴面层。

3) 清单项目应对骨架材料的种类、规格；面层材料的品种、规格等内容的特征做出描述。

4) 国标清单工程量计算规则：按设计图示尺寸以水平投影面积计算。

5) 清单计价。按清单工作内容，根据设计图纸和施工方案，确定清单组合内容，织物软雕吊顶在《装饰定额》中的可组合项目有 13-50～13-52。

6. 装饰网架吊顶（011302006）

1) 装饰网架吊顶项目适用于各种类型的装饰网架吊顶。

2) 装饰网架吊顶工程内容一般包括基层清理，网架制作、安装。

3) 清单项目应对网架材料的品种、规格等内容的特征做出描述。

4) 国标清单工程量计算规则：按设计图示尺寸以水平投影面积计算。

5) 清单计价。按清单工作内容，根据设计图纸和施工方案确定清单组合内容，无适配定额，需要自行补充定额或从当地补充定额库中选取合适的定额。

（三）采光天棚（011303）

采光天棚清单包括采光天棚 1 个清单项目，按 011303001×××编码。

1. 采光天棚（011303001）

1) 采光天棚项目适用于各种类型的采光天棚。

2) 采光天棚工程内容一般包括清理基层，面层制作、安装，嵌缝、塞口，清洗。

3) 清单项目应对基层类型；骨架类型；固定类型，固定材料的品种、规格；面层材料的品种、规格；嵌缝、塞口材料种类等内容的特征做出描述。

4) 国标清单工程量计算规则：按框外围展开面积计算。

5) 清单计价。按清单工作内容，根据设计图纸和施工方案确定清单组合内容，采光天棚在《装饰定额》中的可组合项目有 13-45、13-46。

注意：采光天棚骨架不包括在本条中，应单独按《计算规范》附录 F 相关项目编码列项。

（四）天棚其他装饰（011304）

天棚其他装饰清单包括：灯带（槽），送风口、回风口 2 个清单项目，按 011304001×××～011304002×××编码。

1. 灯带（槽）（011304001）

1) 灯带（槽）项目适用于各种类型的灯带（槽）。

2) 灯带（槽）工程内容一般包括安装、固定。

3) 清单项目应对灯带的形式、尺寸；格栅片材料的品种、规格；安装固定方式等内容的特征做出描述。

4) 国标清单工程量计算规则：按设计图示尺寸以框外围面积计算。

5）清单计价。按清单工作内容，根据设计图纸和施工方案，确定清单组合内容。

2. 送风口、回风口（011304002）

1）送风口、回风口项目适用于各种类型的送风口、回风口。

2）送风口、回风口工程内容一般包括安装、固定，刷防护材料。

3）清单项目应对风口材料的品种、规格；安装固定方式；防护材料种类等内容的特征做出描述。

4）国标清单工程量计算规则：按设计图示数量计算。

5）清单计价。按清单工作内容，根据设计图纸和施工方案确定清单组合内容，送风口、回风口在《装饰定额》中的可组合项目有 13-78～13-81。

（五）相关问题说明

当采光天棚和天棚设有保温隔热吸声层时，应按防腐、隔热、保温工程中相关项目编码列项。

（六）国标清单编制综合示例

[例题 4-8] 根据 [例题 4-7] 所有条件，试计算该天棚工程国标清单工程量并编制国标工程量清单。（计算结果保留两位小数）

解答：

1. 国标清单工程量计算：

（1）天棚吊顶工程量 $S_{水平} = 6.96 \times 7.16 \text{m}^2 = 49.83 \text{m}^2$。

（2）灯槽工程量 $S_{展开} = 0.08 \times (5.36 - 2 \times 0.15 + 5.56 - 2 \times 0.15) \times 2\text{m}^2 + 5.36 \times 5.56 \text{m}^2 - (5.36 - 2 \times 0.15) \times (5.56 - 2 \times 0.15) \text{m}^2 = 4.84 \text{m}^2$。

2. 该天棚工程的国标工程量清单见表 4-7。

表 4-7 [例题 4-8] 工程量清单　　　　　　　　工程名称：某工程

序号	项目编码	项目名称	项目特征	计量单位	工程数量
1	011302001001	吊顶天棚	跌级天棚，高差 400mm 单层方木龙骨 细木工板基层 装饰夹板面层	m²	49.83
2	011304001001	灯槽	悬挑式 宽150mm，高 80mm 细木工板	m²	4.84

二、国标工程量清单计价

[例题 4-9] 利用 [例题 4-8] 天棚工程的清单，按《装饰定额》计算该国标清单的综合单价及合价（本题假设企业管理费和利润分别按20%和10%计取，以定额人工费与定额机械费之和为取费基数，属于房屋建筑工程，采用一般计税法，假设当时当地人工、材料、机械除税信息价与定额取定价格相同）。

解答：

1. 根据前述例题提供的条件，本题清单项目可组合的定额子目见表 4-8。

2. 套用《装饰定额》确定相应的分部分项人工费、材料费和机械费。

（1）灯槽工程量＝2.00m²，另有

人工费＝43.03 元/m²

材料费＝47.24 元/m²

机械费＝0.07 元/m²

管理费＝（43.03＋0.07）×20%＝8.62 元/m²

利润＝（43.03＋0.07）×10%＝4.31 元/m²

计算综合单价，填写综合单价计算表，见表4-9。

表4-8　[例题4-9] 清单项目可组合内容

序号	项目名称	可组合内容	定额编号
1	吊顶天棚	方木天棚龙骨	13-4
		方木天棚龙骨	13-6
		细木工板基层	13-15
		细木工板基层	13-16
		装饰夹板面层	13-27
		装饰夹板面层	13-29
2	灯槽	悬挑式灯槽	13-75

表 4-9　灯槽综合单价计算

编号	名称	计量单位	数量	综合单价/元						合计/元
				人工费	材料费	机械费	管理费	利润	小计	
011304001001	灯槽	m²	2.00	43.03	47.24	0.07	8.62	4.31	103.27	206.54
13-75	悬挑式灯槽	m²	2.00	43.03	47.24	0.07	8.62	4.31	103.27	206.54

（2）吊顶天棚工程量。与国标清单吊顶天棚匹配的六个定额工程量已在 [例题4.7] 中计算过，具体费用的计算也省略。

3. 计算综合单价，填写综合单价计算表，见表4-10。

表 4-10　[例题4-9] 综合单价计算

序号	编号	名称	计量单位	数量	综合单价/元						合计/元
					人工费	材料费	机械费	管理费	利润	小计	
1	011302001001	吊顶天棚	m²	49.83	38.51	103.26	0.02	7.71	3.85	153.35	7641.43
2	13-4	方木天棚龙骨	m²	49.83	12.69	34.63	0.02	2.54	1.27	51.15	2548.80
3	13-6	方木天棚龙骨	m²	8.74	16.32	22.74	0.02	3.27	1.63	43.98	384.39
4	13-15	细木工板基层	m²	49.83	10.59	22.42	0.00	2.12	1.06	36.19	1803.35
5	13-16	细木工板基层	m²	8.74	13.72	23.22	0.00	2.74	1.37	41.06	358.86
6	13-27	装饰夹板面层	m²	49.83	8.11	32.17	0.00	1.62	0.81	42.71	2128.24
7	13-29	装饰夹板面层	m²	8.74	10.54	34.07	0.00	2.11	1.05	47.77	417.51

模块小结

本模块主要介绍了天棚抹灰及天棚吊顶等定额使用的规定、工程量计算规则，以及天棚工程清单编制与综合单价的计算。重点是掌握好有关抹灰中的砂浆配合比的调整，以及天棚抹灰和吊顶定额工程量计算的异同之处；掌握天棚工程的清单列项与项目特征描述，同时要注意清单工程量计算规则与定额的区别。

思考与练习题

1. 根据模块 2 思考与练习题第 3 题，天棚做法为干混砂浆抹灰 25mm 厚，KZ500mm×500mm，顶梁均为 300mm×600mm，顶板厚均为 120mm，试计算该建筑天棚工程的定额工程量并编制定额工程量清单。

2. 根据模块 2 思考与练习题第 3 题，天棚做法为干混砂浆抹灰 25mm 厚，KZ500mm×500mm，顶梁均为 300mm×600mm，顶板厚均为 120mm。试计算该建筑天棚工程的国标工程量并编制国标工程量清单。

3. 利用上面第 2 题中编制的天棚国标清单，并按《装饰定额》计算该国标清单的综合单价及合价（本题假设企业管理费和利润分别按 20% 和 10% 计取，以定额人工费与定额机械费之和为取费基数，属于房屋建筑工程，采用一般计税法，假设当时当地人工、材料、机械除税信息价与定额取定价格相同）。

4. 某客厅天棚吊顶，U38 不上人轻钢龙骨石膏板平面吊顶，龙骨间距为 500mm×500mm，吊顶水平投影面积为 28m^2，试编制天棚国标清单，并按《装饰定额》计算该国标清单的综合单价及合价（本题假设企业管理费和利润分别按 20% 和 10% 计取，以定额人工费与定额机械费之和为取费基数，属于房屋建筑工程，采用一般计税法，假设当时当地人工、材料、机械除税信息价与定额取定价格相同）。

5. 某房屋天棚做法为：素水泥浆一道，16mm 厚干混砂浆抹灰。列出此天棚装饰的定额清单（定额编号、定额名称）。

6. 某房屋框架结构，房屋层高 3.6m，板厚 100mm，梁为 300mm×500mm，KZ500mm×500mm。二层平面图如图 4-7 所示，门框及窗框厚 90mm。地面为实木复合地板，360 元/m^2，铺在细木工板上。天棚做法为 U38 不上人轻钢龙骨吊顶，双层石膏板面层，离地高度 2.7m。内墙面干混砂浆粘贴 150mm×220mm 瓷砖墙裙，高 1.5m；其余部分为干混砂浆抹灰，900mm×2400mm。柱子断面为 500mm×500mm，窗台高 900mm，花岗石窗台板。试计算该房屋楼地面、墙（柱）面、天棚工程的定额工程量并编制定额工程量清单。（计算结果保留两位小数）

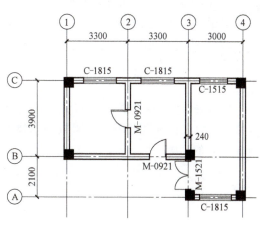

图 4-7　某房屋平面图

7. 根据上面第 6 题的条件，试计算该房屋楼地面、墙（柱）面、天棚工程的国标工程量并编制国标工程量清单。

8. 利用上面第 6 题和第 7 题的计算结果，并按《装饰定额》计算该房屋楼地面、墙（柱）面、天棚工程的国标清单项目费用（只将定额和清单匹配即可，具体综合单价数据不用计算）。

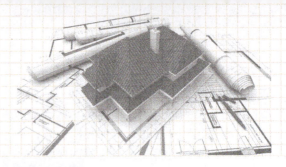

模块5

门窗装饰装修工程

项目1　知　识　准　备

一、门

1. 门的作用

门既是重要的建筑构件，也是重要的装饰部件。门具有采光、通风、围护、美观、通行、疏散、防盗、防火等作用。门通常需做门套，门套有木制门套、金属门套或石制门套。

全玻璃门在公共建筑中采用较多，全玻璃门是用厚 10mm 以上的平板玻璃或钢化玻璃直接加工成门扇制成，一般无门框。全玻璃门有手动和自动两种类型，开启方式有平开和推拉两种。

2. 门的分类

1）门按其开启方式可分为平开门、推拉门（下面加设轨道）、弹簧门、旋转门、折叠门（多用于尺寸较大的洞口）、卷帘门（不占空间）、翻板门（仓库、车库）等。

2）门按材料可分为木门、钢门、铝合金门、塑料门、玻璃门、复合材料门等。木门包括门框和门扇两部分，门框有上框、边框和中框（带亮子的门）之分，各框之间采用榫连接。

3）门按结构形式分为贴板门、镶板门和拼板门。镶板门是将实木板嵌入门扇木框的凹槽内装配而成，木框上用来装镶板的凹槽的宽度依镶板厚度确定，镶嵌后板边距底槽应有 2mm 左右的间隙。

二、窗

1. 窗的作用
窗具有采光、通风、围护、装饰、观察等作用。

2. 窗的分类
窗按其开启方式分为平开窗、推拉窗、悬窗、立转窗、固定窗等。

3. 窗的基本尺寸
窗的基本尺寸一般以建筑模数 300mm 为模数，居住建筑可以基本模数 100mm 为模数。常见窗的宽度有 600mm、900mm、1000mm、1200mm、1500mm、2000mm 等；常见窗的高度有 600mm、900mm、1200mm、1500mm、2000mm 等。

窗的高度超过 1500mm 时，窗上部设亮子，亮子的高度一般为 300~600mm。

三、木材种类的划分

1）一类、二类木种：红松、水桐木、樟木松、白松（云杉、冷杉）、杉木、杨木、柳木、椴木。

2）三类、四类木种：青松、黄花松、楸木、马尾松、东北榆木、柏木、苦楝木、檫木、黄菠萝木、椿木、楠木、柚木、樟木、栎木（柞木）、檀木、色木、槐木、荔木、麻栗木（麻栎、青刚）、桦木、木荷木、水曲柳、华北榆木、榉木、橡木、枫木、核桃木、樱桃木。

3）板材和枋材的区分。木材的板材和枋材一般按截面的宽度与厚度之比进行划分，见表 5-1。

表 5-1　板材和枋材的区分

项目	按宽、厚尺寸比例分类	区　　分			
板材	宽/厚≥3	名称	薄板	中板	厚板
		厚度/mm	≤20	19～35	36～65
枋材	宽/厚<3	名称	小枋	中枋	大枋
		断面面积/cm²	≤54	55～100	101～225

四、名词解释

1. 中空玻璃

中空玻璃是将两块或两块以上的玻璃边部密封在一起，玻璃之间形成静止、干燥的气室，并且有一定的真空性能，如图 5-1 所示。中空玻璃具有较好的隔热性、隔声性、密封性、稳定性。

2. 亮子、侧亮

侧亮设于门窗的两侧，而不是设在上部，在上部的称为亮子或上亮。图 5-2 是有侧亮的双扇地弹门（图 5-2a）和有侧亮的单扇平开窗（图 5-2b）简图。

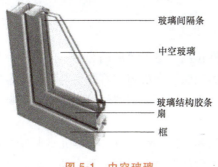

图 5-1　中空玻璃

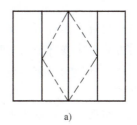

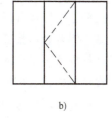

a)　　　　　　　　b)

图 5-2　有侧亮的双扇地弹门和单扇平开窗

3. 顶窗

图 5-3 为有顶窗（图 5-3a）及上亮（图 5-3b）的单扇平开窗结构形式示意图，图中示出了两者的区别，顶窗常称为上悬窗。

4. 固定窗

图 5-4 是两种常见固定窗的形式。

5. 门连窗

门连窗又称为连窗门，是指门的一侧与一樘窗户相连，常用于阳台门，又称为阳台连窗门，如图 5-5 所示。

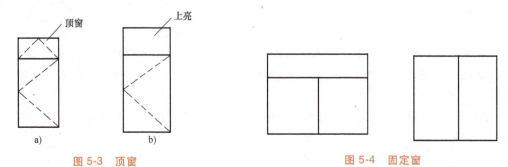

图 5-3　顶窗　　　　　　　　　　图 5-4　固定窗

6. 半玻璃门

半玻璃门一般是指玻璃面积占其门扇面积一半以内的门；半玻璃门的其余部分可以木质板或纤维板作门芯板，并双面贴平。若是铝合金半玻璃门，下部则用银白色或古铜色铝合金扣板。

7. 全玻璃门

全玻璃门是指门扇芯玻璃面积超过其门扇面积一半的门。若为木质全玻璃门，其门框比一般门的门框更宽、更厚，且应用硬杂木制成。铝合金全玻璃门，框、扇均用铝型材制作。全玻璃门常用于办公楼、宾馆、公共建筑的大门。

图 5-5　门连窗

8. 单层窗、双层窗、一玻一纱窗

单层窗是指窗扇上只安装一层玻璃的窗户；双层窗是指窗扇安装两层玻璃的窗户，分为外窗和内窗；一玻一纱窗是指窗框上安设两层窗扇，分为外扇和内扇，一般情况下外扇为玻璃窗，内扇为纱窗。定额列有带纱塑钢窗和铝合金门窗纱扇的制作、安装项目。

9. 铝合金门窗

铝合金门按开启方式可分为地弹门、平开门、推拉门、电子感应门和卷帘门等几种主要类型。铝合金窗按开启方式分为平开窗、推拉窗、固定窗、防盗窗、百叶窗等。铝合金门窗外框按规定不得插入墙体，外框与墙洞口应为弹性连接，定额所用弹性材料称为软填料，如沥青玻璃棉毡、矿棉条等。

铝合金门窗所用铝合金型材是在铝中加入适量的铜、镁、锰、硅、锌等元素制成的铝基合金，为提高铝合金的性能，需进行表面处理，处理后的铝合金耐磨、耐腐蚀、耐老化，色泽也美观大方。铝合金的表面处理方法有阳极氧化处理（表面呈银白色）和表面着色处理（表面呈古铜色、青铜色、黄铜色等）两种。

10. 塑钢门窗

塑钢门窗具有耐老化、使用寿命长、密封性能好、不渗水且防潮、隔声等优点，在保温方面，其热导率仅为铝的 1/1250 倍。对门窗而言，PVC 单玻璃门窗与铝单玻璃门窗的传热

性能之比为 1：2，因此相同面积条件的塑钢门窗的隔热性能比金属门窗更好，可显著节省能源消耗。在隔声性能方面，塑钢门窗离马路 6m 的隔声效果和铝合金门窗离马路 20m 的隔声效果相当。塑钢门窗不仅有以上优良性能，而且美观高雅、颜色多变、形式多样、洁亮易清洗，具有很好的装饰效果。

11. 防火门

防火门是指在一定时间内能满足耐火稳定性、完整性和隔热性要求的门，一般设在防火分区、疏散楼梯间、垂直竖井等位置，是具有一定耐火性的防火分隔物。

12. 彩钢板门

彩钢板门是指彩涂钢板门。彩涂钢板是一种带有有机涂层的钢板，具有耐蚀性好、色彩鲜艳、外观美观、加工成型方便并具有钢板原有的强度等优点，而且成本较低。彩钢板门的厚度为 50～100mm，它是由中间层的填料和两面的彩钢板组成的。其中，彩钢板有 0.4mm、0.5mm、0.6mm 等不同的厚度；中间层可以是聚氨酯、岩棉或泡沫塑料等。彩钢板门与塑钢门的区别在于材料的构成不同，磁铁可以吸动彩钢板门。

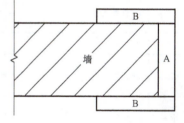

图 5-6　门窗套

13. 门窗套

门窗套用于保护和装饰门框及窗框。门窗套包括筒子板和贴脸，与墙连接在一起。如图 5-6 所示，门窗套包括 A 面和 B 面；筒子板是指 A 面，贴脸是指 B 面。

14. 毛料

毛料是指圆木经过加工而没有刨光的各种规格的锯材。

15. 净料

净料是指圆木经过加工刨光后符合设计尺寸要求的锯材。

项目 2　定额计量与计价

一、定额说明

《装饰定额》中，第八章包含十一节共 197 个子目，各小节子目划分见表 5-2。

表 5-2　门窗工程定额子目划分

门窗工程定额各小节子目划分		定额编码	子目数
一	木门	普通木门制作、安装	8-1～8-14	14
		装饰门扇制作、安装	8-15～8-30	16
		成品木门及门框安装	8-31～8-39	9
二	金属门	铝合金门	8-40～8-44	5
		塑钢、彩板钢门	8-45～8-47	3
		钢质防火、防盗门	8-48～8-49	2
三	金属卷帘门		8-50～8-54	5

（续）

门窗工程定额各小节子目划分			定额编码	子目数
四	厂库房大门、特种门	厂库房大门制作、安装	8-55～8-78	24
		特种门	8-79～8-95	17
五	其他门		8-96～8-104	9
六	木窗		8-105～8-109	5
七	金属窗	铝合金窗	8-110～8-116	7
		塑钢窗	8-117～8-120	4
		彩板钢窗、防盗钢窗、防火窗	8-121～8-124	4
八	门钢架、门窗套	门钢架	8-125～8-129	5
		门窗套	8-130～8-144	15
九	窗台板		8-145～8-151	7
十	窗帘盒、轨	窗帘盒	8-152～8-160	9
		窗帘轨	8-161～8-164	4
十一	门五金	门特殊五金	8-165～8-188	24
		厂库房大门五金铁件	8-189～8-197	9

子目设置说明如下：

（1）《装饰定额》第八章中的普通木门、装饰门扇、木窗按现场制作、安装综合编制，厂库房大门按制作、安装分别编制，其余门窗均按成品安装编制。

门窗工程定额章说明（1）

（2）《装饰定额》第八章采用一类、二类木材木种编制的定额，如设计采用三类、四类木种时，除木材单价调整外，定额人工和机械乘以系数 1.35。

[例题 5-1]　某工程有亮镶板门，采用进口硬木制作，请确定其定额清单费用（管理费10%，利润5%）。（计算结果保留两位小数）

解答：

定额编号：8-1H，定额清单费用计算过程见表5-3。

表5-3　[例题 5-1] 定额清单费用计算表

计量单位	人工费	材料费	机械费	管理费	利润	小计
元/100m²	6999.96×1.35	10045.94+（3017-1810）×（1.908+1.632+1.016+0.461）	103.1×1.35	—	—	—
	9449.95	16101.46	139.19			
元/m²	9449.95/100 =94.50	16101.46/100=161.01	139.19/100 =1.39	（94.50+1.39）×0.1=9.59	（94.50+1.39）×0.05=4.79	94.50+161.01+1.39+9.59+4.79 =271.28

（3）定额所注木材的断面、厚度均以毛料为准，如设计为净料，应另加刨光损耗：板

枋材单面加 3mm，双面加 5mm，其中普通门门板双面刨光加 3mm；木材的断面、厚度如设计与表 5-4 不同时，木材用量按比例调整，其余不变。

表 5-4　木门窗用料断面规格、尺寸　　　　　（单位：cm）

门窗名称		门窗框	门窗扇立梃	纱门窗扇立梃	门板
普通门	镶板门	5.5×10	4.5×8	3.5×8	1.5
	胶合板门		3.9×3.9		—
	半玻璃门		4.5×10		1.5
自由门	全玻璃门	5.5×12	5×10.5	—	
	带玻璃胶合板门	5.5×10	4.5×6.5	—	
厂库房木板大门	带框平开门	5.3×12	5×10.5		2.1
	不带框平开门	—	5.5×12.5		
	不带框推拉门	—			
普通窗	平开窗	5.5×8	4.5×6	3.5×6	—
	翻窗	5.5×9.5			

[例题 5-2]　某工程采用杉木平开窗，设计断面尺寸（净料）窗框为 5.5cm×8cm，窗扇梃为 4.5cm×6cm，请确定其定额清单费用（管理费 10%，利润 5%）。（计算结果保留两位小数）

解答：定额编号：8-105H

计量单位：元/100m²

1. 设计为净料尺寸，加抛光损耗后的尺寸为：

窗框：（5.5+0.3）cm×（8+0.5）cm = 5.8cm×8.5cm

窗扇梃：（4.5+0.5）cm×（6+0.5）cm = 5cm×6.5cm

2. 设计木材用量按比例调整：

窗框：（5.8×8.5）/（5.5×8）×0.02015m³/m² = 0.02258m³/m²

窗扇梃：（5×6.5）/（4.5×6）×0.01887 = 0.02271m³/m²

定额清单费用计算过程见表 5-5。

表 5-5　[例题 5-2] 定额清单费用计算表

计量单位	人工费	材料费	机械费	管理费	利润	小计
元/100m²		9404.15+（2.258−2.015+2.271−1.887）×1810	—			
	6724.68	10539.02	95.05			
元/m²	67.25	105.39	0.95	6.82	3.41	183.82

（4）木门：

1）成品套装门安装包括门套（含门套线）和门扇的安装；纱门按成品安装考虑。

2）成品套装木门、成品木移门的门规格不同时，调整套装木门、成品木移门的单价，其余不调整。

（5）金属门窗：

1）铝合金成品门窗安装项目按隔热断桥铝合金型材考虑，如设计为普通铝合金型材时，按相应定额项目执行。采用单片玻璃时，除材料换算外，相应定额子目的人工乘以系数0.80；采用中空玻璃时，除材料换算外，相应定额子目的人工乘以系数0.90。

2）铝合金百叶门窗和格栅门按普通铝合金型材考虑。

3）当设计为组合门、组合窗时，按设计明确的门窗图集类型套用相应定额。

4）飘窗按窗的材质、类型分别套用相应定额。

5）弧形门窗套相应定额，人工乘以系数1.15；型材弯弧形的费用另行增加。

（6）防火卷帘按金属卷帘（闸）项目执行，定额材料中的金属卷帘替换为相应的防火卷帘，其余不变。

（7）厂库房大门、特种门：

1）厂库房大门的钢骨架制作以钢材质量表示，已包括在定额中，不再另列项计算。

2）厂库房大门、特种门门扇上所用铁件均已列入定额内，当设计用量与定额不同时，定额用量按比例调整；墙、柱、楼地面等部位的预埋件，按设计要求另行计算。

3）厂库房大门、特种门定额取定的钢材品种、比例与设计不同时，可按设计比例调整；设计木门中的钢构件及铁件用量与定额不同时，按设计图示用量调整。

4）人防门、防护密闭封堵板、密闭观察窗的规格、型号与定额不同时，只调整主材的材料费，其余不做调整。

5）厂库房大门如实际为购入构件，则套用安装定额，材料费按实计入。

（8）其他门：

1）全玻璃门扇安装项目按地弹簧门考虑，其中地弹簧消耗量可按实调整。

2）全玻璃门门框、横梁、立柱钢架的制作、安装及饰面装饰，按《装饰定额》第八章门钢架相应项目执行。

3）全玻璃门有框亮子安装按全玻璃有框门扇安装项目执行，人工乘以系数0.75，地弹簧换为膨胀螺栓，消耗量调整为277.55个/100m²；无框亮子安装按固定玻璃安装项目执行。

门窗工程定额章说明（2）

[例题5-3]　全玻璃门有框亮子安装，膨胀螺栓的单价为0.19元/个，请确定其定额清单费用（管理费10%，利润5%）。（计算结果保留两位小数）

解答：

定额编号：8-96H，定额清单费用计算过程见表5-6。

表5-6　[例题5-3] 定额清单费用计算表

计量单位	人工费	材料费	机械费	管理费	利润	小计
元/100m²	5804.13×0.75	18207.16−73.28×45.804+277.55×0.19	—	—	—	—
	4353.10	14903.38	0.00			
元/m²	4353.10/100＝43.53	14903.38/100＝149.03	0.00	（43.53+0）×0.1＝4.35	（43.53+0）×0.05＝2.18	43.53+149.03+0+4.35+2.18＝199.09

4）电子感应自动门传感装置、伸缩门电动装置安装已包括调试用工。

（9）钢架、门窗套：

1）门窗套（筒子板），门钢架基层、面层项目未包括封边线条，设计要求时，另按《装饰定额》第十五章其他装饰工程中相应线条项目执行。

2）门窗套、门窗筒子板均执行门窗套（筒子板）项目。

（10）窗台板：

1）窗台板与暖气罩相连时，窗台板并入暖气罩，按《装饰定额》第十五章其他装饰工程中相应暖气罩项目执行。

2）石材窗台板安装项目按成品窗台板考虑。

（11）门五金：

1）普通木门窗一般小五金，如普通折页、蝴蝶折页、铁插销、风钩、铁拉手、木螺钉等已综合在五金材料费内，不另计算。地弹簧、门锁、门拉手、闭门器及铜合页等特殊五金另套相应定额计算。

2）成品木门（扇）、成品全玻璃门扇安装项目中五金配件的安装，仅包括门普通合页、地弹簧安装，其中合页材料费包括在成品门（扇）内，设计要求的其他五金另按《装饰定额》第八章门五金中的门特殊五金相应项目执行。

3）成品金属门窗、金属卷帘门、特种门、其他门安装项目包括五金安装人工，五金材料费包括在成品门窗价格中。

4）防火门安装项目包括门体五金安装人工，门体五金材料费包括在防火门价格中，不包括防火闭门器、防火顺位器等特殊五金，设计要求另按《装饰定额》第八章门五金中的门特殊五金相应项目执行。

5）厂库房大门项目均包括五金铁件安装人工，五金铁件材料费另执行《装饰定额》第八章相应项目，当设计与定额取定不同时，按设计规定计算。

（12）门连窗。

门连窗中的门窗应分别执行相应项目；木门窗定额采用普通玻璃，如设计玻璃品种与定额不同时，调整单价；厚度增加时，另按定额的玻璃面积每 $10m^2$ 增加玻璃用工 0.73 工日。

[例题 5-4]　平开窗设计玻璃厚度为 5mm，请确定其定额清单费用（管理费 10%，利润 5%）。（计算结果保留两位小数）

解答：

定额编号：8-105H

计量单位：元/100m²

定额清单费用计算过程见表 5-7。

表 5-7　[例题 5-4] 定额清单费用计算

计量单位	人工费	材料费	机械费	管理费	利润	小计
元/100m²	6724.68+74× 0.73/10×155	9404.15+ (24.14−15.52)×74	—	—	—	—
	7561.99	10042.03	95.05	—	—	—

（续）

计量单位	人工费	材料费	机械费	管理费	利润	小计
元/m²	7561.99/100=75.62	10042.03/100=100.42	95.05/100=0.95	(75.62+0.95)×0.1=7.66	(75.62+0.95)×0.05=3.83	75.62+100.42+0.95+7.66+3.83=188.48

（13）镶板门门扇按全板编制，门扇上如做小玻璃口时，每 100m² 洞口面积增加玻璃 16m²、油灰 14kg、铁钉 0.1kg、人工 1.9 工日。

（14）胶合板门、纤维板门门扇上如做小玻璃口时，每 100m² 洞口面积增加杉小枋 0.15m³ 玻璃 11m²、油灰 3kg、铁钉 1.1kg、人工 7.2 工日。

[例题 5-5]　有亮胶合板门（带小玻璃口），求定额清单中的人工费、材料费、机械费。（计算结果保留两位小数）

解答：

定额编号：8-3H

计量单位：元/100m²

人工费：7800.07+7.2×155=8916.07

材料费：10124.47+0.15×1810+11×15.52+3×1.19+1.1×4.74=10575.47

机械费：121.99

[例题 5-6]　无亮红榉夹板门，门扇上做 3mm 厚玻璃口，设计门框净料为 5.5cm×10.0cm，求定额清单中的人工费、材料费、机械费。（计算结果保留两位小数）

解答：

定额编号：8-6H

计量单位：元/100m²

人工费：6600.06+7.2×155=7716.06

门框消耗量系数：(5.5+0.3)×(10.0+0.5)/(5.5×10.0)=1.1073

材料费：9832.72−13.1×206+24.36×206+0.15×1810+11×15.52+3×1.19+1.1×4.74+1.1073×1.75×1810=16110.66

机械费：790.88

二、工程量计算规则

（一）木门窗

（1）普通木门窗按设计门窗洞口面积计算。

[例题 5-7]　某大楼设计门窗为有亮胶合板门和塑钢推拉窗，M-1：900mm×2100mm，共 20 樘；M-2：900mm×2100mm，共 20 樘；C-1：1500mm×1800mm，共 40 樘。试计算该门窗工程的定额工程量并编制定额工程量清单。（计算结果保留两位小数）

解答：

1. 工程量计算：

（1）木门工程量=0.9×2.1×40m²=75.60m²。

（2）塑钢窗工程量=1.5×1.8×40m²=108.00m²。

2. 该门窗工程定额工程量清单见表 5-8。

表 5-8　［例题 5-7］工程量清单

序号	定额编号	项目名称	项目特征	计量单位	工程量
1	8-3	有亮胶合板木门	有亮 胶合板木门 洞口尺寸 900mm×2100mm 40 樘	m²	75.60
2	8-117	塑钢推拉窗	塑钢 推拉窗 洞口尺寸 1500mm×1800mm 40 樘	m²	108.00

（2）装饰木门扇工程量按门扇外围面积计算。

（3）成品木门框安装按设计图示框的外围尺寸以长度计算。

（4）成品木门扇安装按设计图示的扇面积计算。

（5）成品套装木门安装按设计图示数量以樘计算。

（6）木质防火门安装按设计图示洞口面积计算。

（7）纱门扇安装按门扇外围面积计算。

（8）弧形门窗工程量按展开面积计算。

（二）金属门窗

（1）铝合金门窗塑钢门窗均按设计图示门窗洞口面积计算（飘窗除外）。

（2）门连窗按设计图示洞口面积分别计算门窗面积，设计有明确尺寸时按设计明确尺寸分别计算；设计无明确尺寸时，门的宽度算至门框线的外边线。

（3）纱门扇、纱窗扇按设计图示扇外围面积计算。

（4）飘窗按设计图示框型材外边线尺寸以展开面积计算。

（5）钢质防火门、防盗门按设计图示门洞口面积计算。

（6）防盗窗按外围展开面积计算。

（7）彩钢板门窗按设计图示门窗洞口面积计算。

（三）金属卷帘门

金属卷帘门按设计门洞口面积计算。电动装置按"套"计算，活动小门按"个"计算。

［例题 5-8］　某工程有两樘铝合金卷闸门，安装于洞口宽为 3500mm、高为 2900mm 的车库门口，提升装置为电动，实际辊筒中心高度为 3.2m，宽度为 3620mm。试计算该门窗工程的定额工程量并编制定额工程量清单。（计算结果保留两位小数）

解答：

1. 工程量计算：

（1）卷闸门工程量 $= 3.5×2.9×2\text{m}^2 = 20.30\text{m}^2$。

（2）电动装置 = 2 套。

2. 该门窗工程定额工程量清单见表 5-9。

表5-9 [例题5-8] 工程量清单

序号	定额编号	项目名称	项目特征	计量单位	工程量
1	8-50	金属卷闸门	铝合金卷闸门 框外围尺寸 3.62m×3.2m 洞口尺寸 3500mm×2900mm	m²	75.60
2	8-53	电动装置	金属卷闸门电动装置	套	2

（四）厂库房大门、特种门

（1）厂库房大门、特种门按设计图示门洞口面积计算，无框门按扇外围面积计算。

（2）人防门、密闭观察窗的安装按设计图示数量以樘计算，防护密闭封堵板安装按框（扇）外围以展开面积计算。

（五）其他门

（1）全玻璃有框门扇按设计图示框外边线尺寸以面积计算，有框亮子按门扇与亮子分界线以面积计算。

（2）全玻璃无框（条夹）门扇按设计图示扇面积计算，高度算至条夹外边线，宽度算至玻璃外边线。

（3）全玻璃无框（点夹）门扇按设计图示玻璃外边线尺寸以面积计算。

（4）无框亮子（固定玻璃）按设计图示亮子与横梁或立柱内边缘尺寸以面积计算。

（5）电子感应门传感装置安装按设计图示数量以套计算。

（6）旋转门按设计图示数量以樘计算。

（7）电动伸缩门安装按设计图示尺寸以长度计算，电动装置按设计图示数量以套计算。

（六）门钢架、门窗套

（1）门钢架按设计图示尺寸以质量计算。

（2）门钢架基层、面层按设计图示饰面外围尺寸展开面积计算。

（3）门窗套（筒子板）龙骨、面层、基层均按设计图示饰面外围尺寸展开面积计算。

（4）成品门窗套按设计图示饰面外围尺寸展开面积计算。

（七）窗台板、窗帘盒、轨

（1）窗台板按设计图示长度乘宽度以面积计算。图纸未注明尺寸的，窗台板长度可按窗框的外围宽度两边共加100mm计算。窗台板突出墙面的宽度按墙面外加50mm计算。

（2）窗帘盒基层工程量按单面展开面积计算，饰面板按实铺面积计算。

三、定额清单综合计算示例

[例题5-9] 2000mm×2100mm双开无框门（条夹），管子拉手、地弹簧、地锁。试计算该门窗工程的定额工程量并编制定额工程量清单。

解答：

1. 工程量计算：

（1）卷闸门工程量 = 2.1×2m² = 4.20m²。

（2）管子拉手、地弹簧、地锁工程量：每扇门一个，各2个。

2. 该门窗工程定额工程量清单见表5-10。

表 5-10　[例题 5-9] 工程量清单

序号	定额编号	项目名称	项目特征	计量单位	工程量
1	8-97	全玻璃门扇安装	条夹 无框 洞口尺寸 2000mm×2100mm	m²	4.20
2	8-168	管子拉手	常规管子拉手	把	2
3	8-173	地弹簧	常规地弹簧	个	2
4	8-179	地锁	常规地锁	个	2

项目 3　国标工程量清单及清单计价

一、国标工程量清单编制

（一）木门（010801）

木门清单包括：木质门（010801001）、木质门带套（010801002）、木质连窗门（010801003）、木质防火门（010801004）、木门框（010801005）、门锁安装（010801006）。

1. 工程量清单编制

（1）项目特征

1）木质门、木质门带套、木质连窗门、木质防火门：门代号及洞口尺寸，镶嵌玻璃的品种、厚度。

2）木门框：门代号及洞口尺寸、框截面尺寸、防护材料种类。

3）门锁安装：锁品种、锁规格。

（2）工程内容

1）木质门、木质门带套、木质连窗门、木质防火门：门安装、玻璃安装、五金安装。

2）木门框：木门框制作、安装，运输，刷防护材料。

3）门锁安装：安装。

（3）计算规则

按设计图示数量或设计图示洞口尺寸以面积计算。

2. 清单计价

按清单工作内容，根据设计图纸和施工方案确定可组合的主要内容，木门在《装饰定额》中的可组合的主要内容见表 5-11。

表 5-11　木门可组合的主要内容

项目名称	可组合的主要内容		对应的定额子目
木门	木门制作、安装	普通门	8-1、8-4
		带通风百叶门	8-11
		浴厕隔断门	8-13
		半截玻璃门	8-2、8-5
	安装五金		8-205～8-208

（二）金属门（010802）

金属门清单包括：金属（塑钢）门（010802001）、彩板门（010802002）、钢质防火门（010802003）、防盗门（010802004）。

1. 工程量清单编制

（1）项目特征

1）金属（塑钢）门：门代号及洞口尺寸，门框或扇外围尺寸，门框、门扇材质，玻璃的品种、厚度。

2）彩板门：门代号及洞口尺寸、门框或门扇外围尺寸。

3）钢质防火门、防盗门：门代号及洞口尺寸，门框或门扇外围尺寸，门框、门扇材质。

（2）工程内容

1）金属（塑钢）门、彩板门、钢质防火门：门安装、五金安装、玻璃安装。

2）防盗门：门安装、五金安装。

（3）计算规则

按设计图示数量或设计图示洞口尺寸以面积计算。

2. 清单计价

按清单工作内容，根据设计图纸和施工方案确定可组合的主要内容，金属门在《装饰定额》中的可组合的主要内容见表 5-12。

表 5-12　金属门可组合的主要内容

项目名称	可组合的主要内容		对应的定额子目
金属门	金属门	铝合金平开门安装	8-42
		铝合金百叶门安装	8-44
		普通钢门安装	8-57
	钢门安装玻璃		8-20
	五金安装		8-205～8-208

（三）金属卷帘（闸）门（010803）

金属卷帘（闸）门清单包括：金属卷帘（闸）门（010803001）、防火卷帘（闸）门（010803002）。

1. 工程量清单编制

1）项目特征：门材质，门代号及洞口尺寸，起动装置的品种、规格。

2）工程内容：门运输、安装，起动装置、五金安装。

3）计算规则：按设计图示数量或设计图示洞口尺寸以面积计算。

2. 清单计价

按清单工作内容，根据设计图纸和施工方案确定清单组合内容。

（四）厂库房大门、特种门（010804）

厂库房大门、特种门清单包括：木板大门（010804001）、钢木大门（010804002）、全钢板大门（010804003）、防护铁丝门（010804004）、金属格栅门（010804005）、钢质花饰大门（010804006）、特种门（010804007）。

1．**工程量清单编制**

（1）项目特征

1）木板大门、钢木大门、全钢板大门、防护铁丝门：门代号及洞口尺寸；门框或扇外围尺寸；门框、扇材质；五金的种类、规格；防护材料种类。

2）金属格栅门：门代号及洞口尺寸；门框或扇外围尺寸；门框、扇材质；起动装置的品种、规格。

3）钢质花饰大门、特种门：门代号及洞口尺寸；门框或扇外围尺寸；门框、扇材质。

（2）工程内容

1）木板大门、钢木大门、全钢板大门、防护铁丝门：门（骨架）的制作、安装；门、五金配件安装；刷防护材料。

2）金属格栅门：门安装；起动装置、五金配件安装。

3）钢质花饰大门、特种门：门安装；五金配件安装。

（3）计算规则　按设计图示数量或设计图示洞口尺寸以面积计算。

2．**清单计价**

按清单工作内容，根据设计图纸和施工方案确定清单组合内容。

（五）其他门（010805）

其他门清单包括：电子感应门（010805001）、旋转门（010805002）、电子对讲门（010805003）、电动伸缩门（010805004）、全玻璃自由门（010805005）、镜面不锈钢饰面门（010805006）、复合材料门（010805007）。

1．**工程量清单编制**

（1）项目特征

1）电子感应门、旋转门：门代号及洞口尺寸，门框或门扇外围尺寸，门框、门扇材质，玻璃的品种、厚度，起动装置的品种、规格，电子配件的品种、规格。

2）电子对讲门、电动伸缩门：门代号及洞口尺寸，门框或门扇外围尺寸，门材质，玻璃的品种、厚度，起动装置的品种、规格，电子配件的品种、规格。

3）全玻璃自由门：门代号及洞口尺寸，门框或门扇外围尺寸，门框材质，玻璃的品种、厚度。

4）镜面不锈钢饰面门、复合材料门：门代号及洞口尺寸，门框或门扇外围尺寸，框、扇材质，玻璃的品种、厚度。

（2）工程内容

1）电子感应门、旋转门、电子对讲门、电动伸缩门：门安装，起动装置、五金、电子配件安装。

2）全玻璃自由门、镜面不锈钢饰面门、复合材料门：门安装、五金安装。

（3）计算规则按设计图示数量或设计图示洞口尺寸以面积计算。

2．**清单计价**

按清单工作内容，根据设计图纸和施工方案确定清单组合内容。

（六）木窗（010806）

木窗清单包括：木质窗（010806001）、木飘（凸）窗（010806002）、木橱窗（010806003）、木纱窗（010806004）。

1. 工程量清单编制

（1）项目特征

1）木质窗、木飘（凸）窗：窗代号及洞口尺寸，玻璃的品种、厚度。

2）木橱窗：窗代号，框截面或外围展开面积，玻璃的品种、厚度，防护材料种类。

3）木纱窗：窗代号及框外围尺寸，窗纱材料的品种、规格。

（2）工程内容

1）木质窗、木飘（凸）窗：窗安装，五金、玻璃安装。

2）木橱窗：窗制作、运输、安装，五金、玻璃安装，刷防护材料。

3）木纱窗：窗安装、五金安装。

（3）计算规则

1）木质窗：按设计图示数量或设计图示洞口尺寸以面积计算。

2）木飘（凸）窗、木橱窗：按设计图示数量或框外围展开面积计算。

3）木纱窗：按设计图示数量或框的外围尺寸以面积计算。

2. 清单计价

按清单工作内容，根据设计图纸和施工方案确定清单组合内容。

（七）金属窗（010807）

金属窗清单包括：金属（塑钢、断桥）窗（010807001）、金属防火窗（010807002）、金属百叶窗（010807003）、金属纱窗（010807004）、金属格栅窗（010807005）、金属（塑钢、断桥）橱窗（010807006）、金属（塑钢、断桥）飘（凸）窗（010807007）、彩板窗（010807008）、复合材料窗（010807009）。

1. 工程量清单编制

（1）项目特征

1）金属（塑钢、断桥）窗、金属防火窗、金属百叶窗：窗代号及洞口尺寸，框、扇材质，玻璃的品种、厚度。

2）金属纱窗：窗代号及框外围尺寸，框材质，窗纱材料的品种、规格。

3）金属格栅窗：窗代号及洞口尺寸，框外围尺寸，框、扇材质。

4）金属（塑钢、断桥）橱窗：窗代号，框外围展开面积，框、扇材质，玻璃的品种、厚度。

5）金属（塑钢、断桥）飘（凸）窗：窗代号，框外围展开面积，框、扇材质，玻璃的品种、厚度。

6）彩板窗、复合材料窗：窗代号及洞口尺寸，框外围尺寸，框、扇材质，玻璃的品种、厚度。

（2）工程内容

1）金属（塑钢、断桥）窗、金属防火窗：窗安装、五金安装。

2）金属百叶窗、金属纱窗、金属格栅窗：窗安装、五金安装。

3）金属（塑钢、断桥）橱窗：窗制作、运输、安装，五金、玻璃安装，刷防护材料。

4）彩板窗、复合材料窗：窗安装，五金、玻璃安装。

（3）计算规则

1）金属窗、金属防火窗、金属百叶窗、金属格栅窗：按设计图示数量或设计图示洞口尺寸以面积计算。

2）金属纱窗、彩板窗、复合材料窗：按设计图示数量或框外围尺寸以面积计算。

3）金属（塑钢、断桥）橱窗、金属（塑钢、断桥）飘（凸）窗：按设计图示数量或图示尺寸以框外围展开面积计算。

2．清单计价

按清单工作内容，根据设计图纸和施工方案确定清单组合内容。

（八）门窗套（010808）

门窗套清单包括：木门窗套（010808001）、木筒子板（010808002）、饰面夹板筒子板（010808003）、金属门窗套（010808004）、石材门窗套（010808005）、门窗木贴脸（010808006）、成品木门窗套（010808007）。

1．工程量清单编制

（1）项目特征

1）木门窗套：窗代号及洞口尺寸，门窗套展开宽度，基层材料种类，面层材料的品种、规格，线条的品种、规格，防护材料种类。

2）木筒子板、饰面夹板筒子板：筒子板宽度，基层材料种类，面层材料的品种、规格，线条的品种、规格，防护材料种类。

3）金属门窗套：窗代号及洞口尺寸，门窗套展开宽度，基层材料种类，面层材料的品种、规格，防护材料种类。

4）石材门窗套：窗代号及洞口尺寸；门窗套展开宽度；粘接层厚度、砂浆配合比；面层的材料品种、规格；线条的品种、规格。

5）门窗木贴脸：窗代号及洞口尺寸；贴脸板宽度；防护材料种类。

6）成品木门窗套：窗代号及洞口尺寸、门窗套展开宽度；门窗套的材料品种、规格。

（2）工程内容

1）木门窗套、木筒子板、饰面夹板筒子板：清理基层，立筋制作、安装，基层板安装，面层铺贴，线条安装，刷防护材料。

2）金属门窗套：清理基层，立筋制作、安装，基层板安装，面层铺贴，刷防护材料。

3）石材门窗套：清理基层，立筋制作、安装，基层板安装，面层铺贴，线条安装。

4）门窗木贴脸：安装。

5）成品木门窗套：清理基层，立筋制作、安装，板安装。

（3）计算规则

1）木门窗套、木筒子板、饰面夹板筒子板、金属门窗套、石材门窗套、成品木门窗套：按设计图示数量或按设计图示尺寸以展开面积计算，或按设计图示中心以延长米计算。

2）门窗木贴脸：按设计图示数量或按设计图示中心以延长米计算。

2．清单计价

按清单工作内容，根据设计图纸和施工方案确定清单组合内容。

（九）窗台板（010809）

窗台板清单包括：木窗台板（010809001）、铝塑窗台板（010809002）、金属窗台板（010809003）、石材窗台板（010809004）。

1. 工程量清单编制

（1）项目特征

1）木窗台板、铝塑窗台板、金属窗台板：基层材料种类，窗台面板材质、颜色，防护材料种类。

2）石材窗台板：粘结层厚度、砂浆配合比，窗台板的材质、颜色。

（2）工程内容

1）木窗台板、铝塑窗台板、金属窗台板：基层清理，基层制作、安装，窗台板制作、安装，刷防护材料。

2）石材窗台板：基层清理，抹找平层，窗台板制作、安装。

（3）计算规则

按设计图示尺寸以展开面积计算。

2. 清单计价

按清单工作内容，根据设计图纸和施工方案确定清单组合内容。

（十）窗帘、窗帘盒、轨（010810）

窗帘、窗帘盒、轨清单包括：窗帘（010810001），木窗帘盒（010810002），饰面夹板、塑料窗帘盒（010810003），铝合金窗帘盒（010810004），窗帘轨（010810005）。

1. 工程量清单编制

（1）项目特征

1）窗帘：窗帘材质，窗帘的宽度、高度，窗帘层数，带幔的要求。

2）木窗帘盒，饰面夹板、塑料窗帘盒，铝合金窗帘盒：窗帘盒的材质、规格，防护材料种类。

3）窗帘轨：窗帘轨的材质、规格，轨的数量，防护材料种类。

（2）工程内容

1）窗帘：制作、运输，安装。

2）木窗帘盒，饰面夹板、塑料窗帘盒，铝合金窗帘盒，窗帘轨：制作、运输、安装，刷防护材料。

（3）计算规则

1）窗帘：以米计算，按设计图示尺寸以成活后长度计算；以平方米计算，按设计图示尺寸以成活后展开面积计算。

2）木窗帘盒，饰面夹板、塑料窗帘盒，铝合金窗帘盒，窗帘轨：按设计图示尺寸以长度计算。

2. 清单计价

按清单工作内容，根据设计图纸和施工方案确定清单组合内容。

（十一）其他相关问题

1）玻璃、百叶面积占其面积一半以内的应为半玻璃门或半百叶门，超过一半时应为全玻璃门或全百叶门。

2）木门五金应包括：折页、插销、风钩、弓背拉手、搭扣、木螺钉、弹簧折页（自动门）、管子拉手（自由门、地弹簧门）、地弹簧（地弹簧门）、角铁、门轧头（地弹簧门、自由门）等。

3）窗帘盒、窗台板如为弧形时，其长度以中心线计算。

4）木窗五金应包括：折页，插销，风钩，木螺钉，滑轮、滑轨（推拉窗）等。

5）铝合金窗五金应包括：卡锁、滑轮、执手、拉把、拉手、风撑、角码等。

6）铝合金门五金应包括：地弹簧、门锁、拉手、门插、门铰、螺钉等。

7）其他门五金应包括："L"形执手插锁（双舌）、球形执手锁（单舌）、门轧头、地锁、防盗门扣、门眼（猫眼）、门碰珠、电子销（磁卡销）、闭门器、装饰拉手等。

8）框截面尺寸是指立梃截面尺寸或面积。

9）门窗套、贴脸板、筒子板和窗台板项目包括底层抹灰，如底层抹灰已包括在墙（柱）面底层抹灰内，应在工程量清单中进行描述。

（十二）国标清单编制综合示例

[例题 5-10]　根据 [例题 5-8] 的条件，试计算该门窗工程国标清单工程量并编制国标工程量清单。（计算结果保留两位小数）

解答：

1. 国标清单工程量计算：

（1）卷闸门工程量 = 2 樘。

（2）电动装置工程量 = 2 套。

2. 该门窗工程的国标工程量清单见表 5-13。

表 5-13　[例题 5-10] 工程量清单　　　　工程名称：某工程

序号	项目编码	项目名称	项目特征	计量单位	工程数量
1	010803001001	金属卷帘（闸）门	铝合金卷闸门 框外围尺寸 3.62m×3.2m 洞口尺寸 3500mm×2900mm 起动装置为电动	樘	2

二、国标工程量清单计价

[例题 5-11]　利用 [例题 5-10] 门窗工程的清单，并按《装饰定额》计算该国标清单的综合单价及合价（本题假设企业管理费和利润分别按 20% 和 10% 计取，以定额人工费与定额机械费之和为取费基数，属于房屋建筑工程，采用一般计税法，假设当时当地人工、材料、机械除税信息价与定额取定价格相同）。

解答：

1. 根据前述例题提供的条件，本题清单项目可组合的定额子目见表 5-14。

表 5-14　[例题 5-11] 清单项目可组合内容

序号	项目名称	可组合内容	定额编号
1	金属卷帘门	铝合金卷闸门	8-50
		电动装置	8-53

2. 套用《装饰定额》确定相应的分部分项人工费、材料费和机械费。

（1）铝合金卷闸门工程量 = 3.5×2.9×2m^2 = 20.3m^2，另有

人工费 $=51.00$ 元$/\text{m}^2$

材料费 $=166.55$ 元$/\text{m}^2$

机械费 $=1.07$ 元$/\text{m}^2$

管理费 $=(51.00+1.07)\times20\%$ 元$/\text{m}^2=10.41$ 元$/\text{m}^2$

利润 $=(51.00+1.07)\times10\%$ 元$/\text{m}^2=5.21$ 元$/\text{m}^2$

（2）电动装置工程量为 2 套，另有

人工费 $=84.94$ 元/套

材料费 $=1352.00$ 元/套

机械费 $=0$ 元/套

管理费 $=(84.94+0)\times20\%=16.99$ 元/套

利润 $=(84.94+0)\times10\%=8.49$ 元/套

（3）计算综合单价，填写综合单价计算表，见表 5-15。

表 5-15 分部分项工程清单综合单价计算表

编号	名称	计量单位	数量	综合单价/元						合计
				人工费	材料费	机械费	管理费	利润	小计	
010803001001	金属卷帘（闸）门	樘	2	602.59	3042.48	10.86	122.69	61.35	3839.97	7679.94
8-50	铝合金卷闸门	m²	20.3	51	166.55	1.07	10.41	5.21	234.24	4755.07
8-53	电动装置	套	2	84.94	1352	0	16.99	8.49	1462.42	2924.84

模 块 小 结

本模块主要介绍了木门窗、金属门窗等定额使用的规定、工程量计算规则，以及门窗工程清单编制与综合单价的计算。重点是掌握好门窗的分类及木材的种类分类，区别开洞口尺寸和框外围尺寸；掌握门窗工程的清单列项与项目特征描述，同时要注意清单工程量计算规则与定额的区别。

思考与练习题

1. 请计算下列定额清单中的人工费、材料费和机械费：

（1）某工程无亮胶合板门，采用进口硬木制作。

（2）某工程杉木平开窗，设计断面尺寸为窗框 5cm×7cm，窗扇梃 5cm×5cm。

（3）有亮带玻璃胶合板门，设计玻璃厚度为 5mm。

（4）某工程有亮镶板门，设计门框尺寸为 5cm×9cm。

（5）某工程有亮镶板门，采用进口硬木制作，设计门框 5cm×9cm。

（6）5mm 玻璃平开木窗，硬木制作。

（7）单独木门框制作、安装（门框断面尺寸为 5.8cm×10.5cm）。

（8）有亮半截玻璃门安装 5mm 厚平板玻璃。

2. 试述铝合金窗的分类及计算方法。

3. 门窗装修包括哪些内容？工程量如何计算？

4. 根据 [例题 5-8] 的条件，试计算该门窗工程的国标工程量并编制国标工程量清单。

5. 利用上面第 4 题编制的门窗清单，并按《装饰定额》试着计算该门窗工程的国标清单项目费用（只将定额和清单匹配即可，具体综合单价数据不用计算）。

6. 某餐厅玻璃隔断带电子感应自动门，经业主根据施工图纸计算如下：

（1）12mm 厚钢化玻璃隔断 12.8m^2。

（2）单独不锈钢板边框 1.26m^2。

（3）12mm 厚钢化玻璃门 10.1m^2。

（4）电磁感应装置一套。

试计算该门窗工程的定额工程量并编制定额工程量清单。

7. 利用上面第 6 题的条件，试计算该门窗工程的国标工程量并编制国标工程量清单。

8. 利用上面第 7 题门窗工程的清单，并按《装饰定额》计算该国标清单的综合单价及合价（本题假设企业管理费和利润分别按 10% 和 5% 计取，以定额人工费与定额机械费之和为取费基数，属于房屋建筑工程，采用一般计税法，假设当时当地人工、材料、机械除税信息价与定额取定价格相同）。

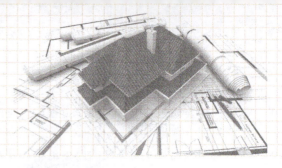

模块6

油漆、涂料、裱糊工程

项目1　知 识 准 备

一、油漆、涂料

油漆在《现代汉语词典》（第7版）中的定义是："人造漆的一类，种类很多，如调和漆、磁漆等"；涂料在《现代汉语词典》（第7版）中的定义是："涂在物体的表面，能使物体美观或保护物体防止侵蚀的物质，如油漆、干性油等"。

油漆或涂料的常见施工工艺：基层处理→刷底油→刮腻子→磨光→涂刷（刷涂、喷涂、擦涂、揩涂）油漆或涂料。

各种基层油漆等级的划分及其组成见表6-1。

表6-1　各种基层油漆等级的划分及其组成

基层种类	油漆名称	油漆等级		
		普通	中级	高级
木材面	混色油漆	底层：干性油 面层：一遍厚漆	底层：干性油 面层：一遍厚漆 一遍调和漆	底层：干性油 面层：一遍厚漆 二遍调和漆 一遍树脂漆
	清漆		底层：酯胶清漆 面层：酯胶清漆	底层：酚醛清漆 面层：酚醛清漆
金属面	混色油漆	底层：防锈漆 面层：防锈漆	底层：防锈漆 面层：一遍厚漆 一遍调和漆	—
抹灰面	混色油漆	—	底层：干性油 面层：一遍厚漆 一遍调和漆	底层：干性油 面层：一遍厚漆 一遍调和漆 一遍无光漆

涂料的分类：

1）涂料按材料性能分为油质涂料和水质涂料两大类，其中水质涂料一般用于抹灰面或混凝土面的粉刷。

2）涂料按使用部位分为内墙涂料、外墙涂料、地面涂料。

3）涂料按化学组成分为无机高分子涂料和有机高分子涂料，其中有机高分子涂料又分为水溶性涂料、水乳性涂料、溶剂涂料等。

建筑工程中常用的油漆有调和漆、清漆、厚漆、清油、磁漆、防锈漆、乳胶漆等。

二、裱糊

裱糊是指将壁纸或锦缎织物用粘结胶粘贴于墙壁或顶棚上。裱糊有在抹灰面上、在石膏板面上和在木材面上等形式。

项目 2　定额计量与计价

油漆、涂料、
裱糊工程定
额章说明

一、定额说明

《装饰定额》中，第十四章包含十个小节 162 个子目，各小节子目划分情况见表 6-2。

表 6-2　油漆、涂料、裱糊工程定额子目划分

油漆、涂料、裱糊工程定额各小节子目划分			定额编码	子目数
一	木门油漆	聚酯漆	14-1～14-8	8
		硝基漆	14-9～14-16	8
		调和漆、其他油漆	14-17～14-20	4
二	木扶手、木线条、木板条油漆	木扶手油漆	14-21～14-39	19
		木线条、木板条油漆	14-40～14-59	20
三	其他木材面油漆	聚酯漆	14-60～14-67	8
		硝基漆	14-68～14-75	8
		调和漆、其他油漆	14-76～14-79	4
四	木地板油漆		14-80～14-86	7
五	木材面防火涂料		14-87～14-98	12
六	板面封油刮腻子		14-99～14-102	4
七	金属面油漆		14-103～14-121	19
八	抹灰面油漆		14-122～14-127	6
九	涂料		14-128～14-150	23
十	裱糊		14-151～14-162	12

[例题 6-1]　根据图 6-1 中的包房墙面装修做法，压条为木质，列出此包房墙面装修需要计算的定额清单项目（定额编号、定额名称）。

解答：

定额清单如下：

1. 墙面贴墙纸，定额编号 14-151。

2. 墙面乳胶漆，定额编号 14-128。

3. 踢脚线九厘板上刷清漆，定额编号 14-48。

4. 木质踢脚线，定额编号 11-103。

5. 木装饰线，定额编号 15-25

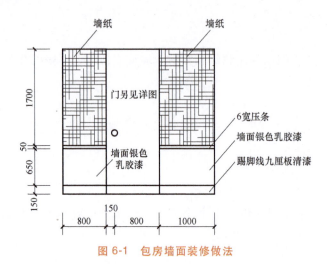

图 6-1　包房墙面装修做法

子目设置说明如下：

（1）定额中油漆不分高光、半哑光、哑光，定额已综合考虑。

（2）定额未考虑做美术图案，发生时另行计算。

（3）油漆、涂料、刮腻子项目是以遍数不同设置子目，当厚度与定额不同时不做调整。

[例题 6-2]　钢门窗防锈漆一遍，银粉漆三遍，1mm 厚，请计算其定额清单中的人工费、材料费和机械费。

分析：只管防锈漆一遍，银粉漆三遍；厚度 1mm 不考虑。

解答：

定额编号：14-103+14-106H

计量单位：元/100m²

人工费：656.12+1122.05+504.22 = 2282.39

材料费：125.14+494.77+247.31 = 867.22

机械费：0

（4）木门、木扶手、木线条、其他木材面、木地板油漆定额已包括满刮腻子。

[例题 6-3]　细木工板现场制作、安装的衣柜，腻子两遍，聚酯清漆三遍。列出此包衣柜油漆工程需要计算的定额清单项目（定额编号、定额名称）。

分析：其他木材面聚酯清漆已包含刮腻子，腻子不需要列项。

解答：

定额清单如下：

其他木材面聚酯清漆三遍，定额编号 14-60。

（5）抹灰面油漆、涂料、裱糊定额均不包括刮腻子，发生时单独套用相应定额。

[例题 6-4]　某房屋墙面干混砂浆抹灰，腻子两遍，乳胶漆底漆二遍、面漆一遍。列出此墙面油漆工程需要计算的定额清单项目（定额编号、定额名称）。

分析：抹灰面油漆未包含刮腻子，腻子需要列项。

解答：

定额清单如下：

墙面乳胶漆，定额编号 14-128；乳胶漆每增减一遍，定额编号 14-129；抹灰面腻子 2 遍，定额编号 14-141。

（6）乳胶漆、涂料、批刮腻子定额不分防水、防霉，均套用相应子目，材料不同时进行换算，人工不变。

（7）调和漆定额按两遍考虑，聚酯清漆、聚酯混漆定额按三遍考虑，磨退定额按五遍考虑。硝基清漆、硝基混漆按五遍考虑，磨退定额按十遍考虑。设计遍数与定额取定不同时，按每增减一遍定额调整计算。

（8）裂纹漆做法为腻子两遍、硝基色漆三遍、喷裂纹漆一遍、喷硝基清漆三遍。

（9）开放漆是指不需要批刮腻子，直接在木材面刷油漆，定额按刷硝基清漆四遍考虑，实际遍数与定额不同时，定额按比例换算。

（10）隔墙、护壁、柱、天棚面层及木地板刷防火涂料，执行其他木材面刷防火涂料相应子目。

[例题 6-5]　某房屋吊顶为木龙骨石膏板，木龙骨刷防火涂料。列出此吊顶油漆工程需要计算的定额清单项目（定额编号、定额名称）。

解答：

定额清单如下：

其他木材面刷防火涂料，定额编号 14-91。

（11）金属镀锌定额按热镀锌考虑。

（12）定额中的氟碳漆子目仅适用于现场涂刷。

（13）质量在 500kg 以内的（钢栅栏门、栏杆、窗栅、钢爬梯、踏步式钢扶梯、轻型屋架、零星铁件）单个小型金属构件，套用相应金属面油漆子目定额，人工乘以系数 1.15。

二、工程量计算规则

（一）楼地面、墙（柱）面、天棚的喷（刷）涂料

楼地面、墙（柱）面、天棚的喷（刷）涂料、抹灰面油漆、刮腻子、板缝贴胶带点锈的工程量计算，除定额另有规定外，按设计图示尺寸以面积计算。

油漆、涂料、裱糊工程定额工程量计算规则

1. 楼地面喷（刷）涂料、油漆

（1）楼地面油漆

一些大型工厂或者仓库，会在水泥地面上刷一层耐磨漆，具有美观、打扫方便、成本低等优点。图 6-2 中的地面就是楼地面涂刷耐磨油漆。楼地面油漆套用定额编号 14-124、14-125。

注意：油漆、涂料、裱糊工程中的楼地面油漆要与楼地面工程中的环氧地坪涂料和环氧自流平涂料区分开。

（2）环氧地坪涂料

使用环氧地坪涂料施工的表面层具有整平无缝、颜色靓丽、光滑平整、防尘防潮性能好等优点；可是清洁度一般，因此它适合使用的区域是对地面洁净度要求不太高的场所。图 6-3 中的地下车库地面使用的就是环氧地坪涂料。环氧地坪涂料套用定额编号 11-17~11-20。

（3）环氧自流平地坪涂料

图 6-2　楼地面涂刷耐磨油漆

在外观上，环氧自流平地坪的光泽度与色泽要好于环氧地坪，可以呈现出镜面一样的效果。因此适用于医院、电子机房、精密仪器房和有外观要求的地面。图 6-4 中的厂房地面和走廊地面使用的就是环氧自流平地坪涂料。环氧自流平地坪涂料套用定额编号 11-21～11-24。

图 6-3　环氧地坪涂料

图 6-4　环氧自流平地坪涂料

（4）计算

楼地面涂料、油漆工程量＝楼地面整体面层（砂浆、混凝土）的工程量，楼地面整体面层的工程量已经在模块2中讲述过。

2. 天棚喷（刷）油漆

天棚喷（刷）油漆在建筑物装修中比较常见。

（1）平面天棚

房间平面天棚一般涂刷白色的乳胶漆，如图6-5所示。

（2）带梁天棚

厂房带梁天棚一般涂刷的也是白色的乳胶漆，如图6-6所示。

图6-5　平面天棚涂刷白色的乳胶漆　　　　　图6-6　带梁天棚涂刷白色的乳胶漆

（3）天棚喷（刷）油漆计算

天棚喷（刷）油漆工程量＝天棚抹灰工程量＝房间主墙间的净面积＋带梁天棚梁两侧面积

3. 墙（柱）面喷（刷）涂料、油漆

墙（柱）面喷（刷）涂料、油漆在建筑装修中比较常见。

（1）墙面喷（刷）乳胶漆

墙面喷（刷）乳胶漆如图6-7、图6-8所示。

图6-7　墙面喷刷乳胶漆　　　　　　　　　图6-8　墙面涂刷乳胶漆

独立柱面上半部分一般喷涂的是白色的乳胶漆，下半部分喷涂的是深灰色的乳胶漆，如图6-9所示。

（2）门窗侧壁喷（刷）涂料、油漆

墙（柱）面抹灰定额工程量在计算时是不算门窗侧壁的，如果门窗侧壁涂刷了乳胶漆（图6-10）或涂料，则墙（柱）面喷（刷）涂料、油漆工程量需要在抹灰的基础上增加门窗侧壁工程量。

（3）踢脚线与墙（柱）面喷（刷）涂料

墙（柱）面喷（刷）涂料是墙（柱）面装修的最后一道工序，墙（柱）面与地面交界的地方通常会做踢脚线，为了给踢脚线留位置，墙（柱）面的最下部是不用喷（刷）涂料的，所以墙（柱）面喷刷涂料工程量要在墙（柱）面抹灰工程量里减去踢脚线的面积。预留踢脚线位置如图 6-11 所示。

图 6-9　独立柱面喷涂双色乳胶漆

图 6-10　窗侧壁涂刷乳胶漆

踢脚线

图 6-11　预留踢脚线位置

（4）墙（柱）面喷（刷）涂料、油漆计算

墙（柱）面喷（刷）涂料、油漆工程量＝墙（柱）面抹灰工程量＋门窗侧壁工程量－踢脚线工程量

（二）混凝土栏杆、花格窗油漆、涂料工程量

混凝土栏杆、花格窗油漆、涂料工程量按单面垂直投影面积计算；套用抹灰面油漆时，工程量乘以系数 2.5。

（三）木材面油漆、涂料工程量

木材面油漆、涂料的工程量按下列各表计算方法计算：

1）套用单层木门定额的，其工程量乘以单层木门（窗）定额系数，见表 6-3。

表 6-3　单层木门（窗）定额系数

定额项目	项目名称	系数	工程量计算规则
单层木门	单层木门	1.00	按门洞口面积计算
	双层(一板一纱)木门	1.36	
	全玻自由门	0.83	
	半玻自由门	0.93	
	半百叶门	1.30	
	厂库大门	1.10	
	带框装饰门(凹凸、带线条)	1.10	
	无框装饰门、成品门	1.10	按门扇面积计算

（续）

定额项目	项目名称	系数	工程量计算规则
单层木窗	木平开窗、木推拉窗、木翻窗	0.7	按窗洞口面积计算
	木百叶窗	1.05	
	半圆形玻璃窗	0.75	

2）套用木扶手、木线条定额的，其工程量乘以木扶手、木线条、木板条定额系数，见表 6-4 所示。

3）套用其他木材面定额的，其工程量乘以表 6-5 中系数。

4）套用木地板定额的，其工程量乘以表 6-6 中系数。

表 6-4 木扶手、木线条、木板条定额系数

定额项目	项目名称	系数	工程量计算规则
木扶手	木扶手（不带栏杆）	1.00	按延长米计算
	木扶手（带栏杆）	2.50	
	封檐板、顺水板	1.70	
木线条	宽度 60mm 以内	1.00	按延长米计算
	宽度 100mm 以内	1.30	

表 6-5 其他木材面定额系数

定额项目	项目名称	系数	工程量计算规则
其他木材面	木板、纤维板、胶合板、吸声板、天棚	1.00	按相应装饰饰面工程量计算
	带木线的板饰面，墙裙、柱面	1.07	
	窗台板、窗帘箱、门窗套、踢脚板（线）	1.10	
	木方格吊顶天棚	1.30	
	清水板条天棚、檐口	1.20	
	木间壁、木隔断	1.90	
	玻璃间壁露明墙筋	1.65	
	木栅栏、木栏杆（带扶手）	1.82	按单面外围面积计算
	衣柜、壁柜	1.05	按展开面积计算
	屋面板（带檩条）	1.11	斜长×宽
	木屋架	1.79	跨度（长）×中高÷2

表 6-6 木地板定额系数

定额项目	项目名称	系数	工程量计算规则
木地板	木地板	1.00	按地板工程量计算
	木地板打蜡	1.00	
	木楼梯（不包括底面）	2.30	按水平投影面积计算

（四）金属面油漆、涂料

金属面油漆、涂料应按其展开面积以"m^2"为计量单位套用金属面油漆相应定额，其

余构件按下列各表计算方法计算：

1）套用单层钢门窗定额的，其工程量乘以表6-7中系数。

表6-7 单层钢门窗定额系数

定额项目	项目名称	系数	工程量计算规则
钢门窗	单层钢门窗	1.00	按门窗洞口面积计算
	双层(一玻一纱)钢门窗	1.48	
	钢百叶门	2.74	
	半截钢百叶门	2.22	
	满钢门或包铁皮门	1.63	
	钢折门	2.30	
	半玻钢板门或有亮钢板门	1.00	
	单层钢门窗带铁栅	1.94	
	钢栅栏门	1.10	
	射线防护门	2.96	按框(扇)外围面积计算
	厂库平开、推拉门	1.7	
	铁丝网大门	0.81	
	间壁	1.85	按面积计算
	平板屋面	0.74	斜长×宽
	瓦垄板屋面	0.89	
	排水、伸缩缝盖板	0.78	按展开面积计算
	窗栅	1.00	

2）金属面油漆、涂料项目，其工程量按设计图示尺寸以展开面积计算，表6-8中构件可参考表中相应的系数计算，将质量（t）折算为面积（m^2）。

表6-8 质量折算面积参考系数

序 号	项 目	系 数
1	栏杆	64.98
2	钢平台、钢走道	35.60
3	钢楼梯、钢爬梯	44.84
4	踏步式钢楼梯	39.90
5	现场制作钢构件	56.60
6	零星铁件	58.00

三、定额清单综合计算示例

[例题6-6] 利用［例题2-19］的条件及图2-9，室内墙面干混砂浆抹灰的工程量为164.83m^2，踢脚线的工程量是8.43m^2，门窗常规安装，大理石窗台。该墙面做法为砂浆找平，刮腻子、涂刷乳胶漆两遍。试计算该墙面油漆工程的定额工程量并编制定额工程量清单。（计算结果保留两位小数）

解答：

1. 门侧壁工程量 $S_{门侧壁}$ 计算。

M-1 外开，M-1 装在墙外边线；M-2 内开，M-2 装在墙内边线，根据开启方向，判定 M-2 和 M-1 的侧壁均在目标房间内，要增加侧壁工程量。门框没有标注尺寸，默认 100mm 厚。

$$S_{门侧壁} = (0.24-0.1) \times (2.1 \times 2 + 0.9 + 2.1 \times 2 + 0.9 + 2.4 \times 2 + 1.8) m^2 = 2.35 m^2$$

2. 需增加窗侧壁面积 $S_{窗侧壁}$ 本题中是大理石窗台，只需要计算左、右、上三个侧壁；窗框尺寸没有标注，默认 80mm 厚。

$$S_{窗侧壁} = [(0.24-0.08)/2] \times (1.5 \times 2 + 1.5) \times 4 m^2 = 1.44 m^2$$

3. 门窗侧壁面积 $S_{侧壁} = 1.44 m^2 + 2.35 m^2 = 3.79 m^2$。

4. 该墙面油漆工程工程量 $S = 164.83 m^2 + 3.79 m^2 - 8.43 m^2 = 160.19 m^2$。

该墙面油漆工程定额工程量清单见表 6-9。

表 6-9　[例题 6-6] 工程量清单

序号	定额编号	项目名称	项目特征	计量单位	工程量
1	14-128	乳胶漆	墙面 两遍 乳胶漆	m^2	160.19
2	14-141	满刮腻子	墙面 两遍 普通腻子	m^2	160.19

[例题 6-7]　某工程设计单层木门 900mm×2400mm，2 樘，采用聚酯清漆三遍，试计算该木门油漆工程的定额工程量并编制定额工程量清单。（计算结果保留两位小数）

解答：

1. 工程量计算

油漆工程量 = $0.9 \times 2.4 \times 2 \times 1.00 m^2 = 4.32 m^2$

2. 该木门油漆工程定额工程量清单见表 6-10。

表 6-10　[例题 6-7] 工程量清单

序号	定额编号	项目名称	项目特征	计量单位	工程量
1	14-1	木门聚酯清漆	单层木门 三遍 聚酯清漆	m^2	4.32

[例题 6-8]　带铁栅钢窗 1800mm×1800mm 两扇，涂刷红丹（防锈漆）一遍、银粉漆二遍，试计算该钢窗油漆工程的定额工程量并编制定额工程量清单。（计算结果保留两位小数）

解答：

1. 工程量计算

油漆工程量 = $1.8 \times 1.8 \times 2 \times 1.94 m^2 = 12.57 m^2$

2. 该钢窗油漆工程定额工程量清单见表 6-11。

表 6-11　[例题 6-8]

序号	定额编号	项目名称	项目特征	计量单位	工程量
1	14-103	防锈漆一遍	带铁栅钢窗 1800mm×1800mm 两扇 红丹一遍	m²	12.57
2	14-106	银粉漆两遍	带铁栅钢窗 1800mm×1800mm 两扇 银粉漆二遍	m²	12.57

项目 3　国标工程量清单及清单计价

一、国标工程量清单编制

（一）门油漆（011401）

门油漆清单包括：木门油漆（011401001）、金属门油漆（011401002）两个清单项目，分别按 011401001×××~011401002×××编码列项。

1. 木门油漆（011401001）

1）木门油漆项目适用于各种类型的木门油漆。

2）木门油漆工程一般包括基层清理，刮腻子，刷防护材料、油漆。

3）清单项目应对门类型，门代号及洞口尺寸，腻子种类，刮腻子遍数，防护材料种类，油漆品种、刷漆遍数等内容的特征做出描述。

注意：木门油漆应区分木大门、单层木门、双层（一玻一纱）木门、双层（单裁口）木门、全玻自由门、半玻自由门、装饰门及有框门或无框门等项目，分别编码列项；以 m² 计量，项目特征可不必描述洞口尺寸。

4）国标清单工程量计算规则：以樘计量，按设计图示数量计量；以 m² 计量，按设计图示洞口尺寸以面积计算。

5）清单计价。按清单工作内容，根据设计图纸和施工方案确定可组合的主要内容，木门油漆在《装饰定额》中的可组合的项目有木门、金属门。清单计价时，木门油漆可组合内容见表 6-12。

表 6-12　木门油漆可组合内容

项目名称	可组合的主要内容		对应的定额子目编号
门油漆	木门	聚酯漆	14-1~14-8
		硝基漆	14-9~14-16
		调和漆、其他油漆	14-17~14-20

2. 金属门油漆（011401002）

1）金属门油漆项目适用于各种类型的金属门油漆。

2）金属门油漆工程一般包括除锈、基层清理，刮腻子，刷防护材料、油漆。

3）清单项目应对门类型，门代号及洞口尺寸，腻子种类，刮腻子遍数，防护材料种类，油漆品种、刷漆遍数等内容的特征做出描述。

注意：金属门油漆应区分平开门、推拉门、钢制防火门等项目，分别编码列项；以平方米计量，项目特征可不必描述洞口尺寸。

4）国标清单工程量计算规则：以樘计量，按设计图示数量计量；以 m^2 计量，按设计图示洞口尺寸以面积计算。

5）清单计价。按清单工作内容，根据设计图纸和施工方案确定可组合的主要内容，金属门油漆在《装饰定额》中的可组合的项目有木门、金属门。清单计价时，金属门油漆可组合内容见表 6-13。

表 6-13　金属门油漆可组合内容

项目名称	可组合的主要内容		对应的定额子目编号
门油漆	金属门	防锈漆	14-103
		醇酸漆	14-104～14-105
		银粉漆	14-106～14-107
		氟碳漆	14-108～14-109
		防火漆	14-110

（二）窗油漆（011402）

窗油漆清单包括：木窗油漆、金属窗油漆两个清单项目，分别按 011402001×××～011402002×××编码。

1. 木窗油漆（011402001）

1）木窗油漆项目适用于各种类型的木窗油漆。

2）木窗油漆工程内容一般包括基层清理，刮腻子，刷防护材料、油漆。

3）清单项目应对窗类型，窗代号及洞口尺寸，腻子种类，刮腻子遍数，防护材料种类，油漆品种、刷漆遍数等内容的特征做出描述。

注意：木窗油漆应区分单层木门、双层（一玻一纱）木窗、双层框扇（单裁口）木窗、双层框三层（二玻一纱）木窗、单层组合窗、双层组合窗、木百叶窗、木推拉窗等项目，分别编码列项；以 m^2 计量，项目特征不必描述尺寸。

4）国标清单工程量计算规则：以樘计量，按设计图示数量计量；以 m^2 计量，按设计图示洞口尺寸以面积计算。

5）清单计价。按清单工作内容，根据设计图纸和施工方案确定可组合的主要内容，木窗油漆在《装饰定额》中的可组合的项目有木窗、金属窗。清单计价时，木窗油漆可组合内容见表 6-14。

表 6-14　木窗油漆可组合内容

项目名称	可组合的主要内容		对应的定额子目编号
窗油漆	木窗	聚酯漆	14-60～14-67
		硝基漆	14-68～14-75
		调和漆、其他油漆	14-76～14-79

2. 金属窗油漆（011402002）

1）金属窗油漆项目适用于各种类型的金属窗油漆。

2）金属窗油漆工程内容一般包括除锈、基层清理，刮腻子，刷防护材料、油漆。

3）清单项目应对窗类型，窗代号及洞口尺寸，腻子种类，刮腻子遍数，防护材料种类，油漆品种、刷漆遍数等内容的特征做出描述。

注意：金属窗油漆应区分平开窗、推拉窗、固定窗、组合窗、金属隔栅窗等项目，分别编码列项；以 m^2 计量，项目特征可不必描述洞口尺寸。

4）国标清单工程量计算规则：以樘计量，按设计图示数量计量；以 m^2 计量，按设计图示洞口尺寸以面积计算。

5）清单计价。按清单工作内容，根据设计图纸和施工方案确定可组合的主要内容，金属窗油漆在《装饰定额》中的可组合的项目有木窗、金属窗。清单计价时，金属窗油漆可组合内容见表 6-15。

表 6-15　金属窗油漆可组合内容

项目名称	可组合的主要内容		对应的定额子目编号
窗油漆	金属窗	防锈漆	14-103
		醇酸漆	14-104 ~ 14-105
		银粉漆	14-106 ~ 14-107
		氟碳漆	14-108 ~ 14-109
		防火漆	14-110

（三）木扶手及其他板条、线条油漆（011403）

木扶手及其他板条、线条油漆清单包括：木扶手油漆，窗帘盒油漆，封檐板、顺水板油漆，挂衣板、黑板框油漆，挂镜线、窗帘棍、单独木线油漆 5 个清单项目，分别按011403001×××~011403005×××编码。

1. 木扶手油漆（011403001）

1）木扶手油漆项目适用于独立的木扶手或线条的油漆。

2）木扶手油漆工程内容一般包括基层清理，刮腻子，刷防护涂料、油漆。

3）清单项目应对断面尺寸，腻子种类，刮腻子遍数，防护材料种类，油漆品种、刷漆遍数等内容的特征做出描述。

注意：木扶手应区分带托板与不带托板分别编码列项。若是木栏杆带扶手，木扶手不应单独列项，应包含在木栏杆油漆中。

4）国标清单工程量计算规则：按设计图示尺寸以长度计算。

5）清单计价。按清单工作内容，根据设计图纸和施工方案确定清单组合内容，木扶手油漆在《装饰定额》中的可组合项目有 14-21 ~ 14-39。

2. 窗帘盒油漆（011403002）

1）窗帘盒油漆项目适用于各种类型的窗帘盒油漆。

2）窗帘盒油漆工程内容一般包括基层清理，刮腻子，刷防护涂料、油漆。

3）清单项目应对断面尺寸，腻子种类，刮腻子遍数，防护材料种类，油漆品种、刷漆遍数等内容的特征做出描述。

4）国标清单工程量计算规则：按设计图示尺寸以长度计算。

5）清单计价。按清单工作内容，根据设计图纸和施工方案确定清单组合内容，窗帘盒油漆在《装饰定额》中的可组合项目有 14-40~14-59。

3. 封檐板、顺水板油漆（011403003）

1）封檐板、顺水板油漆项目适用于一般封檐板、顺水板的油漆。

2）封檐板、顺水板油漆工程内容一般包括基层清理，刮腻子，刷防护涂料、油漆。

3）清单项目应对断面尺寸，腻子种类，刮腻子遍数，防护材料种类，油漆品种、刷漆遍数等内容的特征做出描述。

4）国标清单工程量计算规则：按设计图示尺寸以长度计算。

5）清单计价。按清单工作内容，根据设计图纸和施工方案确定清单组合内容，封檐板、顺水板油漆在《装饰定额》中的可组合项目有 14-60~14-79、14-99~14-102。

4. 挂衣板、黑板框油漆（011403004）

1）挂衣板、黑板框油漆项目适用于一般挂衣板、黑板框油的油漆。

2）挂衣板、黑板框油漆工程内容一般包括基层清理，刮腻子，刷防护涂料、油漆。

3）清单项目应对断面尺寸，腻子种类，刮腻子遍数，防护材料种类，油漆品种、刷漆遍数等内容的特征做出描述。

4）国标清单工程量计算规则：按设计图示尺寸以长度计算。

5）清单计价。按清单工作内容，根据设计图纸和施工方案确定清单组合内容，挂衣板、黑板框油漆在《装饰定额》中的可组合项目有 14-60~14-79、14-99~14-102。

5. 挂镜线、窗帘棍、单独木线油漆（011403005）

1）挂镜线、窗帘棍、单独木线油漆项目适用于一般扶手或线条的油漆。

2）挂镜线、窗帘棍、单独木线油漆工程内容一般包括基层清理，刮腻子，刷防护涂料、油漆。

3）清单项目应对断面尺寸，腻子种类，刮腻子遍数，防护材料种类，油漆品种、刷漆遍数等内容的特征做出描述。

4）国标清单工程量计算规则：按设计图示尺寸以长度计算。

5）清单计价。按清单工作内容，根据设计图纸和施工方案确定清单组合内容，挂镜线、窗帘棍、单独木线油漆在《装饰定额》中的可组合项目有 14-40~14-59。

（四）木材面油漆（011404）

木材面油漆清单包括：木护墙、木墙裙油漆，窗台板、筒子板、盖板、门窗套、踢脚线油漆，清水板条天棚、檐口油漆，木方格吊顶天棚油漆，吸声板墙面、天棚面油漆，暖气罩油漆，其他木板面，木间壁、木隔断油漆，玻璃间壁露明墙筋油漆，木栅栏、木栏杆（带扶手）油漆，衣柜、壁柜油漆，梁（柱）饰面油漆，零星木装修油漆，木地板油漆，木地板烫硬蜡面 15 个清单项目，分别按 011404001×××~011404015×××编码。

1. 木护墙、木墙裙油漆（011404001）

1）木护墙、木墙裙油漆项目适用于各种类型的木材面。

2）木护墙、木墙裙油漆工程内容一般包括基层清理，刮腻子，刷防护材料、油漆。

3）清单项目应对腻子种类，刮腻子遍数，防护材料种类，油漆种类、刷漆遍数等内容的特征做出描述。

4）国标清单工程量计算规则：按设计图示尺寸以面积计算。

5）清单计价。按清单工作内容，根据设计图纸和施工方案确定清单组合内容，木护墙、木墙裙油漆在《装饰定额》中的可组合项目有 14-60～14-79、14-87～14-102。

2. 窗台板、筒子板、盖板、门窗套、踢脚线油漆（011404002）

1）窗台板、筒子板、盖板、门窗套、踢脚线油漆项目适用于各种类型的窗台板、筒子板、盖板、门窗套、踢脚线油漆。

2）窗台板、筒子板、盖板、门窗套、踢脚线油漆工程一般包括基层清理，刮腻子，刷防护材料、油漆。

3）清单项目应对腻子种类，刮腻子遍数，防护材料种类，油漆种类、刷漆遍数等内容的特征做出描述。

4）国标清单工程量计算规则：按设计图示尺寸以面积计算。

5）清单计价。按清单工作内容，根据设计图纸和施工方案确定清单组合内容，窗台板、筒子板、盖板、门窗套、踢脚线油漆在《装饰定额》中的可组合项目有 14-21～14-59。

3. 清水板条天棚、檐口油漆（011404003）

1）清水板条天棚、檐口油漆项目适用于各种类型的清水板条天棚、檐口油漆。

2）清水板条天棚、檐口油漆工程内容一般包括基层清理，刮腻子，刷防护材料、油漆。

3）清单项目应对腻子种类，刮腻子遍数，防护材料种类，油漆种类、刷漆遍数等内容的特征做出描述。

4）国标清单工程量计算规则：按设计图示尺寸以面积计算。

5）清单计价。按清单工作内容，根据设计图纸和施工方案确定清单组合内容，清水板条天棚、檐口油漆在《装饰定额外负担》中的可组合项目有 14-21～14-59。

4. 木方格吊顶天棚油漆（011404004）

1）木方格吊顶天棚油漆项目适用于各种类型的木方格吊顶天棚油漆。

2）木方格吊顶天棚油漆工程内容一般包括基层清理，刮腻子，刷防护材料、油漆。

3）清单项目应对腻子种类，刮腻子遍数，防护材料种类，油漆种类、刷漆遍数等内容的特征做出描述。

4）国标清单工程量计算规则：按设计图示尺寸以面积计算。

5）清单计价。按清单工作内容，根据设计图纸和施工方案确定清单组合内容，木方格吊顶天棚油漆在《装饰定额》中的可组合项目有 14-21～14-59。

5. 吸音板墙面、天棚面油漆（011404005）

1）吸音板墙面、天棚面油漆项目适用于各种类型的吸音板墙面、天棚面油漆。

2）吸音板墙面、天棚面油漆工程内容一般包括基层清理，刮腻子，刷防护材料、油漆。

3）清单项目应对腻子种类，刮腻子遍数，防护材料种类，油漆种类、刷漆遍数等内容的特征做出描述。

4）国标清单工程量计算规则：按设计图示尺寸以面积计算。

5）清单计价。按清单工作内容，根据设计图纸和施工方案确定清单组合内容，吸音板墙面、天棚面油漆在《装饰定额》中的可组合项目有 14-60～14-79、14-87～14-102。

6. 暖气罩油漆（011404006）

1）暖气罩油漆项目适用于各种类型的暖气罩。

2）暖气罩油漆工程内容一般包括基层清理，刮腻子，刷防护材料、油漆。

3）清单项目应对腻子种类，刮腻子遍数，防护材料种类，油漆种类、刷漆遍数等内容的特征做出描述。

4）国标清单工程量计算规则：按设计图示尺寸以面积计算。

5）清单计价。按清单工作内容，根据设计图纸和施工方案确定清单组合内容，暖气罩油漆在《装饰定额》中的可组合项目有 14-60～14-79、14-87～14-102。

7. 其他木材面 （011404007）

1）其他木板面项目适用于各种类型的其他木板面。

2）其他木板面工程内容一般包括基层清理，刮腻子，刷防护材料、油漆。

3）清单项目应对腻子种类，刮腻子遍数，防护材料种类，油漆种类、刷漆遍数等内容的特征做出描述。

4）国标清单工程量计算规则：按设计图示尺寸以面积计算。

5）清单计价。按清单工作内容，根据设计图纸和施工方案确定清单组合内容，其他木材面在《装饰定额》中的可组合项目有 14-60～14-79、14-87～14-102。

8. 木间壁、木隔断油漆 （011404008）

1）木间壁、木隔断油漆项目适用于各种类型的木间壁、木隔断油漆。

2）木间壁、木隔断油漆工程内容一般包括基层清理，刮腻子，刷防护材料、油漆。

3）清单项目应对腻子种类，刮腻子遍数，防护材料种类，油漆种类、刷漆遍数等内容的特征做出描述。

4）国标清单工程量计算规则：按设计图示尺寸以面积计算。

5）清单计价。按清单工作内容，根据设计图纸和施工方案确定清单组合内容，木间壁、木隔断油漆在《装饰定额》中的可组合项目有 14-60～14-79、14-87～14-102。

9. 玻璃间壁露明墙筋油漆 （011404009）

1）玻璃间壁露明墙筋油漆项目适用于各种类型的玻璃间壁露明墙筋油漆。

2）玻璃间壁露明墙筋油漆工程内容一般包括基层清理，刮腻子，刷防护材料、油漆。

3）清单项目应对腻子种类，刮腻子遍数，防护材料种类，油漆种类、刷漆遍数等内容的特征做出描述。

4）国标清单工程量计算规则：按设计图示尺寸以面积计算。

5）清单计价。按清单工作内容，根据设计图纸和施工方案确定清单组合内容，玻璃间壁露明墙筋油漆在《装饰定额》中的可组合项目有 14-21～14-59。

10. 木栅栏、木栏杆 （带扶手） 油漆 （011404010）

1）木栅栏、木栏杆（带扶手）油漆项目适用于各种类型的木栅栏、木栏杆（带扶手）油漆。

2）木栅栏、木栏杆（带扶手）油漆工程内容一般包括基层清理，刮腻子，刷防护涂料、油漆。

3）清单项目应对腻子种类，刮腻子遍数，防护材料种类，油漆种类、刷漆遍数等内容的特征做出描述。

4）国标清单工程量计算规则：按设计图示尺寸以单面外围面积计算。

5）清单计价。按清单工作内容，根据设计图纸和施工方案确定清单组合内容，木栅栏、木栏杆（带扶手）油漆在《装饰定额》中的可组合项目有 14-21~14-59。

11. 衣柜、壁柜油漆（011404011）

1）衣柜、壁柜油漆项目适用于各种类型的木材面。

2）衣柜、壁柜油漆工程内容一般包括基层清理，刮腻子，刷防护材料、油漆。

3）清单项目应对腻子种类，刮腻子遍数，防护材料种类，油漆种类、刷漆遍数等内容的特征做出描述。

4）国标清单工程量计算规则：按设计图示尺寸以面积计算。

5）清单计价。按清单工作内容，根据设计图纸和施工方案确定清单组合内容，衣柜、壁柜油漆在《装饰定额》中的可组合项目有 14-60~14-79、14-87~14-102。

12. 梁（柱）饰面油漆（011404012）

1）梁（柱）饰面油漆项目适用于各种类型的木材面。

2）梁（柱）饰面油漆工程内容一般包括基层清理，刮腻子，刷防护材料、油漆。

3）清单项目应对腻子种类，刮腻子遍数，防护材料种类，油漆种类、刷漆遍数等内容的特征做出描述。

4）国标清单工程量计算规则：按设计图示尺寸以面积计算。

5）清单计价。按清单工作内容，根据设计图纸和施工方案确定清单组合内容，梁（柱）饰面油漆在《装饰定额》中的可组合项目有 14-60~14-79、14-87~14-102。

13. 零星木装修油漆（011404013）

1）零星木装修油漆项目适用于各种类型的木材面。

2）零星木装修油漆工程内容一般包括基层清理，刮腻子，刷防护涂料、油漆。

3）清单项目应对腻子种类，刮腻子遍数，防护材料种类，油漆种类、刷漆遍数等内容的特征做出描述。

4）国标清单工程量计算规则：按设计图示尺寸以油漆部分展开面积计算。

5）清单计价。按清单工作内容，根据设计图纸和施工方案确定清单组合内容，零星木装修油漆在《装饰定额》中的可组合项目有 14-60~14-79、14-87~14-102。

14. 木地板油漆（011404014）

1）木地板油漆项目适用于各种类型的木地板油漆。

2）木地板油漆工程内容一般包括基层清理，刮腻子，刷防护涂料、油漆。

3）清单项目应对腻子种类，刮腻子遍数，防护材料种类，油漆种类、刷漆遍数等内容的特征做出描述。

4）国标清单工程量计算规则：按设计图示尺寸以面积计算；空洞、空圈、暖气包槽、壁龛的开口部分并入相应的工程量内。

5）清单计价。按清单工作内容，根据设计图纸和施工方案确定清单组合内容，木地板油漆在《装饰定额》中的可组合项目有 14-80~14-85。

15. 木地板烫硬蜡面（011404015）

1）木地板烫硬蜡面项目适用于各种类型的木地板烫硬蜡面。

2）木地板烫硬蜡面工程内容一般包括基层清理、烫蜡。

3）清单项目应对硬蜡品种、面层处理要求等内容的特征做出描述。

4）国标清单工程量计算规则：按设计图示尺寸以面积计算；空洞、空圈、暖气包槽、壁龛的开口部分并入相应的工程量内。

5）清单计价。按清单工作内容，根据设计图纸和施工方案确定清单组合内容，木地板烫硬蜡面在《装饰定额》中的可组合项目有 14-86。

（五）金属面油漆（011405）

金属面油漆清单包括金属面油漆一个清单项目，按 011405001×××编码。

金属面油漆（011405001）：

1）金属面油漆项目适用于各种类型的金属面油漆。

2）金属面油漆工程内容一般包括基层清理，刮腻子，刷防护材料、油漆。

3）清单项目应对构件名称，腻子种类，刮腻子要求，防护材料种类，油漆品种、刷漆遍数等内容的特征做出描述。

4）国标清单工程量计算规则：以 t 计量，按设计图示尺寸以质量计算；以 m^2 计量，按设计展开面积计算。

5）清单计价。按清单工作内容，根据设计图纸和施工方案确定清单组合内容，金属面油漆在《装饰定额》中的可组合项目有 14-103～14-121。

（六）抹灰面油漆（011406）

抹灰面油漆清单包括：抹灰面油漆、抹灰线条油漆、满刮腻子 3 个清单项目，分别按011406001×××～011406003×××编码。

1. 抹灰面油漆（011406001）

1）抹灰面油漆项目适用于各种类型的抹灰面油漆。

2）抹灰面油漆工程内容一般包括基层清理，刮腻子，刷防护材料、油漆。

3）清单项目应对基层类型，腻子种类，刮腻子遍数，防护材料种类，油漆品种、刷漆遍数，部位等内容的特征做出描述。

4）国标清单工程量计算规则：按设计图示尺寸以面积计算。

5）清单计价。按清单工作内容，根据设计图纸和施工方案确定清单组合内容，抹灰面油漆在《装饰定额》中的可组合项目有 14-122～14-127。

2. 抹灰线条油漆（011406002）

1）抹灰线条油漆项目适用于各种类型的单独抹灰线条油漆。

2）抹灰线条油漆工程内容一般包括基层清理，刮腻子，刷防护材料、油漆。

3）清单项目应对线条宽度、道数，腻子种类，刮腻子遍数，防护材料种类，油漆品种、刷漆遍数等内容的特征做出描述。

4）国标清单工程量计量规则：按设计图示尺寸以长度计量。

5）清单计价。按清单工作内容，根据设计图纸和施工方案确定清单组合内容，抹灰线条油漆在《装饰定额》中的可组合项目有 014-122～14-127。

3. 满刮腻子（011406003）

1）满刮腻子项目适用于各种类型的满刮腻子。

2）满刮腻子工程内容一般包括基层清理、刮腻子。

3）清单项目应对基层类型、腻子种类、刮腻子遍数等内容的特征做出描述。

4）国标清单工程量计量规则：按设计尺寸以面积计算。

5）清单计价。按清单工作内容，根据设计图纸和施工方案确定清单组合内容，满刮腻子在《装饰定额》中的可组合项目有 14-40～14-42。

（七）喷（刷）涂料（011407）

喷（刷）涂料清单包括：墙面喷（刷）涂料，天棚喷（刷）涂料，空花格、栏杆刷涂料，线条刷涂料，金属构件刷防火涂料，木材构件喷（刷）防火涂料 6 个清单项目，分别按 011407001×××～011407006×××编码。

1. 墙面喷（刷）涂料（011407001）

1）墙面喷（刷）涂料项目适用于各种类型的墙面喷（刷）涂料。

2）墙面喷（刷）涂料工程内容一般包括基层清理，刮腻子，喷、刷涂料。

3）清单项目应对基层类型，喷（刷）涂料部位，腻子种类，刮腻子要求，涂料品种、喷（刷）遍数等内容的特征做出描述。

注意：喷（刷）墙面涂料部位要注明内墙或外墙。

4）国标清单工程量计量规则：按设计图示尺寸以面积计算。

5）清单计价。按清单工作内容，根据设计图纸和施工方案确定清单组合内容，墙面喷（刷）涂料在《装饰定额》中的可组合项目有 14-128～14-131。

2. 天棚喷（刷）涂料（011407002）

1）天棚喷（刷）涂料项目适用于各种类型的天棚喷（刷）涂料。

2）天棚喷（刷）涂料工程内容一般包括基层清理，刮腻子，喷、刷涂料。

3）清单项目应对基层类型，喷（刷）涂料部位，腻子种类，刮腻子要求，涂料品种、喷（刷）遍数等内容的特征做出描述。

注意：喷（刷）墙面涂料部位要注明内墙或外墙。

4）国标清单工程量计量规则：按设计图示尺寸以面积计算。

5）清单计价。按清单工作内容，根据设计图纸和施工方案确定清单组合内容，天棚喷（刷）涂料在《装饰定额》中的可组合项目有 14-128～14-131。

3. 空花格、栏杆刷涂料（011407003）

1）空花格、栏杆刷涂料项目适用于各种类型的空花格、栏杆刷涂料。

2）空花格、栏杆刷涂料工程内容一般包括基层清理，刮腻子，喷、刷涂料。

3）清单项目应对腻子种类，刮腻子遍数，涂料品种、喷（刷）遍数等内容的特征做出描述。

4）国标清单工程量计量规则：按设计图示尺寸以单面外围面积计算。

5）清单计价。按清单工作内容，根据设计图纸和施工方案确定清单组合内容，空花格、栏杆刷涂料在《装饰定额》中的可组合项目有 14-134～14-139。

4. 线条刷涂料（011407004）

1）线条刷涂料项目适用于各种类型的独立线条刷涂料。

2）线条刷涂料工程内容一般包括基层清理，刮腻子，喷、刷涂料。

3）清单项目应对基层清理，线条宽度，刮腻子遍数，刷防护涂料、油漆等内容的特征做出描述。

4）国标清单工程量计量规则：按设计图示尺寸以长度计算。

5）清单计价。按清单工作内容，根据设计图纸和施工方案确定清单组合内容，线条刷涂料在《装饰定额》中的组合项目有 14-134～14-139。

5. 金属构件刷防火涂料 （011407005）

1）金属构件刷防火涂料项目适用于各种类型的金属构件刷防火涂料。

2）金属构件刷防火涂料工程内容一般包括基层清理，刷防护材料、油漆。

3）清单项目应对喷（刷）防火涂料构件名称，防火等级要求，涂料品种、喷（刷）遍数等内容的特征做出描述。

4）国标清单工程量计量规则：以 t 计量，按设计图示尺寸以质量计算；以 m² 计量，按设计展开面积计算。

5）清单计价。按清单工作内容，根据设计图纸和施工方案确定清单组合内容，金属构件刷防火涂料在《装饰定额》中的可组合项目有 14-119～14-120。

6. 木材构件喷（刷）防火涂料 （011407006）

1）木材构件喷（刷）防火涂料项目适用于各种类型的木材构件喷（刷）防火涂料。

2）木材构件喷（刷）防火涂料工程内容一般包括基层清理、喷（刷）防火材料。

3）清单项目应对喷（刷）防火涂料构件名称，防火等级要求，涂料品种、喷（刷）遍数等内容的特征做出描述。

4）国标清单工程量计量规则：以 m² 计量，按设计图示尺寸以面积计量。

5）清单计价。按清单工作内容，根据设计图纸和施工方案确定清单组合内容，木材构件喷（刷）防火涂料在《装饰定额》中的可组合项目有 14-87～14-98。

（八）裱糊 （011408）

裱糊清单包括：墙纸裱糊、织锦缎裱糊两个清单项目，分别按 011408001××× ～ 011408002×××编码列项。

1. 墙纸裱糊 （011408001）

1）墙纸裱糊项目适用于各种类型的墙纸裱糊。

2）墙纸裱糊工程内容一般包括基层清理、刮腻子、面层铺粘、刷防护材料。

3）清单项目应对基层类型，裱糊部位，腻子品种，刮腻子遍数，粘结材料种类，防护材料种类，面层材料的品种、规格、颜色等内容的特征做出描述。

4）国标清单工程量计量规则：按设计图示尺寸以面积计算。

5）清单计价。按清单工作内容，根据设计图纸和施工方案确定清单组合内容，墙纸裱糊在《装饰定额》中的可组合项目有 14-151～14-159。

2. 织锦缎裱糊 （011408002）

1）织锦缎裱糊项目适用于各种类型的织锦缎裱糊。

2）织锦缎裱糊工程内容一般包括基层清理、刮腻子、面层铺粘、刷防护材料。

3）清单项目应对基层类型，裱糊部位，腻子品种，刮腻子遍数，粘结材料种类，防护材料种类，面层材料的品种、规格、颜色等内容的特征做出描述。

4）国标清单工程量计量规则：按设计图示尺寸以面积计算。

5）清单计价。按清单工作内容，根据设计图纸和施工方案确定清单组合内容，织锦缎裱糊在《装饰定额》中的可组合项目有 14-160～14-162。

（九）国标工程量清单编制综合示例

[例题 6-9] 根据前述 [例题 6-6] 的条件，试计算该墙面油漆工程国标清单工程量并编制国标工程量清单。（计算结果保留两位小数）。

解答：

1. 该墙面油漆工程工程量 S：

$S_{门侧壁} = (0.24-0.1) \times (2.1 \times 2+0.9+2.1 \times 2+0.9+2.4 \times 2+1.8) m^2 = 2.35 m^2$

$S_{窗侧壁} = [(0.24-0.08)/2] \times (1.5 \times 2+1.5) \times 4 m^2 = 1.44 m^2$

$S_{侧壁} = 1.44 m^2 + 2.35 m^2 = 3.79 m^2$

$S = 164.83 m^2 + 3.79 m^2 - 8.43 m^2 = 160.19 m^2$

2. 根据《计算规范》的项目划分编列清单，见表 6-16。

表 6-16　[例题 6-9] 工程量清单　　　　　　　　工程名称：某工程

序号	项目编码	项目名称	项目特征	计量单位	工程数量
1	011407001001	墙面喷(刷)涂料	刮腻子两遍 涂刷乳胶漆两遍	m²	160.19

二、国标工程量清单计价

[例题 6-10]　根据表 6-17 给定的清单，按《装饰定额》计算该国标工程量清单的综合单价及合价（本题假设企业管理费和利润分别按 20% 和 10% 计取，以定额人工费与定额机械费之和为取费基数，属于房屋建筑工程，采用一般计税法，假设当时当地人工、材料、机械除税信息价与定额取定价格相同）。

表 6-17　[例题 6-10] 工程量清单　　　　　　　　工程名称：某工程

序号	项目编码	项目名称	项目特征	计量单位	工程数量
1	011401001001	木门油漆	1200mm×2100mm, 单层木门刷聚酯清漆三遍	樘	10

解答：

1. 根据前述例题提供的条件，本题清单项目可组合的定额子目见表 6-18。

表 6-18　[例题 6-10] 清单项目可组合内容

序号	项目名称	可组合内容	定额编号
1	门油漆	木门油漆	14-1

2. 套用《装饰定额》确定相应的分部分项人工费、材料费和机械费。

（1）木门油漆工程量 $= 1.2 \times 2.1 \times 10 \times 1 m^2 = 25.20 m^2$，另有

人工费 $= 30.44$ 元/m^2

材料费 $= 13.73$ 元/m^2

机械费 $= 0$ 元/m^2

管理费 $= (30.44+0) \times 20\%$ 元/$m^2 = 6.09$ 元/m^2

利润 $= (30.44+0) \times 10\%$ 元/$m^2 = 3.04$ 元/m^2

（2）计算综合单价，填写综合单价计算表，见表 6-19。

表 6-19 ［例题 6-10］综合单价计算

编号	名称	计量单位	数量	综合单价/元						合计/元
				人工费	材料费	机械费	管理费	利润	小计	
011401001001	木门油漆	樘	10	76.71	34.60	0.00	15.34	7.67	134.32	1343.20
14-1	木门、聚酯清漆三遍	m²	25.20	30.44	13.73	0.00	6.09	3.04	53.30	1343.16

［例题 6-11］ 利用前述［例题 6-9］的墙面油漆清单，按《装饰定额》计算该国标清单的综合单价及合价（本题假设企业管理费和利润分别按20%和10%计取，以定额人工费与定额机械费之和为取费基数，属于房屋建筑工程，采用一般计税法，假设当时当地人工、材料、机械除税信息价与定额取定价格相同）。

解答：

1. 根据前述例题提供的条件，本题清单项目可组合的定额子目见表 6-20。

表 6-20 ［例题 6-11］清单项目可组合内容

序号	项目名称	可组合内容	定额编号
1	墙面喷（刷）涂料	乳胶漆	14-128
4		满刮腻子	14-141

2. 套用《装饰定额》确定相应的分部分项人工费、材料费和机械费。

（1）乳胶漆工程量＝160.19m²，另有

人工费＝6.39 元/m²

材料费＝4.70 元/m²

机械费＝0 元/m²

管理费＝（6.39+0）×20%元/m²＝1.28 元/m²

利润＝（6.39+0）×10%元/m²＝0.64 元/m²

（2）满刮腻子工程量＝160.19m²，另有

人工费＝9.00 元/m²

材料费＝2.7 元/m²

机械费＝0 元/m²

管理费＝（9.00+0）×20%元/m²＝1.80 元/m²

利润＝（9.00+0）×10%元/m²＝0.90 元/m²

（3）计算综合单价，填写综合单价计算表，见表 6-21。

表 6-21 ［例题 6-11］综合单价计算

编号	名称	计量单位	数量	综合单价/元						合计/元
				人工费	材料费	机械费	管理费	利润	小计	
011407001001	墙面喷刷涂料	m²	160.19	15.39	7.40	0.00	3.08	1.54	27.41	4390.81
14-128	乳胶漆	m²	160.19	6.39	4.7	0	1.28	0.64	13.01	2084.07
14-141	满刮腻子	m²	160.19	9	2.7	0	1.80	0.90	14.40	2306.74

模 块 小 结

本模块主要介绍了油漆、涂料、裱糊等定额使用的规定、工程量计算规则，以及油漆、涂料、裱糊工程清单编制与综合单价的计算。重点是掌握油漆、涂料、裱糊工程的清单列项与项目特征描述，同时要注意清单工程量计算规则与定额的区别。

思 考 与 练 习 题

1. 编制门窗油漆工程量清单项目时，项目特征需描述哪些内容？

2. 利用［例题6-6］给定的条件，试计算该油漆工程国标清单工程量并编制国标工程量清单（计算结果保留两位小数）。

3. 利用上面第2题编制的油漆清单，按《装饰定额》计算该国标清单的综合单价及合价（本题假设企业管理费和利润分别按20%和10%计取，以定额人工费与定额机械费之和为取费基数，属于房屋建筑工程，采用一般计税法，假设当时当地人工、材料、机械除税信息价与定额取定价格相同）。

4. 利用［例题6-7］给定的条件，试计算该油漆工程国标清单工程量并编制国标工程量清单（计算结果保留两位小数）。

5. 利用上面第4题编制的油漆清单，按《装饰定额》计算该国标清单的综合单价及合价（本题假设企业管理费和利润分别按20%和10%计取，以定额人工费与定额机械费之和为取费基数，属于房屋建筑工程，采用一般计税法，假设当时当地人工、材料、机械除税信息价与定额取定价格相同）。

6. 某左端靠墙右端露出的木质矮柜，长2m，高80cm，厚60cm，试计算该矮柜油漆工程的定额工程量并编制定额工程量清单（计算结果保留两位小数）。

7. 利用上面第6题给定的条件，试计算该油漆工程国标清单工程量并编制国标工程量清单（计算结果保留两位小数）。

8. 利用上面第7题编制的油漆清单，按《装饰定额》计算该国标清单的综合单价及合价（本题假设企业管理费和利润分别按20%和10%计取，以定额人工费与定额机械费之和为取费基数，属于房屋建筑工程，采用一般计税法，假设当时当地人工、材料、机械除税信息价与定额取定价格相同）。

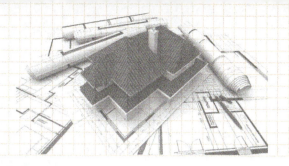

模块7

其他装饰工程

项目1　知识准备

一、柜类、货架

柜类、货架按类型和用途划分包括公共、民用、工业等各类建筑工程中的酒柜、衣柜、书柜、电视柜、博古架、写字台、梳妆台、厨房橱柜等。

二、石材洗漱台

1）石材洗漱台放置洗面盆的地方必需挖洞；根据洗漱台摆放的位置，有些地方还需挖弯、削角。

2）挡板是指洗漱台面上的竖挡板（一般情况下，挡板与台面使用相同的材料，但也有使用不同材料的情况）。

3）吊沿板是指台面外边沿下方的竖挡板。

三、招牌

1）平面招牌是指直接安装在墙上的平板式招牌。平面招牌定额分钢结构及木结构两类，钢结构及木结构又各有一般与复杂的区别，复杂招牌是指平面基层有凹凸等造型的招牌。

2）箱式招牌是指直接安装在墙上或者挑出墙面的箱体招牌。招牌的灯饰均不包括在定额内。

四、压条、装饰线

1）木线主要是指由木材、石膏或金属加工制成的产品，主要用于各种木制品的边角收口，如门框、衣柜的门框、吊柜的边、抽屉、写字台的边等。

2）涂装木线是指木线表面的覆盖保护层或装饰层。

3）挂镜线是指在室内离屋顶约0.3m的墙面上，固定一个修饰后的长木条，或者是成型的塑料条。挂镜线的作用是在室内悬挂镜子、字画和装饰物品时，可以不在墙面上钉钉子，而是在挂镜线上钉钉子，以保持墙面整洁。

五、美术字

美术字的固定方式有粘贴、焊接，以及螺钉固定、螺栓固定、铆钉固定等。

项目 2　定额计量与计价

其他装饰工程
定额章说明

一、定额说明

《装饰定额》中，第十五章包括八节共 199 个子目，各小节子目划分见表 7-1。

表 7-1　其他装饰工程定额子目划分

其他装饰工程定额各小节子目划分		定额编码	子目数
一	柜台、货架	15-1～15-24	24
二	压条、装饰线　木装饰线	15-25～15-34	10
	金属装饰线	15-35～15-44	10
	石材装饰线	15-45～15-61	17
	其他装饰线	15-62～15-81	20
三	扶手、栏杆、栏板装饰　栏杆	15-82～15-88	7
	栏板	15-89～15-90	2
	护窗栏杆	15-91～15-93	3
	靠墙扶手、单独扶手	15-94～15-97	4
	弯头	15-98～15-99	2
四	浴厕配件	15-100～15-113	14
五	雨篷、旗杆　雨篷	15-114～15-117	4
	旗杆	15-118～15-123	6
六	招牌、灯箱　基层	15-124～15-135	12
	面层	15-136～15-143	8
七	美术字　木质字	15-144～15-149	6
	金属字	15-150～15-155	6
	石材字	15-156～15-159	4
	聚氯乙烯字	15-160～15-165	6
	亚克力字	15-166～15-177	12
八	石材、瓷砖加工　切割、粘板、磨边等	15-178～15-183	6
	石材开槽	15-184～15-186	3
	石材开孔	15-187～15-191	5
	墙面砖开孔、倒角	15-192～15-195	4
	金属板、玻璃开灯孔	15-196～15-199	4

子目设置说明如下：

（1）柜台、货架类：

1）柜台、货架以现场加工、制作为主，按常用规格编制。设计与定额不同时，应按实际进行调整、换算。

2）柜台、货架项目包括五金配件（设计有特殊要求的除外），未考虑压板拼花及饰面板上贴其他材料的花饰、造型艺术品。

3）木质柜台、货架中板材按胶合板考虑，如设计为生态板（三聚氰胺板）等其他板材时，可以换算材料。

（2）压条、装饰线：

1）压条、装饰线均按成品安装考虑。

2）装饰线条（顶角装饰线除外）按直线形在墙面安装考虑。墙面安装圆弧形装饰线条，天棚面安装直线形、圆弧形装饰线条，按相应项目乘以系数执行：

① 墙面安装圆弧形装饰线条，人工乘以系数 1.20、材料乘以系数 1.10。

② 天棚面安装直线形装饰线条，人工乘以系数 1.34。

③ 天棚面安装圆弧形装饰线条，人工乘以系数 1.60、材料乘以系数 1.10。

④ 装饰线条直接安装在金属龙骨上，人工乘以系数 1.68。

（3）扶手、栏杆、栏板装饰：

1）扶手、栏杆、栏板项目（护窗栏杆除外）适用于楼梯、走廊、回廊及其他装饰性扶手、栏杆、栏板。

2）扶手、栏杆、栏板项目已综合考虑扶手弯头（非整体弯头）的费用。如遇木扶手、大理石扶手为整体弯头，弯头另按相应项目执行。

3）扶手、栏杆、栏板均按成品安装考虑。

（4）浴厕配件：

1）大理石洗漱台项目不包括石材磨边、倒角及开面盆洞口，另按相应项目执行。

2）浴厕配件项目按成品安装考虑。

（5）雨篷、旗杆：

1）点支式、托架式雨篷的型钢、爪件的规格、数量是按常用做法考虑的，当设计要求与定额不同时，材料消耗量可以调整，人工、机械不变。托架式雨篷的斜拉杆费用另计。

2）旗杆项目按常用做法考虑，未包括旗杆基础、旗杆台座及其饰面。

（6）招牌、灯箱：

1）招牌、灯箱项目，当设计与定额考虑的材料品种、规格不同时，材料可以换算。

2）平面广告牌是指正立面平整无凹凸面造型的广告牌，复杂平面广告牌是指正立面有凹凸面造型的广告牌，箱（竖）式广告牌是指具有多面体的广告牌。

3）广告牌基层以附墙方式考虑，当设计为独立式时，按相应项目执行，人工乘以系数 1.10。

4）招牌、灯箱项目均不包括广告牌喷绘、灯饰、灯光、店徽、其他艺术装饰及配套机械。

（7）美术字不分字体，定额均以成品安装为准，并按单个独立安装的最大外接矩形面积区分规格，执行相应项目。

（8）石材、瓷砖的倒角、磨制圆边、开槽、开孔等项目均按现场加工考虑。

二、工程量计算规则

1）柜类工程量按各项目计量单位计算。其中以"m^2"为计量单位的项目，其工程量按正立面的高度（包括脚的高度在内）乘以宽度计算。

2）压条、装饰线条按线条中心线长度计算。

3）石膏角花、灯盘按设计图示数量计算。

其他装饰工程定额工程量计算规则

4）扶手、栏杆、栏板、成品栏杆（带扶手）均按其中心线长度计算，不扣除弯头长度。如遇木扶手、大理石扶手为整体弯头时，扶手消耗量需扣除整体弯头的长度，设计不明确的，每只整体弯头按 400mm 扣除。

5）单独弯头按设计图示数量计算。

6）大理石洗漱台按设计图示尺寸以展开面积计算，挡板、吊沿板面积并入其中，不扣除孔洞、挖弯、削角所占面积。

7）大理石台面面盆开孔按设计图示数量计算。

8）盥洗室台镜（带框）、盥洗室木镜箱按边框外围面积计算。

9）盥洗室塑料镜箱、毛巾杆、毛巾环、浴帘杆、浴缸拉手、肥皂盒、卫生纸盒、晒衣架、晾衣绳等按设计图示数量计算。

10）雨篷按设计图示尺寸以水平投影面积计算。

11）不锈钢旗杆按设计图示数量计算。

12）电动升降系统和风动系统按套数计算。

13）柱面、墙面灯箱基层，按设计图示尺寸以展开面积计算。

14）一般平面广告牌基层，按设计图示尺寸以正立面边框外围面积计算。复杂平面广告牌基层，按设计图示尺寸以展开面积计算。

15）箱（竖）式广告牌基层，按设计图示尺寸以基层外围体积计算。

16）广告牌面层，按设计图示尺寸以展开面积计算。

17）美术字按设计图示数量计算。

18）石材、瓷砖倒角按块料设计倒角长度计算。

19）石材磨边按成型磨边长度计算。

20）石材开槽按块料成型开槽长度计算。

21）石材、瓷砖开孔按成型孔洞数量计算。

三、定额清单综合计算示例

[例题 7-1]　某建筑物为 4 层，屋面不上人，层高 3.6m，等跑楼梯，踏步宽 300mm、高 150mm，楼梯井宽 200mm；扶手为不锈钢栏杆扶手，距楼梯井 100mm；楼梯间开间轴线尺寸为 3600mm，墙厚 240mm。试计算该楼梯扶手工程的定额工程量并编制定额工程量清单。（计算结果保留两位小数）

解答：

1. 建筑物为 4 层，不上人屋面，则楼梯为 3 层的工程量，有

（1）踏步部位倾斜扶手工程量 = 3×2 段 = 6 段。

（2）连接两个倾斜扶手的水平段工程量（6-1）段 = 5 段。

（3）每个梯段有 3.6/2/0.15 = 12 个踏步。

2. 踏步部位倾斜扶手工程量 = $(\sqrt{0.3^2 + 0.15^2}) \times 12 \times 6m = 24.15m$

3. 连接倾斜扶手的水平段工程量 = $(0.2 + 0.1 \times 2) \times 5m = 2m$。

4. 顶层扶手的水平延伸段工程量 = (3.6-0.24-0.2)/2m+0.2m+0.1m = 1.88m。

5. 楼梯扶手的工程量 = 24.15m+2m+1.88m = 28.03m

该楼梯扶手工程定额工程量清单见表 7-2。

表 7-2 ［例题 7-1］工程量清单

定额编号	项目名称	项目特征	计量单位	工程量
15-82	不锈钢栏杆扶手	不锈钢扶手；不锈钢栏杆	m²	28.03

项目 3   国标工程量清单及清单计价

一、国标工程量清单编制

（一）柜类、货架（011501）

柜类、货架清单包括：柜台、酒柜、衣柜、存包柜、鞋柜、书柜、厨房壁柜、木壁柜、厨房低柜、厨房吊柜、矮柜、吧台背柜、酒吧吊柜、酒吧台、展台、收银台、试衣间、货架、书架、服务台 20 个清单项目，分别按 011501001×××~011501020×××编码。

1. 柜台（011501001）

1）柜台项目适用于各种类型的柜台。

2）柜台工程内容一般包括台柜制作、运输、安装（安放），刷防护材料、油漆，五金件安装。

3）清单项目应对台柜规格；材料的种类、规格；五金的种类、规格；防护材料种类；油漆品种、刷漆遍数等内容的特征做出描述。

4）国标清单工程量计算规则：以个计量，按设计图示数量计量；以 m 计量，按设计图示尺寸以延长米计算；以 m³ 计量，按设计图示尺寸以体积计算。

5）清单计价。按清单工作内容，根据设计图纸和施工方案确定可组合的主要内容，柜台在《装饰定额》中的可组合项目有 15-1~15-5。

2. 酒柜（011501002）

1）酒柜项目适用于各种类型的酒柜。

2）酒柜工程内容一般包括台柜制作、运输、安装（安放），刷防护材料、油漆，五金件安装。

3）清单项目应对台柜规格；材料的种类、规格；五金的种类、规格；防护材料种类；油漆品种、刷漆遍数等内容的特征做出描述。

4）国标清单工程量计算规则：以个计量，按设计图示数量计量；以 m 计量，按设计图示尺寸以延长米计算；以 m³ 计量，按设计图示尺寸以体积计算。

5）清单计价。按清单工作内容，根据设计图纸和施工方案确定可组合的主要内容，酒柜在《装饰定额》中的可组合项目有 15-6~15-13。

3. 衣柜（011501003）

1）衣柜项目适用于各种类型的衣柜。

2）衣柜工程内容一般包括台柜制作、运输、安装（安放），刷防护材料、油漆，五金件安装。

3）清单项目应对台柜规格；材料的种类、规格；五金的种类、规格；防护材料种类；油漆品种、刷漆遍数等内容的特征做出描述。

4）国标清单工程量计算规则：以个计量，按设计图示数量计量；以 m 计量，按设计图示尺寸以延长米计算；以 m^3 计量，按设计图示尺寸以体积计算。

5）清单计价。按清单工作内容，根据设计图纸和施工方案确定可组合的主要内容，衣柜在《装饰定额》中的可组合项目有 15-14、15-19～15-24。

4. 存包柜 （011501004）

1）存包柜项目适用于各种类型的存包柜。

2）存包柜工程内容一般包括台柜制作、运输、安装（安放），刷防护材料、油漆，五金件安装。

3）清单项目应对台柜规格；材料的种类、规格；五金的种类、规格；防护材料种类；油漆品种、刷漆遍数等内容的特征做出描述。

4）国标清单工程量计算规则：以个计量，按设计图示数量计量；以 m 计量，按设计图示尺寸以延长米计算；以 m^3 计量，按设计图示尺寸以体积计算。

5）清单计价。按清单工作内容，根据设计图纸和施工方案确定可组合的主要内容，存包柜在《装饰定额》中的可组合项目有 15-6、15-12、15-13。

5. 鞋柜 （011501005）

1）鞋柜项目适用于各种类型的鞋柜。

2）鞋柜工程内容一般包括台柜制作、运输、安装（安放），刷防护材料、油漆，五金件安装。

3）清单项目应对台柜规格；材料的种类、规格；五金的种类、规格；防护材料种类；油漆品种、刷漆遍数等内容的特征做出描述。

4）国标清单工程量计算规则：以个计量，按设计图示数量计量；以 m 计量，按设计图示尺寸以延长米计算；以 m^3 计量，按设计图示尺寸以体积计算。

5）清单计价。按清单工作内容，根据设计图纸和施工方案确定可组合的主要内容，鞋柜在《装饰定额》中的可组合项目有 15-12、15-13。

6. 书柜 （011501006）

1）书柜项目适用于各种类型的书柜。

2）书柜工程内容一般包括台柜制作、运输、安装（安放），刷防护材料、油漆，五金件安装。

3）清单项目应对台柜规格；材料的种类、规格；五金的种类、规格；防护材料种类；油漆品种、刷漆遍数等内容的特征做出描述。

4）国标清单工程量计算规则：以个计量，按设计图示数量计量；以 m 计量，按设计图示尺寸以延长米计算；以 m^3 计量，按设计图示尺寸以体积计算。

5）清单计价。按清单工作内容，根据设计图纸和施工方案确定可组合的主要内容，书柜在《装饰定额》中的可组合项目有 15-15～15-18。

7. 厨房壁柜 （011501007）

1）厨房壁柜项目适用于各种类型的厨房壁柜。

2）厨房壁柜工程内容一般包括台柜制作、运输、安装（安放），刷防护材料、油漆，五金件安装。

3）清单项目应对台柜规格；材料的种类、规格；五金的种类、规格；防护材料种类；油漆品种、刷漆遍数等内容的特征做出描述。

4）国标清单工程量计算规则：以个计量，按设计图示数量计量；以 m 计量，按设计图示尺寸以延长米计算；以 m^3 计量，按设计图示尺寸以体积计算。

5）清单计价。按清单工作内容，根据设计图纸和施工方案确定可组合的主要内容，厨房壁柜在《装饰定额》中的可组合项目有 15-7 ~ 15-9。

8. 木壁柜 （011501008）

1）木壁柜项目适用于各种类型的木壁柜。

2）木壁柜工程内容一般包括台柜制作、运输、安装（安放），刷防护材料、油漆，五金件安装。

3）清单项目应对台柜规格；材料的种类、规格；五金的种类、规格；防护材料种类；油漆品种、刷漆遍数等内容的特征做出描述。

4）国标清单工程量计算规则：以个计量，按设计图示数量计量；以 m 计量，按设计图示尺寸以延长米计算；以 m^3 计量，按设计图示尺寸以体积计算。

5）清单计价。按清单工作内容，根据设计图纸和施工方案确定可组合的主要内容，木壁柜在《装饰定额》中的可组合项目有 15-12。

9. 厨房低柜 （011501009）

1）厨房低柜项目适用于各种类型的厨房低柜。

2）厨房低柜工程内容一般包括台柜制作、运输、安装（安放），刷防护材料、油漆，五金件安装。

3）清单项目应对台柜规格；材料的种类、规格；五金的种类、规格；防护材料种类；油漆品种、刷漆遍数等内容的特征做出描述。

4）国标清单工程量计算规则：以个计量，按设计图示数量计量；以 m 计量，按设计图示尺寸以延长米计算；以 m^3 计量，按设计图示尺寸以体积计算。

5）清单计价。按清单工作内容，根据设计图纸和施工方案确定可组合的主要内容，厨房低柜在《装饰定额》中的可组合项目有 15-13。

10. 厨房吊柜 （011501010）

1）厨房吊柜项目适用于各种类型的厨房吊柜。

2）厨房吊柜工程内容一般包括台柜制作、运输、安装（安放），刷防护材料、油漆，五金件安装。

3）清单项目应对台柜规格；材料的种类、规格；五金的种类、规格；防护材料种类；油漆品种、刷漆遍数等内容的特征做出描述。

4）国标清单工程量计算规则：以个计量，按设计图示数量计量；以 m 计量，按设计图示尺寸以延长米计算；以 m^3 计量，按设计图示尺寸以体积计算。

5）清单计价。按清单工作内容，根据设计图纸和施工方案确定可组合的主要内容，厨房吊柜在《装饰定额》中的可组合项目有 15-7。

11. 矮柜 （011501011）

1）矮柜项目适用于各种类型的矮柜。

2）矮柜工程内容一般包括台柜制作、运输、安装（安放）、刷防护材料、油漆，五金件安装。

3）清单项目应对台柜规格；材料的种类、规格；五金的种类、规格；防护材料种类；油漆品种、刷漆遍数等内容的特征做出描述。

4）国标清单工程量计算规则：以个计量，按设计图示数量计量；以 m 计量，按设计图示尺寸以延长米计算；以 m^3 计量，按设计图示尺寸以体积计算。

5）清单计价。按清单工作内容，根据设计图纸和施工方案确定可组合的主要内容，矮柜在《装饰定额》中的可组合项目有 15-13。

12. 吧台背柜（011501012）

1）吧台背柜项目适用于各种类型的吧台背柜。

2）吧台背柜工程内容一般包括台柜制作、运输、安装（安放）、刷防护材料、油漆，五金件安装。

3）清单项目应对台柜规格；材料的种类、规格；五金的种类、规格；防护材料种类；油漆品种、刷漆遍数等内容的特征做出描述。

4）国标清单工程量计算规则：以个计量，按设计图示数量计量；以 m 计量，按设计图示尺寸以延长米计算；以 m^3 计量，按设计图示尺寸以体积计算。

5）清单计价。按清单工作内容，根据设计图纸和施工方案确定可组合的主要内容，吧台背柜在《装饰定额》中的可组合项目有 15-10。

13. 酒吧吊柜（011501013）

1）酒吧吊柜项目适用于各种类型的酒吧吊柜。

2）酒吧吊柜工程内容一般包括台柜制作、运输、安装（安放）、刷防护材料、油漆，五金件安装。

3）清单项目应对台柜规格；材料的种类、规格；五金的种类、规格；防护材料种类；油漆品种、刷漆遍数等内容的特征做出描述。

4）国标清单工程量计算规则：以个计量，按设计图示数量计量；以 m 计量，按设计图示尺寸以延长米计算；以 m^3 计量，按设计图示尺寸以体积计算。

5）清单计价。按清单工作内容，根据设计图纸和施工方案确定可组合的主要内容，酒吧吊柜在《装饰定额》中的可组合项目有 15-7。

14. 酒吧台（011501014）

1）酒吧台项目适用于各种类型的酒吧台。

2）酒吧台工程内容一般包括台柜制作、运输、安装（安放）、刷防护材料、油漆，五金件安装。

3）清单项目应对台柜规格；材料的种类、规格；五金的种类、规格；防护材料种类；油漆品种、刷漆遍数等内容的特征做出描述。

4）国标清单工程量计算规则：以个计量，按设计图示数量计量；以 m 计量，按设计图示尺寸以延长米计算；以 m^3 计量，按设计图示尺寸以体积计算。

5）清单计价。按清单工作内容，根据设计图纸和施工方案确定可组合的主要内容。

15. 展台（011501015）

1）展台项目适用于各种类型的展台。

2）展台工程内容一般包括台柜制作、运输、安装（安放）、刷防护材料、油漆，五金件安装。

3）清单项目应对台柜规格；材料的种类、规格；五金的种类、规格；防护材料种类；油漆品种、刷漆遍数等内容的特征做出描述。

4）国标清单工程量计算规则：以个计量，按设计图示数量计量；以 m 计量，按设计图示尺寸以延长米计算；以 m³ 计量，按设计图示尺寸以体积计算。

5）清单计价。按清单工作内容，根据设计图纸和施工方案确定可组合的主要内容，展台在《装饰定额》中的可组合项目有 15-1～15-6、15-8。

16. 收银台（011501016）

1）收银台项目适用于各种类型的收银台。

2）收银台工程内容一般包括台柜制作、运输、安装（安放）、刷防护材料、油漆，五金件安装。

3）清单项目应对台柜规格；材料的种类、规格；五金的种类、规格；防护材料种类；油漆品种、刷漆遍数等内容的特征做出描述。

4）国标清单工程量计算规则：以个计量，按设计图示数量计量；以 m 计量，按设计图示尺寸以延长米计算；以 m³ 计量，按设计图示尺寸以体积计算。

5）清单计价。按清单工作内容，根据设计图纸和施工方案确定可组合的主要内容，收银台在《装饰定额》中的可组合项目有 15-8。

17. 试衣间（011501017）

1）试衣间项目适用于各种类型的试衣间。

2）试衣间工程内容一般包括台柜制作、运输、安装（安放）、刷防护材料、油漆，五金件安装。

3）清单项目应对台柜规格；材料的种类、规格；五金的种类、规格；防护材料种类；油漆品种、刷漆遍数等内容的特征做出描述。

4）国标清单工程量计算规则：以个计量，按设计图示数量计量；以 m 计量，按设计图示尺寸以延长米计算；以 m³ 计量，按设计图示尺寸以体积计算。

5）清单计价。按清单工作内容，根据设计图纸和施工方案确定可组合的主要内容。

18. 货架（011501018）

1）货架项目适用于各种类型的货架。

2）货架工程内容一般包括台柜制作、运输、安装（安放）、刷防护材料、油漆，五金件安装。

3）清单项目应对台柜规格；材料的种类、规格；五金的种类、规格；防护材料种类；油漆品种、刷漆遍数等内容的特征做出描述。

4）国标清单工程量计算规则：以个计量，按设计图示数量计量；以 m 计量，按设计图示尺寸以延长米计算；以 m³ 计量，按设计图示尺寸以体积计算。

5）清单计价。按清单工作内容，根据设计图纸和施工方案确定可组合的主要内容，货架在《装饰定额》中的可组合项目有 15-6、15-10、15-11。

19. 书架（011501019）

1）书架项目适用于各种类型的书架。

2）书架工程内容一般包括台柜制作、运输、安装（安放），刷防护材料、油漆，五金件安装。

3）清单项目应对台柜规格；材料的种类、规格；五金的种类、规格；防护材料种类；油漆品种、刷漆遍数等内容的特征做出描述。

4）国标清单工程量计算规则：以个计量，按设计图示数量计量；以 m 计量，按设计图示尺寸以延长米计算；以 m³ 计量，按设计图示尺寸以体积计算。

5）清单计价。按清单工作内容，根据设计图纸和施工方案确定可组合的主要内容，书架在《装饰定额》中的可组合项目有 15-15～15-18。

20. 服务台（011501020）

1）服务台项目适用于各种类型的服务台。

2）服务台工程内容一般包括台柜制作、运输、安装（安放），刷防护材料、油漆，五金件安装。

3）清单项目应对台柜规格；材料的种类、规格；五金的种类、规格；防护材料种类；油漆品种、刷漆遍数等内容的特征做出描述。

4）国标清单工程量计算规则：以个计量，按设计图示数量计量；以 m 计量，按设计图示尺寸以延长米计算；以 m³ 计量，按设计图示尺寸以体积计算。

5）清单计价。按清单工作内容，根据设计图纸和施工方案确定可组合的主要内容，服务台在《装饰定额》中的可组合项目有 15-8。

（二）压条、装饰线（011502）

压条、装饰线清单包括：金属装饰线、木质装饰线、石材装饰线、石膏装饰线、镜面玻璃线、铝塑装饰线、塑料装饰线、GRC 装饰线条 8 个清单项目，分别按 011502001×××～011502008×××编码。

1. 金属装饰线（011502001）

1）金属装饰线项目适用于各种类型的金属压条、装饰线。

2）金属装饰线工程内容一般包括线条制作、安装，刷防护材料。

3）清单项目应对基层类型；线条材料的品种、规格、颜色；防护材料种类等内容的特征做出描述。

4）国标清单工程量计算规则：按设计图示尺寸以长度计算。

5）清单计价。按清单工作内容，根据设计图纸和施工方案确定可组合的主要内容，金属装饰线在《装饰定额》中的可组合项目有 15-35～15-44。

2. 木质装饰线（011502002）

1）木质装饰线项目适用于各种类型的木质压条、装饰线。

2）木质装饰线工程一般包括线条制作、安装，刷防护材料。

3）清单项目应对基层类型；线条材料的品种、规格、颜色；防护材料种类等内容的特征做出描述。

4）国标清单工程量计算规则：按设计图示尺寸以长度计算。

5）清单计价。按清单工作内容，根据设计图纸和施工方案确定可组合的主要内容，木质装饰线在《装饰定额》中的可组合项目有 15-25～15-34。

3. 石材装饰线 （011502003）

1）石材装饰线项目适用于各种类型的石材压条、装饰线。

2）石材装饰线工程内容一般包括线条制作、安装，刷防护材料。

3）清单项目应对基层类型；线条材料的品种、规格、颜色；防护材料种类等内容的特征做出描述。

4）国标清单工程量计算规则：按设计图示尺寸以长度计算。

5）清单计价。按清单工作内容，根据设计图纸和施工方案确定可组合的主要内容，石材装饰线在《装饰定额》中的可组合项目有 15-45～15-61。

4. 石膏装饰线 （011502004）

1）石膏装饰线项目适用于各种类型的石膏压条、装饰线。

2）石膏装饰线工程内容一般包括线条制作、安装，刷防护材料。

3）清单项目应对基层类型；线条材料的品种、规格、颜色；防护材料种类等内容的特征做出描述。

4）国标清单工程量计算规则：按设计图示尺寸以长度计算。

5）清单计价。按清单工作内容，根据设计图纸和施工方案确定可组合的主要内容。

5. 镜面玻璃线 （011502005）

1）镜面玻璃线项目适用于各种类型的镜面压条、装饰线。

2）镜面玻璃线工程内容一般包括线条制作、安装，刷防护材料。

3）清单项目应对基层类型；线条材料的品种、规格、颜色；防护材料种类等内容的特征做出描述。

4）国标清单工程量计算规则：按设计图示尺寸以长度计算。

5）清单计价。按清单工作内容，根据设计图纸和施工方案确定可组合的主要内容，镜面玻璃线在《装饰定额》中的可组合项目有 15-64。

6. 铝塑装饰线 （011502006）

1）铝塑装饰线项目适用于各种类型的铝塑压条、装饰线。

2）铝塑装饰线工程内容一般包括线条制作、安装，刷防护材料。

3）清单项目应对基层类型；线条材料的品种、规格、颜色；防护材料种类等内容的特征做出描述。

4）国标清单工程量计算规则：按设计图示尺寸以长度计算。

5）清单计价。按清单工作内容，根据设计图纸和施工方案确定可组合的主要内容，铝塑装饰线在《装饰定额》中的可组合项目有 15-65。

7. 塑料装饰线 （011502007）

1）塑料装饰线项目适用于各种类型的塑料压条、装饰线。

2）塑料装饰线工程内容一般包括线条制作、安装，刷防护材料。

3）清单项目应对基层类型；线条材料的品种、规格、颜色；防护材料种类等内容的特征做出描述。

4）国标清单工程量计算规则：按设计图示尺寸以长度计算。

5）清单计价。按清单工作内容，根据设计图纸和施工方案确定可组合的主要内容，塑料装饰线在《装饰定额》中的可组合项目有 15-65。

8. GRC 装饰线条（011502008）

1）GRC 装饰线条项目适用于各种类型的 GRC 压条、装饰线。

2）GRC 装饰线条工程内容一般包括线条制作、安装。

3）清单项目应对基层类型、线条材料规格、线条安装部位、填充材料种类等内容的特征做出描述。

4）国标清单工程量计算规则：按设计图示尺寸以长度计算。

5）清单计价。按清单工作内容，根据设计图纸和施工方案确定可组合的主要内容，GRC 装饰线条在《装饰定额》中的可组合项目有 15-66~15-69、15-78~15-81。

（三）扶手、栏杆、栏板装饰（011503）

扶手、栏杆、栏板装饰清单包括：金属扶手、栏杆、栏板；硬木扶手、栏杆、栏板；塑料扶手、栏杆、栏板；GRC 栏杆、扶手；金属靠墙扶手；硬木靠墙扶手；塑料靠墙扶手；玻璃栏板 8 个清单项目，分别按 011503001×××~011503008××× 编码。

1. 金属扶手、栏杆、栏板（011503001）

1）金属扶手、栏杆、栏板项目适用于各种类型的金属扶手、栏杆、栏板。

2）金属扶手、栏杆、栏板工程内容一般包括制作、运输、安装、刷防护材料。

3）清单项目应对扶手材料的种类、规格；栏杆材料的种类、规格；栏板材料的种类、规格、颜色；固定配件种类；防护材料种类等内容的特征做出描述。

4）国标清单工程量计算规则：按设计图示以扶手中心线长度（包括弯头长度）计算。

5）清单计价。按清单工作内容，根据设计图纸和施工方案确定可组合的主要内容，金属扶手、栏杆、栏板在《装饰定额》中的可组合项目有 15-82、15-85、15-86~15-88、15-92、15-93。

2. 硬木扶手、栏杆、栏板（011503002）

1）硬木扶手、栏杆、栏板项目适用于各种类型的硬木扶手、栏杆、栏板。

2）硬木扶手、栏杆、栏板工程内容一般包括制作、运输、安装、刷防护材料。

3）清单项目应对扶手材料的种类、规格；栏杆材料的种类、规格；栏板材料的种类、规格、颜色；固定配件种类；防护材料种类等内容的特征做出描述。

4）国标清单工程量计算规则：按设计图示以扶手中心线长度（包括弯头长度）计算。

5）清单计价。按清单工作内容，根据设计图纸和施工方案确定可组合的主要内容，硬木扶手、栏杆、栏板在《装饰定额》中的可组合项目有 15-83、15-91。

3. 塑料扶手、栏杆、栏板（011503003）

1）塑料扶手、栏杆、栏板项目适用于各种类型的塑料扶手、栏杆、栏板。

2）塑料扶手、栏杆、栏板工程内容一般包括制作、运输、安装、刷防护材料。

3）清单项目应对扶手材料的种类、规格；栏杆材料的种类、规格；栏板材料的种类、规格、颜色；固定配件种类；防护材料种类等内容的特征做出描述。

4）国标清单工程量计算规则：按设计图示以扶手中心线长度（包括弯头长度）计算。

5）清单计价。按清单工作内容，根据设计图纸和施工方案确定可组合的主要内容，塑料扶手、栏杆、栏板在《装饰定额》中的可组合项目有扶手、栏杆、栏板的制作、安装。

4. GRC 栏杆、扶手（011503004）

1）GRC 栏杆、扶手项目适用于各种类型的 GRC 栏杆、扶手。

2）GRC 栏杆、扶手工程内容一般包括制作、运输、安装、刷防护材料。

3）清单项目应对栏杆的规格，安装间距，扶手的类型、规格，填充材料种类等内容的特征做出描述。

4）国标清单工程量计算规则：按设计图示以扶手中心线长度（包括弯头长度）计算。

5）清单计价。按清单工作内容，根据设计图纸和施工方案确定可组合的主要内容，GRC 栏杆、扶手在《装饰定额》中的可组合项目有扶手、栏杆、栏板的制作、安装。

5. 金属靠墙扶手 （011503005）

1）金属靠墙扶手项目适用于各种类型的金属靠墙扶手。

2）金属靠墙扶手工程内容一般包括制作、运输、安装、刷防护材料。

3）清单项目应对扶手材料的种类、规格；固定配件种类；防护材料种类等内容的特征做出描述。

4）国标清单工程量计算规则：按设计图示以扶手中心线长度（包括弯头长度）计算。

5）清单计价。按清单工作内容，根据设计图纸和施工方案确定可组合的主要内容，金属靠墙扶手在《装饰定额》中的可组合项目有 15-95。

6. 硬木靠墙扶手 （011503006）

1）硬木靠墙扶手项目适用于各种类型的硬木靠墙扶手。

2）硬木靠墙扶手工程内容一般包括制作、运输、安装、刷防护材料。

3）清单项目应对扶手材料的种类、规格；固定配件种类；防护材料种类等内容的特征做出描述。

4）国标清单工程量计算规则：按设计图示以扶手中心线长度（包括弯头长度）计算。

5）清单计价。按清单工作内容，根据设计图纸和施工方案确定可组合的主要内容，硬木靠墙扶手在《装饰定额》中的可组合项目有 15-94。

7. 塑料靠墙扶手 （011503007）

1）塑料靠墙扶手项目适用于各种类型的塑料靠墙扶手。

2）塑料靠墙扶手工程内容一般包括制作、运输、安装、刷防护材料。

3）清单项目应对扶手材料的种类、规格；固定配件种类；防护材料种类等内容的特征做出描述。

4）国标清单工程量计算规则：按设计图示以扶手中心线长度（包括弯头长度）计算。

5）清单计价。按清单工作内容，根据设计图纸和施工方案确定可组合的主要内容，塑料靠墙扶手在《装饰定额》中的可组合项目有扶手、栏杆、栏板的制作、安装。

8. 玻璃栏板 （011503008）

1）玻璃栏板项目适用于各种类型的玻璃栏板。

2）玻璃栏板工程内容一般包括制作、运输、安装、刷防护材料。

3）清单项目应对栏杆玻璃的种类、规格、颜色；固定方式；固定配件种类等内容的特征做出描述。

4）国标清单工程量计算规则：按设计图示以扶手中心线长度（包括弯头长度）计算。

5）清单计价。按清单工作内容，根据设计图纸和施工方案确定可组合的主要内容，玻璃栏板在《装饰定额》中的可组合项目有 15-89、15-90。

[例题 7-2] 根据前述 [例题 7-1] 的条件，试计算该楼梯扶手工程国标清单工程量并

编制国标工程量清单。（计算结果保留两位小数）

解答：

1. 该楼梯扶手工程的国标清单工程量为 28.03m，具体步骤见［例题 7-1］。

2. 根据《计算规范》的项目划分编列清单，见表 7-3。

表 7-3 ［例题 7-2］工程量清单 工程名称：某工程

序号	项目编码	项目名称	项目特征	计量单位	工程数量
1	011503001001	金属扶手	不锈钢扶手 不锈钢栏杆	m²	28.03

（四）暖气罩（011504）

暖气罩清单包括：饰面板暖气罩、塑料板暖气罩、金属暖气罩 3 个清单项目，分别按 011504001×××～011504003×××编码。

1. 饰面板暖气罩（011504001）

1）饰面板暖气罩项目适用于各种类型的饰面板暖气罩。

2）饰面板暖气罩工程内容一般包括暖气罩制作、运输、安装，刷防护材料。

3）清单项目应对暖气罩材质、防护材料种类等内容的特征做出描述。

4）国标清单工程量计算规则：按设计图示尺寸以垂直投影面积（不展开）计算。

2. 塑料板暖气罩（011504002）

1）塑料板暖气罩项目适用于各种类型的塑料板暖气罩。

2）塑料板暖气罩工程内容一般包括暖气罩制作、运输、安装，刷防护材料。

3）清单项目应对暖气罩材质、防护材料种类等内容的特征做出描述。

4）国标清单工程量计算规则：按设计图示尺寸以垂直投影面积（不展开）计算。

3. 金属暖气罩（011504003）

1）金属暖气罩项目适用于各种类型的金属暖气罩。

2）金属暖气罩工程内容一般包括暖气罩制作、运输、安装，刷防护材料。

3）清单项目应对暖气罩材质、防护材料种类等内容的特征做出描述。

4）国标清单工程量计算规则：按设计图示尺寸以垂直投影面积（不展开）计算。

（五）浴厕配件（011505）

浴厕配件清单包括：洗漱台、晒衣架、帘子杆、浴缸拉手、卫生间扶手、毛巾杆（架）、毛巾环、卫生纸盒、肥皂盒、镜面玻璃、镜箱 11 个清单项目，分别按 011505001×××～011505011×××编码。

1. 洗漱台（011505001）

1）洗漱台项目适用于各种类型的洗漱台。

2）洗漱台工程内容一般包括台面及支架运输、安装，杆、环、盒、配件安装，刷油漆。

3）清单项目应对材料的品种、规格、颜色；支架、配件的品种、规格等内容的特征做出描述。

4）国标清单工程量计算规则：按设计图示数量计算或按设计图示尺寸以台面外接矩形面积计算。不扣除孔洞、挖弯、削角所占面积，挡板、吊沿板面积并入台面面积内。

5）清单计价。按清单工作内容，根据设计图纸和施工方案确定可组合的主要内容，洗漱台在《装饰定额》中的可组合项目有 15-100、15-101。

2. 晒衣架（011505002）

1）晒衣架项目适用于各种类型的晒衣架。

2）晒衣架工程内容一般包括台面及支架运输、安装，杆、环、盒、配件安装，刷油漆。

3）清单项目应对材料的品种、规格、颜色；支架、配件的品种、规格等内容的特征做出描述。

4）国标清单工程量计算规则：按设计图示数量计算。

5）清单计价。按清单工作内容，根据设计图纸和施工方案确定可组合的主要内容，晒衣架在《装饰定额》中的可组合项目有 15-113。

3. 帘子杆（011505003）

1）帘子杆项目适用于各种类型的帘子杆。

2）帘子杆工程内容一般包括台面及支架运输、安装，杆、环、盒、配件安装，刷油漆。

3）清单项目应对材料的品种、规格、颜色；支架、配件的品种、规格等内容的特征做出描述。

4）国标清单工程量计算规则：按设计图示数量计算。

5）清单计价。按清单工作内容，根据设计图纸和施工方案确定可组合的主要内容，帘子杆在《装饰定额》中的可组合项目有 15-107。

4. 浴缸拉手（011505004）

1）浴缸拉手项目适用于各种类型的浴缸拉手。

2）浴缸拉手工程内容一般包括台面及支架运输、安装，杆、环、盒、配件安装，刷油漆。

3）清单项目应对材料的品种、规格、颜色；支架、配件的品种、规格等内容的特征做出描述。

4）国标清单工程量计算规则：按设计图示数量计算。

5）清单计价。按清单工作内容，根据设计图纸和施工方案确定可组合的主要内容，浴缸拉手在《装饰定额》中的可组合项目有 15-110。

5. 卫生间扶手（011505005）

1）卫生间扶手项目适用于各种类型的卫生间扶手。

2）卫生间扶手工程内容一般包括台面及支架运输、安装，杆、环、盒、配件安装，刷油漆。

3）清单项目应对材料的品种、规格、颜色；支架、配件的品种、规格等内容的特征做出描述。

4）国标清单工程量计算规则：按设计图示数量计算。

5）清单计价。按清单工作内容，根据设计图纸和施工方案确定可组合的主要内容，卫生间扶手在《装饰定额》中的可组合项目有 15-94～15-97。

6. 毛巾杆（架）（011505006）

1）毛巾杆（架）项目适用于各种类型的毛巾杆（架）。

2）毛巾杆（架）工程内容一般包括台面及支架制作、运输、安装，杆、环、盒、配件安装，刷油漆。

3）清单项目应对材料的品种、规格、颜色；支架、配件的品种、规格等内容的特征做出描述。

4）国标清单工程量计算规则：按设计图示数量计算。

5）清单计价。按清单工作内容，根据设计图纸和施工方案确定可组合的主要内容，毛巾杆（架）在《装饰定额》中的可组合项目有15-108。

7. 毛巾环（011505007）

1）毛巾环项目适用于各种类型的毛巾环。

2）毛巾环工程内容一般包括台面及支架制作、运输、安装，杆、环、盒、配件安装，刷油漆。

3）清单项目应对材料的品种、规格、颜色；支架、配件的品种、规格等内容的特征做出描述。

4）国标清单工程量计算规则：按设计图示数量计算。

5）清单计价。按清单工作内容，根据设计图纸和施工方案确定可组合的主要内容，毛巾环在《装饰定额》中的可组合项目有15-109。

8. 卫生纸盒（011505008）

1）卫生纸盒项目适用于各种类型的卫生纸盒。

2）卫生纸盒工程内容一般包括台面及支架制作、运输、安装，杆、环、盒、配件安装，刷油漆。

3）清单项目应对材料的品种、规格、颜色；支架、配件的品种、规格等内容的特征做出描述。

4）国标清单工程量计算规则：按设计图示数量计算。

5）清单计价。按清单工作内容，根据设计图纸和施工方案确定可组合的主要内容，卫生纸盒在《装饰定额》中的可组合项目有15-112。

9. 肥皂盒（011505009）

1）肥皂盒项目适用于各种类型的肥皂盒。

2）肥皂盒工程内容一般包括台面及支架制作、运输、安装，杆、环、盒、配件安装，刷油漆。

3）清单项目应对材料的品种、规格、颜色；支架、配件的品种、规格等内容的特征做出描述。

4）国标清单工程量计算规则：按设计图示数量计算。

5）清单计价。按清单工作内容，根据设计图纸和施工方案确定可组合的主要内容，肥皂盒在《装饰定额》中的可组合项目有15-111。

10. 镜面玻璃（011505010）

1）镜面玻璃项目适用于各种类型的镜面玻璃。

2）镜面玻璃工程内容一般包括基层安装，玻璃及框制作、运输、安装。

3）清单项目应对镜面玻璃的品种、规格；框的材质、断面尺寸；基层材料种类；防护材料种类等内容的特征做出描述。

4）国标清单工程量计算规则：按设计图示尺寸以边框外围面积计算。

5）清单计价。按清单工作内容，根据设计图纸和施工方案确定可组合的主要内容，镜面玻璃在《装饰定额》中的可组合项目有 15-102～15-104。

11. 镜箱 （011505011）

1）镜箱项目适用于各种类型的镜箱。

2）镜箱工程内容一般包括基层安装，箱体的制作、运输、安装，玻璃安装，刷防护材料、油漆。

3）清单项目应对箱体的材质、规格；玻璃的品种、规格；基层材料种类；防护材料种类；油漆品种、刷漆遍数等内容的特征做出描述。

4）国标清单工程量计算规则：按设计图示数量计算。

5）清单计价。按清单工作内容，根据设计图纸和施工方案确定可组合的主要内容，镜箱在《装饰定额》中的可组合项目有 15-105、15-106。

（六）雨篷、旗杆 （011506）

雨篷、旗杆清单包括：雨篷吊挂饰面、金属旗杆、玻璃雨篷 3 个清单项目，分别按 011506001×××～011506003×××编码。

1. 雨篷吊挂饰面 （011506001）

1）雨篷吊挂饰面项目适用于各种类型的雨篷饰面。

2）雨篷吊挂饰面工程内容一般包括底层抹灰，龙骨基层安装，面层安装，刷防护材料、油漆。

3）清单项目应对基层类型；龙骨的材料种类、规格、中距；面层材料的品种、规格；吊顶（天棚）材料的品种、规格；嵌缝材料种类；防护材料种类等内容的特征做出描述。

4）国标清单工程量计算规则：按设计图示尺寸以水平投影面积计算。

5）清单计价。按清单工作内容，根据设计图纸和施工方案确定可组合的主要内容，雨篷吊挂饰面在《装饰定额》中的可组合项目有 15-116、15-117。

2. 金属旗杆 （011506002）

1）金属旗杆项目适用于各种类型的金属旗杆。

2）金属旗杆工程内容一般包括土石挖、填、运，基础混凝土浇筑，旗杆的制作、安装，旗杆台座的制作、饰面。

3）清单项目应对旗杆的材料、种类、规格；旗杆高度；基础材料种类；基座面层的材料、种类、规格等内容的特征做出描述。

4）国标清单工程量计算规则：按设计图示数量计算。

5）清单计价。按清单工作内容，根据设计图纸和施工方案确定可组合的主要内容，金属旗杆在《装饰定额》中的可组合项目有 15-118～15-123。

3. 玻璃雨篷 （011506003）

1）玻璃雨篷项目适用于各种类型的玻璃雨篷。

2）玻璃雨篷工程内容一般包括龙骨基层安装，面层安装，刷防护材料、油漆。

3）清单项目应对玻璃雨篷的固定方式；龙骨的材料种类、规格、中距；玻璃材料的品种、规格；嵌缝材料种类；防护材料种类等内容的特征做出描述。

4）国标清单工程量计算规则：按设计图示尺寸以水平投影面积计算。

5）清单计价。按清单工作内容，根据设计图纸和施工方案确定可组合的主要内容，玻璃雨篷在《装饰定额》中的可组合项目有 15-114、15-115。

（七）招牌、灯箱（011507）

招牌、灯箱清单包括：平面、箱式招牌，竖式标箱，灯箱，信报箱 4 个清单项目，分别按 011507001×××～011507004×××编码。

1. 平面、箱式招牌（011507001）

1）平面、箱式招牌项目适用于各种类型的招牌。

2）平面、箱式招牌工程内容一般包括基层安装，箱体及支架制作、运输、安装，面层制作、安装，刷防护材料、油漆。

3）清单项目应对箱体规格、基层材料种类、面层材料种类、防护材料种类等内容的特征做出描述。

4）国标清单工程量计算规则：按设计图示尺寸以正立面边框外围面积计算，复杂形状的凸凹造型部分不增加面积。

5）清单计价。按清单工作内容，根据设计图纸和施工方案确定可组合的主要内容，平面、箱式招牌在《装饰定额》中的可组合项目有 15-124～15-129、15-134、15-135、15-136～15-143。

2. 竖式标箱（011507002）

1）竖式标箱项目适用于各种类型的标箱。

2）竖式标箱工程内容一般包括基层安装，箱体及支架制作、运输、安装，面层制作、安装，刷防护材料、油漆。

3）清单项目应对箱体规格、基层材料种类、面层材料种类、防护材料种类等内容的特征做出描述。

4）国标清单工程量计算规则：按设计图示数量计算。

5）清单计价。按清单工作内容，根据设计图纸和施工方案确定可组合的主要内容，竖式标箱在《装饰定额》中的可组合项目有 15-130～15-133、15-136～15-143。

3. 灯箱（011507003）

1）灯箱项目适用于各种类型的灯箱。

2）灯箱工程内容一般包括基层安装，箱体及支架制作、运输、安装，面层制作、安装，刷防护材料、油漆。

3）清单项目应对箱体规格、基层材料种类、面层材料种类、防护材料种类等内容的特征做出描述。

4）国标清单工程量计算规则：按设计图示数量计算。

5）清单计价。按清单工作内容，根据设计图纸和施工方案确定可组合的主要内容，灯箱在《装饰定额》中的可组合项目有 15-124～15-129、15-134、15-135、15-136～15-143。

4. 信报箱（011507004）

1）信报箱项目适用于各种类型的信报箱。

2）信报箱工程内容一般包括基层安装，箱体及支架制作、运输、安装，面层制作、安装，刷防护材料、油漆。

3）清单项目应对箱体规格、基层材料种类、面层材料种类、防护材料种类、户数等内容的特征做出描述。

4）国标清单工程量计算规则：按设计图示数量计算。

5）清单计价。按清单工作内容，根据设计图纸和施工方案确定可组合的主要内容，信报箱在《装饰定额》中的可组合项目有 15-124~15-129、15-134、15-135、15-136~15-143。

（八）美术字（011508）

美术字清单包括：泡沫塑料字、有机玻璃字、木质字、金属字、吸塑字 5 个清单项目，分别按 011508001×××~011508005×××编码。

1. 泡沫塑料字（011508001）

1）泡沫塑料字项目适用于各种类型的泡沫塑料字。

2）泡沫塑料字工程内容一般包括字的制作、运输、安装，刷油漆。

3）清单项目应对基层类型；镂字材料的品种、颜色；字体规格；固定方式；油漆品种、刷漆遍数等内容的特征做出描述。

4）国标清单工程量计算规则：按设计图示数量计算。

2. 有机玻璃字（011508002）

1）有机玻璃字项目适用于各种类型的有机玻璃字。

2）有机玻璃字工程内容一般包括字的制作、运输、安装，刷油漆。

3）清单项目应对基层类型；镂字材料的品种、颜色；字体规格；固定方式；油漆品种、刷漆遍数等内容的特征做出描述。

4）国标清单工程量计算规则：按设计图示数量计算。

5）清单计价。按清单工作内容，根据设计图纸和施工方案确定可组合的主要内容，有机玻璃字在《装饰定额》中的可组合项目有 15-166~15-177。

3. 木质字（011508003）

1）木质字项目适用于各种类型的木质字。

2）木质字工程内容一般包括字的制作、运输、安装，刷油漆。

3）清单项目应对基层类型；镂字材料的品种、颜色；字体规格；固定方式；油漆品种、刷漆遍数等内容的特征做出描述。

4）国标清单工程量计算规则：按设计图示数量计算。

5）清单计价。按清单工作内容，根据设计图纸和施工方案确定可组合的主要内容，木质字在《装饰定额》中的可组合项目有 15-144~15-149。

4. 金属字（011508004）

1）金属字项目适用于各种类型的金属字。

2）金属字工程内容一般包括字的制作、运输、安装，刷油漆。

3）清单项目应对基层类型；镂字材料的品种、颜色；字体规格；固定方式；油漆品种、刷漆遍数等内容的特征做出描述。

4）国标清单工程量计算规则：按设计图示数量计算。

5）清单计价。按清单工作内容，根据设计图纸和施工方案确定可组合的主要内容，金属字在《装饰定额》中的可组合项目有 15-150~15-155。

5. 吸塑字（011508005）

1）吸塑字项目适用于各种类型的吸塑字。

2）吸塑字工程内容一般包括字的制作、运输、安装，刷油漆。

3）清单项目应对基层类型；镂字材料的品种、颜色；字体规格；固定方式；油漆品种、刷漆遍数等内容的特征做出描述。

4）国标清单工程量计算规则：按设计图示数量计算。

5）清单计价。按清单工作内容，根据设计图纸和施工方案确定可组合的主要内容，吸塑字在《装饰定额》中的可组合项目有 15-160 ~ 15-165。

二、国标工程量清单计价

[例题 7-3]　利用 [例题 7-2] 楼梯扶手的清单，按《装饰定额》计算该国标清单的综合单价及合价（本题假设企业管理费和利润分别按 20% 和 10% 计取，以定额人工费与定额机械费之和为取费基数，属于房屋建筑工程，采用一般计税法，假设当时当地人工、材料、机械除税信息价与定额取定价格相同）。

解答：

1. 根据前述例题提供的条件，本题清单项目可组合的定额子目见表 7-4。

表 7-4　[例题 7-3] 清单项目可组合内容

序号	项目名称	可组合内容	定额编号
1	金属扶手	不锈钢栏杆扶手	15-82

2. 套用《装饰定额》确定相应的分部分项人工费、材料费和机械费。

（1）不锈钢栏杆扶手工程量 = 28.03m，另有

人工费 = 66.12 元/m^2

材料费 = 12.42 元/m^2

机械费 = 1.36 元/m^2

管理费 =（66.12+1.36）×20% 元/m^2 = 13.50 元/m^2

利润 =（66.12+1.36）×10% 元/m^2 = 6.75 元/m^2

（2）计算综合单价，填写综合单价计算表，见表 7-5。

表 7-5　[例题 7-3] 清单综合单价计算

编号	名称	计量单位	数量	综合单价/元						合计/元
				人工费	材料费	机械费	管理费	利润	小计	
011503001001	金属扶手	m	28.03	66.12	12.42	1.36	13.50	6.75	100.15	2807.20
15-82	不锈钢栏杆扶手	m	28.03	66.12	12.42	1.36	13.50	6.75	100.15	2807.20

模 块 小 结

本模块主要介绍了其他装饰工程定额使用的规定、工程量计算规则，以及其他装饰工程的清单编制。重点是掌握好楼梯扶手的计算；掌握其他装饰工程的清单列项与项目特征描

述，同时要注意清单工程量计算规则与定额的区别。

思考与练习题

1. 其他装饰工程的定额项目、清单项目包括哪几个部分？各部分的工程内容有哪些？

2. 某小区标志设计成平面招牌，外围尺寸为 5m×3.5m，采用 150mm×5mm 角钢骨架，刷红丹漆底漆一遍，银粉漆面漆两遍；单面 15mm 细木工板基层，面层粘贴 1.5mm 厚铝塑板，镶贴有机玻璃美术字。字外围尺寸 800mm×450mm 的有 12 个、500m×350mm 的有 26 个。业主根据施工图计算得基层钢骨架清单工程量为 0.56t，试计算平面招牌的定额工程量并编制定额工程量清单（计算结果保留两位小数）。

3. 利用上面第 2 题给定的条件，试计算平面招牌国标清单工程量并编制国标工程量清单（计算结果保留两位小数）。

4. 利用上面第 3 题编制的油漆清单，按《装饰定额》计算该国标清单的综合单价及合价（本题假设企业管理费和利润分别按 20% 和 10% 计取，以定额人工费与定额机械费之和为取费基数，属于房屋建筑工程，采用一般计税法，假设当时当地人工、材料、机械除税信息价与定额取定价格相同）。

5. 某左端靠墙右端露出的木质矮柜，长 2m，高 80cm，厚 60cm，试计算该矮柜制作、安装的定额工程量并编制定额工程量清单（计算结果保留两位小数）。

6. 利用上面第 5 题给定的条件，试计算该矮柜制作、安装的国标清单工程量并编制国标工程量清单（计算结果保留两位小数）。

7. 利用上面第 6 题编制的矮柜清单，按《装饰定额》计算该国标清单的综合单价及合价（本题假设企业管理费和利润分别按 20% 和 10% 计取，以定额人工费与定额机械费之和为取费基数，属于房屋建筑工程，采用一般计税法，假设当时当地人工、材料、机械除税信息价与定额取定价格相同）。

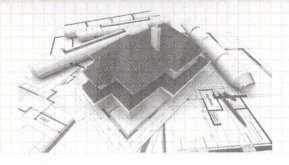

模块8

拆除工程

项目1 定额计量与计价

拆除工程

一、定额说明

《装饰定额》中，第十六章包括三节共 63 个子目，各小节子目划分见表 8-1。

表 8-1 拆除工程定额子目划分

拆除工程定额各小节子目划分		定额编码	子目数
一	砖石、混凝土、钢筋混凝土基础拆除	16-1～16-4	4
二	结构拆除	砌体拆除	16-5～16-10	6
		预制钢筋混凝土构件拆除	16-11～16-14	4
		现浇钢筋混凝土构件拆除	16-15～16-25	11
三	饰面拆除	地面拆除	16-26～16-33	8
		墙面拆除	16-34～16-43	10
		天棚拆除	16-44～16-48	5
		门窗拆除	16-49～16-54	6
		栏杆扶手拆除	16-55～16-59	5
		铲除油漆涂料裱糊面	16-60～16-63	4

子目设置说明如下：

1）《装饰定额》第十六章定额子目未考虑钢筋、铁件等拆除材料残值利用。

2）《装饰定额》第十六章定额除说明有标注外，拆除人工、机械操作项目综合考虑，执行同一定额。

3）现浇混凝土构件拆除机械按手持式风动凿岩机考虑。如采用切割机械无损拆除局部混凝土构件，另按无损切割子目执行。

4）墙体凿门窗洞口套用相应墙体拆除子目，洞口面积在 0.5m² 以内，相应定额的人工乘以系数 3.00；洞口面积为 0.5～1.0m²，相应定额的人工乘以系数 2.40。

5）地面抹灰层与块料面层铲除不包括找平层，如需铲除找平层，每 10m² 增加人工 0.20 工日。带支架防静电地板按带龙骨木地板项目人工乘以系数 1.30。

6）抹灰层铲除定额已包含了抹灰层表面腻子和涂料（涂漆）的一并铲除，不再另套定额。

7）腻子铲除已包含了涂料（油漆）的一并铲除，不再另套定额。

8）门窗套拆除包括与其相连的木线条拆除。

9）拆除的建筑垃圾装袋费用未考虑，建筑垃圾外运及处置费按各地有关规定执行。

二、工程量计算规则

1）基础拆除：按实拆基础体积以"m³"计算。

2）砌体拆除：按实拆墙体体积以"m³"计算，不扣除 0.30m² 以内孔洞和构件所占的体积。轻质隔墙及隔断拆除按实际拆除面积以"m²"计算。

3）预制和现浇混凝土及钢筋混凝土拆除：按实际拆除体积以"m³"计算，楼梯拆除按水平投影面积以"m²"计算。无损切割按切割构件断面以"m²"计算，钻芯按实钻孔数以"孔"计算。

4）地面面层拆除：抹灰层、块料面层、龙骨及饰面拆除均按实拆面积以"m²"计算；踢脚线铲除并入墙面不另计算。

5）墙（柱）面面层拆除：抹灰层、块料面层、龙骨及饰面拆除均按实拆面积以"m²"计算；干挂石材骨架拆除按拆除构件质量以"t"计算。如饰面与墙体整体拆除，饰面工程量并入墙体按体积计算，饰面拆除不再单独计算费用。

6）天棚面层拆除：抹灰层铲除按实铲面积以"m²"计算，龙骨及饰面拆除按水平投影面积以"m²"计算。

7）门窗拆除：门窗拆除按门窗洞口面积以"m²"计算，门窗扇拆除以"扇"计算。

8）栏杆扶手拆除：均按实拆长度以"m"计算。

9）油漆涂料裱糊面层铲除：均按实际铲除面积以"m²"计算。

三、定额清单综合计算示例

[例题 8-1]　拆除一套三室一厅商品房的客厅天棚吊顶，吊顶尺寸为 6.96m×7.20m，U38 不上人轻钢龙骨石膏板吊顶，龙骨间距为 450mm×450mm，试计算该天棚拆除工程的定额工程量并编制定额工程量清单（计算结果保留两位小数）。

解答：

1. 该天棚拆除工程的工程量 = 6.96×7.20m² = 50.11m²。

2. 该天棚拆除工程定额工程量清单见表 8-2。

表 8-2　[例题 8-1] 工程量清单

序号	定额编号	项目名称	项目特征	计量单位	工程量
1	16-48	天棚龙骨及饰面拆除	U38 不上人轻钢龙骨石膏板面	m²	50.11

项目 2　国标工程量清单及清单计价

一、国标工程量清单编制

（一）砖砌体拆除（011601）

砖砌体拆除清单只包括砖砌体拆除（011601001）一个项目：

1）工程内容：拆除、控制扬尘、清理、建渣场（内）外运输。

2）项目特征：砌体名称、砌体材质、拆除高度、拆除砌体的截面尺寸、砌体表面的附着物种类。

3）国标清单工程量计算规则：按拆除的体积计算或按拆除的延长米计算。

4）清单计价：按清单工作内容，根据设计图纸和施工方案确定可组合的主要内容，砖砌体拆除在《装饰定额》中的可组合项目有 16-1、16-2、16-5～16-10。

5）注意：砌体名称是指墙、柱、水池等；砌体表面的附着物种类是指抹灰层、块料层、龙骨及装饰面等；以 m 计算时，砖地沟、砖明沟等必须描述拆除部位的截面尺寸；以 m^3 计算时，截面尺寸则不必描述。

（二）混凝土及钢筋混凝土构件拆除（011602）

混凝土及钢筋混凝土构件拆除清单包括：混凝土构件拆除（011602001）、钢筋混凝土构件拆除（011602002）2 个清单项目。

1. 混凝土构件拆除（011602001）

1）工程内容：拆除、控制扬尘、清理、建渣场（内）外运输。

2）项目特征：构件名称，拆除构件的厚度或规格、尺寸，构件表面的附着物种类。

3）国标清单工程量计算规则：以 m^3 计量，按拆除构件的混凝土体积计算；以 m^2 计量，按拆除部位的面积计算；以 m 计量，按拆除部位的延长米计算。

4）清单计价：按清单工作内容，根据施工方案确定清单组合内容，混凝土构件拆除在《装饰定额》中的可组合项目有 16-3。

5）注意：以 m^3 为计量单位时，可不描述构件的规格、尺寸；以 m^2 作为计量单位时，则应描述构件的厚度；以 m 作为计量单位时，则必须描述构件的规格、尺寸；砌体表面的附着物种类是指抹灰层、块料层、龙骨及装饰面等。

2. 钢筋混凝土构件拆除（011602002）

1）工程内容：拆除、控制扬尘、清理、建渣场内（外）运输。

2）项目特征：构件名称，拆除构件的厚度或规格、尺寸，构件表面的附着物种类。

3）国标清单工程量计算规则：以 m^3 计量，按拆除构件的混凝土体积计算；以 m^2 计量，按拆除部位的面积计算；以 m 计量，按拆除部位的延长米计算。

4）清单计价：按清单工作内容，根据施工方案确定清单组合内容，钢筋混凝土构件拆除在《装饰定额》中的可组合项目有 16-4、16-11～16-25。

5）注意：以 m^3 为计量单位时，可不描述构件的规格、尺寸；以 m^2 作为计量单位时，则应描述构件的厚度；以 m 作为计量单位时，则必须描述构件的规格、尺寸；砌体表面的附着物种类是指抹灰层、块料层、龙骨及装饰面层等。

（三）木构件拆除（011603）

木构件拆除清单仅包括木构件拆除（011603001）一个项目：

1）工程内容：拆除、控制扬尘、清理、建渣场内（外）运输。

2）项目特征：构件名称，拆除构件的厚度或规格、尺寸，构件表面的附着物种类。

3）国标清单工程量计算规则：以 m^3 计量，按拆除构件的混凝土体积计算；以 m^2 计量，按拆除部位的面积计算；以 m 计量，按拆除部位的延长米计算。

4）清单计价：按清单工作内容，根据施工方案确定清单组合内容。

5）注意：拆除木构件应按木梁、木柱、木楼梯、木屋架、承重木楼板等分别在构件名称中描述；以 m^3 作为计量单位时，可不描述构件的规格、尺寸，以 m^2 作为计量单位时，则应描述构件的厚度；以 m 作为计量单位时，则必须描述构件的规格、尺寸；砌体表面的附着物种类是指抹灰层、块料层、龙骨及装饰面层等。

（四）抹灰层拆除 （011604）

抹灰层拆除清单包括：平面抹灰层拆除（011604001）、立面抹灰层拆除（011604002）、天棚抹灰面拆除（011604003）3 个清单项目。

1. 平面抹灰层拆除 （011604001）

1）工程内容：拆除、控制扬尘、清理、建渣场内（外）运输。

2）项目特征：拆除部位、抹灰层的种类。

3）国标清单工程量计算规则：按拆除部位的面积计算。

4）清单计价：按清单工作内容，根据施工方案确定清单组合内容，平面抹灰层拆除在《装饰定额》中的可组合项目有 16-26、16-27。

5）注意：单独拆除抹灰层应按《计算规范》表 R.4 中的项目编码列项；抹灰层种类可描述为一般抹灰或者装饰抹灰。

2. 立面抹灰层拆除 （011604002）

1）工程内容：拆除、控制扬尘、清理、建渣场内（外）运输。

2）项目特征：拆除部位、抹灰层的种类。

3）国标清单工程量计算规则：按拆除部位的面积计算。

4）清单计价：按清单工作内容，根据施工方案确定清单组合内容，立面抹灰层拆除在《装饰定额》中的可组合项目有 16-34、16-35。

5）注意：单独拆除抹灰层应按《计算规范》表 R.4 中的项目编码列项；抹灰层种类可描述为一般抹灰或者装饰抹灰。

3. 天棚抹灰面拆除 （011604003）

1）工程内容：拆除、控制扬尘、清理、建渣场内（外）运输。

2）项目特征：拆除部位、抹灰层的种类。

3）国标清单工程量计算规则：按拆除部位的面积计算。

4）清单计价：按清单工作内容，根据施工方案确定清单组合内容，天棚抹灰面拆除在《装饰定额》中的可组合项目有 16-44。

5）注意：单独拆除抹灰层应按《计算规范》表 R.4 中的项目编码列项；抹灰层种类可描述为一般抹灰或者装饰抹灰。

（五）块料面层拆除 （011605）

块料面层拆除清单包括：平面块料拆除（011605001）、立面块料拆除（011605002）2 个清单项目。

1. 平面块料拆除 （011605001）

1）工程内容：拆除、控制扬尘、清理、建渣场内（外）运输。

2）项目特征：拆除的基层类型、饰面材料的种类。

3）国标清单工程量计算规则：按拆除面积计算。

4）清单计价：按清单工作内容，根据施工方案确定清单组合内容，平面块料拆除在

《装饰定额》中的可组合项目有 16-28 ~ 16-30。

5）注意：如仅拆除块料面层，拆除的基层类型不用描述。

2. 立面块料拆除（011605002）

1）工程内容：拆除、控制扬尘、清理、建渣场内（外）运输。

2）项目特征：拆除的基层类型、饰面材料的种类。

3）国标清单工程量计算规则：按拆除面积计算。

4）清单计价：按清单工作内容，根据施工方案确定清单组合内容，立面块料拆除在《装饰定额》中的可组合项目有 16-36、16-37、16-41、16-42。

5）注意：如仅拆除块料面层，拆除的基层类型不用描述。

（六）龙骨及饰面拆除（011606）

龙骨及饰面拆除清单包括：楼地面龙骨及饰面拆除（011606001）、墙（柱）面龙骨及饰面拆除（011606002）、天棚面龙骨及饰面拆除（011606003）3 个清单项目。

1. 楼地面龙骨及饰面拆除（011606001）

1）工程内容：拆除、控制扬尘、清理、建渣场内（外）运输。

2）项目特征：拆除的基层类型、龙骨及饰面的种类。

3）国标清单工程量计算规则：按拆除面积计算。

4）清单计价：按清单工作内容，根据设计图纸和施工方案确定清单组合内容。

5）注意：基层类型的描述是指砂浆层、防水层；如仅拆除龙骨及饰面，拆除的基层类型不用描述；如果只拆除饰面，不用描述龙骨材料种类。

2. 墙（柱）面龙骨及饰面拆除（011606002）

1）工程内容：拆除、控制扬尘、清理、建渣场内（外）运输。

2）项目特征：拆除的基层类型、龙骨及饰面的种类。

3）国标清单工程量计算规则：按拆除面积计算。

4）清单计价：按清单工作内容，根据设计图纸和施工方案确定清单组合内容，墙（柱）面龙骨及饰面拆除在《装饰定额》中的可组合项目有 16-38 ~ 16-40。

5）注意：基层类型的描述是指砂浆层、防水层；如仅拆除龙骨及饰面，拆除的基层类型不用描述；如果只拆除饰面，不用描述龙骨材料种类。

3. 天棚面龙骨及饰面拆除（011606003）

1）工程内容：拆除、控制扬尘、清理、建渣场内（外）运输。

2）项目特征：拆除的基层类型、龙骨及饰面的种类。

3）国标清单工程量计算规则：按拆除面积计算。

4）清单计价：按清单工作内容，根据设计图纸和施工方案确定清单组合内容，天棚面龙骨饰面拆除在《装饰定额》中的可组合项目有 16-45 ~ 16-48。

5）注意：基层类型的描述是指砂浆层、防水层；如仅拆除龙骨及饰面，拆除的基层类型不用描述；如果只拆除饰面，不用描述龙骨材料种类。

（七）屋面拆除（011607）

屋面拆除清单包括：刚性层拆除（011607001）、防水层拆除（011607002）2 个清单项目。

1. 刚性层拆除（011607001）

1）工程内容：铲除、控制扬尘、清理、建渣场内（外）运输。

2）项目特征：刚性层厚度。

3）国标清单工程量计算规则：按铲除部位的面积计算。

4）清单计价：按清单工作内容，根据设计图纸和施工方案确定清单组合内容。

2. 防水层拆除（011607002）

1）工程内容：拆除、控制扬尘、清理、建渣场内（外）运输。

2）项目特征：防水层种类。

3）国标清单工程量计算规则：按铲除部位的面积计算。

4）清单计价：按清单工作内容，根据设计图纸和施工方案确定清单组合内容。

（八）铲除油漆涂料裱糊面（011608）

铲除油漆涂料裱糊面清单包括：铲除油漆面（011608001）、铲除涂料面（011608002）、铲除裱糊面（011608003）3 个清单项目。

1. 铲除油漆面（011608001）

1）工程内容：铲除、控制扬尘、清理、建渣场内（外）运输。

2）项目特征：铲除部位名称、铲除部位的截面尺寸。

3）国标清单工程量计算规则：按铲除部位的延长米计算或按铲除部位的面积计算。

4）清单计价：按清单工作内容，根据设计图纸和施工方案确定清单组合内容，铲除油漆面在《装饰定额》中的可组合项目有 16-61、16-63。

2. 铲除涂料面（011608002）

1）工程内容：铲除、控制扬尘、清理、建渣场内（外）运输。

2）项目特征：铲除部位名称、铲除部位的截面尺寸。

3）国标清单工程量计算规则：按铲除部位的延长米计算或按铲除部位的面积计算。

4）清单计价：按清单工作内容，根据设计图纸和施工方案确定清单组合内容，铲除涂料面在《装饰定额》中的可组合项目有 16-60。

3. 铲除裱糊面（011608003）

1）工程内容：铲除、控制扬尘、清理、建渣场内（外）运输。

2）项目特征：铲除部位名称、铲除部位的截面尺寸。

3）国标清单工程量计算规则：按铲除部位的延长米计算或按铲除部位的面积计算。

4）清单计价：按清单工作内容，根据设计图纸和施工方案确定清单组合内容，铲除裱糊面在《装饰定额》中的可组合项目有 16-62。

4. 注意

单独铲除油漆涂料裱糊面的工程按《计算规范》表 R.8 中的项目编码列项。铲除部位名称的描述是指墙面、柱面、天棚、门窗等。按 m 计量，必须描述铲除部位的截面尺寸；以 m^2 计量时，则不用描述铲除部位的截面尺寸。

（九）栏杆栏板、轻质隔断隔墙拆除（011609）

栏杆栏板、轻质隔断隔墙拆除清单包括：栏杆、栏板拆除（011609001），隔断隔墙拆除（011609002）2 个清单项目。

1. 栏杆、栏板拆除（011609001）

1）工程内容：拆除、控制扬尘、清理、建渣场内（外）运输。

2）项目特征：栏杆、栏板的高度、种类。

3）国标清单工程量计算规则：以 m^2 计量，按拆除部位的面积计算；以 m 计量，按拆除部位的延长米计算。

4）清单计价：按清单工作内容，根据设计图纸和施工方案确定清单组合内容，栏杆、栏板拆除在《装饰定额》中的可组合项目有 16-55 ~ 16-59。

5）注意：以 m^2 计量，不用描述栏杆（板）的高度。

2. 隔断隔墙拆除（011609002）

1）工程内容：拆除、控制扬尘、清理、建渣场内（外）运输。

2）项目特征：拆除隔墙的骨架种类，拆除隔墙的饰面种类。

3）国标清单工程量计算规则：按拆除部位的面积计算。

4）清单计价：按清单工作内容，根据设计图纸和施工方案确定清单组合内容，隔断隔墙拆除在《装饰定额》中的可组合项目有 16-9、16-10。

5）注意：以 m^2 计量，不用描述栏杆（板）的高度。

（十）门窗拆除（011610）

门窗拆除清单包括：木门窗拆除（011610001）、金属门窗拆除（011610002）2 个清单项目。

1. 木门窗拆除（011610001）

1）工程内容：拆除、控制扬尘、清理、建渣场内（外）运输。

2）项目特征：室内高度、门窗洞口尺寸。

3）国标清单工程量计算规则：以 m^2 计量，按拆除面积计算；以橙计量，按拆除橙数计算。

4）清单计价：按清单工作内容，根据设计图纸和施工方案确定清单组合内容，木门窗拆除在《装饰定额》中的可组合项目有 16-49。

2. 金属门窗拆除（011610002）

1）工程内容：拆除、控制扬尘、清理、建渣场内（外）运输。

2）项目特征：室内高度、门窗洞口尺寸。

3）国标清单工程量计算规则：以 m^2 计量，按拆除面积计算；以橙计量，按拆除橙数计算。

4）清单计价：按清单工作内容，根据设计图纸和施工方案确定清单组合内容，金属门窗拆除在《装饰定额》中的可组合项目有 16-50 ~ 16-53。

3. 注意

门窗拆除以 m^2 计量，不用描述门窗的洞口尺寸。室内高度是指室内楼地面至门窗的上边框。

（十一）金属构件拆除（011611）

金属构件拆除清单包括：钢梁拆除（011611001），钢柱拆除（011611002），钢网架拆除（011611003），钢支撑、钢墙架拆除（011611004），其他金属构件拆除（011611005）5 个清单项目。

1. 钢梁拆除 （011611001）

1) 工程内容：拆除、控制扬尘、清理、建渣场内（外）运输。

2) 项目特征：构件名称，拆除构件的规格、尺寸。

3) 国标清单工程量计算规则：以 t 计量，按拆除构件的质量计算；以 m 计量，按拆除延长米计量。

4) 清单计价：按清单工作内容，根据设计图纸和施工方案确定清单组合内容。

2. 钢柱拆除 （011611002）

1) 工程内容：拆除、控制扬尘、清理、建渣场内（外）运输。

2) 项目特征：构件名称，拆除构件的规格、尺寸。

3) 国标清单工程量计算规则：以 t 计量，按拆除构件的质量计算；以 m 计量，按拆除延长米计量。

4) 清单计价：按清单工作内容，根据设计图纸和施工方案确定清单组合内容。

3. 钢网架拆除 （011611003）

1) 工程内容：拆除、控制扬尘、清理、建渣场内（外）运输。

2) 项目特征：构件名称，拆除构件的规格、尺寸。

3) 国标清单工程量计算规则：按照拆除构件的质量计算。

4) 清单计价：按清单工作内容，根据设计图纸和施工方案确定清单组合内容。

4. 钢支撑、钢墙架拆除 （011611004）

1) 工程内容：拆除、控制扬尘、清理、建渣场内（外）运输。

2) 项目特征：构件名称，拆除构件的规格、尺寸。

3) 国标清单工程量计算规则：以 t 计量，按拆除构件的质量计算；以 m 计量，按拆除延长米计算。

4) 清单计价：按清单工作内容，根据设计图纸和施工方案确定清单组合内容。

5. 其他金属构件拆除 （011611005）

1) 工程内容：拆除、控制扬尘、清理、建渣场内（外）运输。

2) 项目特征：构件名称，拆除构件的规格、尺寸。

3) 国标清单工程量计算规则：以 t 计量，按拆除构件的质量计算；以 m 计量，按拆除延长米计算。

4) 清单计价：按清单工作内容，根据设计图纸和施工方案确定清单组合内容。

（十二）管道及卫生洁具拆除 （011612）

管道及卫生洁具拆除清单包括：管道拆除（011612001）、卫生洁具拆除（011612002）2 个清单项目。

1. 管道拆除 （011612001）

1) 工程内容：拆除、控制扬尘、清理、建渣场内（外）运输。

2) 项目特征：管道的种类、材质，管道上的附着物种类。

3) 国标清单工程量计算规则：按拆除管道的延长米计算。

4) 清单计价：按清单工作内容，根据设计图纸和施工方案确定清单组合内容。

2. 卫生洁具拆除 （011612002）

1) 工程内容：拆除、控制扬尘、清理、建渣场内（外）运输。

2）项目特征：卫生洁具种类。

3）国标清单工程量计算规则：按拆除的数量计算。

4）清单计价：按清单工作内容，根据设计图纸和施工方案确定清单组合内容。

（十三）灯具、玻璃拆除（011613）

灯具、玻璃拆除清单包括：灯具拆除（011613001）、玻璃拆除（011613002）2 个清单项目。

1. 灯具拆除（011613001）

1）工程内容：拆除、控制扬尘、清理、建渣场内（外）运输。

2）项目特征：拆除灯具的高度、灯具种类。

3）国标清单工程量计算规则：按拆除的数量计算。

4）清单计价：按清单工作内容，根据设计图纸和施工方案确定清单组合内容。

2. 玻璃拆除（011613002）

1）工程内容：拆除、控制扬尘、清理、建渣场内（外）运输。

2）项目特征：玻璃厚度、拆除部位。

3）国标清单工程量计算规则：按拆除的面积计算。

4）清单计价：按清单工作内容，根据设计图纸和施工方案确定清单组合内容。

3. 注意

拆除部位的描述是指门窗玻璃、隔断玻璃、墙玻璃、家具玻璃等。

（十四）其他构件拆除（011614）

其他构件拆除清单包括：暖气罩拆除（011614001）、柜体拆除（011614002）、窗台板拆除（011614003）、筒子板拆除（011614004）、窗帘盒拆除（011614005）、窗帘轨拆除（011614006）。

1. 暖气罩拆除（011614001）

1）工程内容：拆除、控制扬尘、清理、建渣场内（外）运输。

2）项目特征：暖气罩的材质。

3）国标清单工程量计算规则：以个为单位计量，按拆除个数计算；以 m 为单位计量，按拆除延长米计算。

4）清单计价：按清单工作内容，根据设计图纸和施工方案确定清单组合内容。

2. 柜体拆除（011614002）

1）工程内容：拆除、控制扬尘、清理、建渣场内（外）运输。

2）项目特征：柜体的材质，柜体的尺寸：长、宽、高。

3）国标清单工程量计算规则：以个为单位计量，按拆除个数计算；以 m 为单位计量，按拆除延长米计算。

4）清单计价：按清单工作内容，根据设计图纸和施工方案确定清单组合内容，柜体拆除在《装饰定额》中的可组合项目有 16-43。

3. 窗台板拆除（011614003）

1）工程内容：拆除、控制扬尘、清理、建渣场内（外）运输。

2）项目特征：窗台板平面尺寸。

3）国标清单工程量计算规则：以块计量，按拆除数量计算；以 m 计量，按拆除延长米计量。

4）清单计价：按清单工作内容，根据设计图纸和施工方案确定清单组合内容。

4. 筒子板拆除（011614004）

1）工程内容：拆除、控制扬尘、清理、建渣场内（外）运输。

2）项目特征：筒子板的平面尺寸。

3）国标清单工程量计算规则：以块计量，按拆除数量计算；以 m 计量，按拆除延长米计量。

4）清单计价：按清单工作内容，根据设计图纸和施工方案确定清单组合内容，筒子板拆除在《装饰定额》中的可组合项目有 16-54。

5. 窗帘盒拆除（011614005）

1）工程内容：拆除、控制扬尘、清理、建渣场内（外）运输。

2）项目特征：窗帘盒的平面尺寸。

3）国标清单工程量计算规则：按拆除的延长米计量。

4）清单计价：按清单工作内容，根据设计图纸和施工方案确定清单组合内容。

6. 窗帘轨拆除（011614006）

1）工程内容：拆除、控制扬尘、清理、建渣场内（外）运输。

2）项目特征：窗帘轨的材质。

3）国标清单工程量计算规则：按拆除的延长米计量。

4）清单计价：按清单工作内容，根据设计图纸和施工方案确定清单组合内容。

5）注意：双轨窗帘轨拆除按双轨长度分别计算工程量。

（十五）开孔（011615）

开孔清单仅包括开孔打洞（011615001）一个项目：

1）工程内容：拆除、控制扬尘、清理、建渣场内（外）运输。

2）项目特征：部位、打洞部位的材质、洞尺寸。

3）国标清单工程量计算规则：按数量计算。

4）清单计价：按清单工作内容，根据设计图纸和施工方案确定清单组合内容。

5）注意：打洞部位可描述为墙面或楼板，打洞部位材质可描述为页岩砖或空心砖或钢筋混凝土等。

（十六）国标清单编制综合示例

[例题 8-2] 根据 [例题 8-1] 给定的条件，试计算该天棚拆除工程国标清单工程量并编制国标工程量清单（计算结果保留两位小数）。

解答：

1. 该天棚拆除工程的国标清单工程量 $= 50.11 m^2$。

2. 根据《计算规范》的项目划分编列清单，见表 8-3。

表 8-3 [例题 8-2] 工程量清单　　　　工程名称：某工程

序号	项目编码	项目名称	项目特征	计量单位	工程数量
1	011606003001	天棚面龙骨及饰面拆除	U38 不上人轻钢龙骨石膏板面	m²	50.11

二、国标工程量清单计价

[例题 8-3] 根据 [例题 8-2] 给定的条件，按《装饰定额》计算该国标清单的综合单价及合价（本题假设企业管理费和利润分别按 20% 和 10% 计取，以定额人工费与定额机械费之和为取费基数，属于房屋建筑工程，采用一般计税法，假设当时当地人工、材料、机械除税信息价与定额取定价格相同）。

解答：

1. 根据前述例题提供的条件，本题清单项目可组合的定额子目见表 8-4。

表 8-4 [例题 8-3] 清单项目可组合内容

序号	项目名称	可组合内容	定额编号
1	天棚龙骨及饰面拆除	金属龙骨及石膏面拆除	16-48

2. 套用《装饰定额》确定相应的分部分项人工费、材料费和机械费。

（1）天棚龙骨及饰面拆除工程量 $= 6.96 \times 7.20 m^2 = 50.11 m^2$，另有

人工费 $= 6.97$ 元$/m^2$

材料费 $= 0$ 元$/m^2$

机械费 $= 0$ 元$/m^2$

管理费 $= (6.97+0) \times 20\%$ 元$/m^2 = 1.39$ 元$/m^2$

利润 $= (6.97+0) \times 10\%$ 元$/m^2 = 0.70$ 元$/m^2$

（2）计算综合单价，填写综合单价计算表，见表 8-5。

表 8-5 [例题 8-3] 清单综合单价计算

编号	名称	计量单位	数量	综合单价/元						合计/元
				人工费	材料费	机械费	管理费	利润	小计	
011606003001	天棚面龙骨及饰面拆除	m²	50.11	6.97	0.00	0.00	1.39	0.70	9.06	454.00
16-48	金属龙骨及石膏面拆除	m²	50.11	6.97	0.00	0.00	1.39	0.70	9.06	454.00

模块小结

本模块主要介绍了拆除工程定额使用的规定、工程量计算规则，以及拆除工程的清单编制。重点是掌握好拆除的工程量与建造工程量之间计算的关联与不同之处；掌握拆除工程的清单列项与项目特征描述，同时要注意清单工程量计算规则与定额的区别。

思考与练习题

1. 拆除工程的定额项目、清单项目包括哪几个部分？各部分的工程内容有哪些？

2. 楼地面拆除的定额计算规则是什么？楼地面拆除的清单计算规则是什么？

3. 墙（柱）面拆除的定额计算规则是什么？墙（柱）面拆除的清单计算规则是什么？

4. 天棚拆除的定额计算规则是什么？天棚拆除的清单计算规则是什么？

5. 门窗拆除的定额计算规则是什么？门窗拆除的清单计算规则是什么？

6. 栏杆扶手拆除的定额计算规则是什么？栏杆扶手拆除的清单计算规则是什么？

7. 铲除油漆涂料裱糊面的定额计算规则是什么？铲除油漆涂料裱糊面的清单计算规则是什么？

8. 砌体拆除的定额计算规则是什么？砌体拆除的清单计算规则是什么？

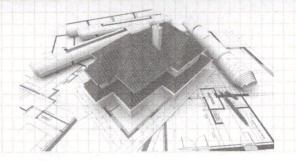

模块9

技 术 措 施

项目1　脚手架工程

一、知识准备

脚手架的分类方法很多，按使用材料分为钢管脚手架、竹脚手架、木脚手架；按施工功能分为砌筑脚手架和装饰脚手架；按所处部位分为外脚手架、里脚手架、满堂脚手架；按设立方式分为单排脚手架、双排脚手架、满堂脚手架、悬空脚手架、上料平台脚手架等。

二、定额计量与计价

（一）定额说明

《装饰定额》中，第十八章包括三节共66个子目，各小节子目划分见表9-1。

表 9-1　脚手架工程定额子目划分

脚手架工程定额各小节子目划分		定额编码	子目数
一　综合脚手架	混凝土结构	18-1～18-17	17
	钢结构	18-18～18-30	13
	地下室	18-31～18-33	3
二　单项脚手架		18-34～18-66	33
三　烟囱、水塔脚手架		18-67～18-70	4

（二）综合脚手架定额的套用和工程量计算

1. 适用条件

综合脚手架定额适用于房屋工程及其地下室；不适用于房屋加层、构筑物及附属工程脚手架，以上可套用单项脚手架相应定额。

2. 综合脚手架定额包括的内容

1）内、外墙砌筑脚手架。

2）外墙饰面脚手架。

3）斜道和上料平台。

4）高度在3.6m以内的内墙抹灰及天棚装饰脚手架。

5）地下室脚手架定额已综合了基础脚手架。

3. 综合脚手架定额未包括的内容

1）高度在3.6m以上的内墙和天棚饰面或吊顶安装脚手架。

2）建筑物屋顶上或楼层外围的混凝土构架高度在 3.6m 以上的装饰脚手架。

3）深度超过 2m（自交付施工场地标高或设计室外地面标高算起）的无地下室基础采用非泵送混凝土时的脚手架。

4）电梯安装井道脚手架。

5）人行过道防护脚手架。

6）网架安装脚手架。

以上项目发生时，按单项脚手架规定另列项目计算。

4. 定额应用

1）综合脚手架定额中房屋层高以 6m 以内为准，层高超过 6m 的，另按每增加 1m 以内定额计算。檐高 30m 以上的房屋，层高超过 6m 时，按檐高 30m 以内每增加 1m 定额执行。

[例题 9-1] 某办公楼檐高 20m，其中第一层层高 8.2m，请计算其定额清单中的人工费、材料费和机械费。

解答：

定额编号：18-5H

计量单位：元/100m²

人工费：1320.71+132.44×3＝1718.03

材料费：842.93+84.08×3＝1095.17

机械费：91.56+7.75×3＝114.81

2）综合脚手架定额根据相应结构类型以不同檐高划分，遇下列情况时分别计价：

同一建筑物檐高不同时，应根据不同高度的垂直分界面分别计算建筑面积，套用相应定额；同一建筑物结构类型不同时，应分别计算建筑面积套用相应定额，上下层结构类型不同的应根据水平分界面分别计算建筑面积，套用同一檐高的相应定额。

3）装配整体式混凝土结构执行混凝土结构综合脚手架定额。当装配式混凝土结构预制率（以下简称预制率）<30% 时，按相应混凝土结构综合脚手架定额执行；当 30%≤预制率<40% 时，按相应混凝土结构综合脚手架定额乘以系数 0.95；当 40%≤预制率<50% 时，按相应混凝土结构综合脚手架定额乘以系数 0.9；当预制率≥50% 时，按相应混凝土结构综合脚手架定额乘以系数 0.85。装配式结构预制率计算标准以各省的现行规定为准。

4）厂（库）房钢结构综合脚手架定额：单层按檐高 7m 以内编制，多层按檐高 20m 以内编制；若檐高超过编制标准，应按相应每增加 1m 定额计算，层高不同不做调整。单层厂（库）房檐高超过 16m，多层厂（库）房檐高超过 30m 时，应根据施工方案计算。厂（库）房钢结构综合脚手架定额按外墙为装配式钢结构墙面板考虑；实际采用砖砌围护体系并需要搭设外墙脚手架时，综合脚手架按相应定额乘以系数 1.80。厂（库）房钢结构脚手架按综合脚手架定额计算的不再另行计算单项脚手架。

5）大卖场、物流中心等钢结构工程的综合脚手架可按厂（库）房钢结构相应定额执行；高层商务楼、商住楼、医院、教学楼等钢结构工程综合脚手架可按住宅钢结构相应定额执行。

6）装配式木结构的脚手架按相应混凝土结构定额乘以系数 0.85 计算。

7）砖混结构执行混凝土结构定额。

8）住宅钢结构综合脚手架定额适用于结构体系为钢结构、钢-混凝土混合结构的工程，层高以 6m 以内为准；层高超过 6m，另按混凝土结构每增加 1m 以内定额计算。

5. 工程量计算

综合脚手架计量单位为"m²"，按房屋建筑面积计算；有地下室时，地下室与上部建筑面积分别计算，套用相应定额。半地下室并入上部建筑物计算。

以下增加面积应并入综合脚手架内计算：

1）骑楼、过街楼底层的开放公共空间和建筑物通道，层高在 2.2m 及以上的按墙（柱）外围水平面积计算；层高不足 2.2m 的计算 1/2 面积。

2）建筑物屋顶上或楼层外围的混凝土构架，高度在 2.2m 及以上的按构架外围水平投影面积的 1/2 计算。

3）凸（飘）窗按其围护结构外围水平面积计算，扣除已计算过的建筑面积。

4）建筑物门廊按其混凝土结构顶板水平投影面积计算，扣除已计算过的建筑面积。

5）建筑物阳台均按其结构底板水平投影面积计算，扣除已计算过的建筑面积。

6）建筑物外与阳台相连有围护设施的设备平台，扣除已计算过的建筑面积。

（三）单项脚手架定额的套用和工程量计算

1. 适用条件

不适用综合脚手架时，以及综合脚手架有说明可另行计算的情形，执行单项脚手架定额。

2. 单项脚手架定额包括的内容

单项脚手架定额包括满堂脚手架，外墙脚手架、内墙脚手架，混凝土运输脚手架，围墙脚手架，电梯安装井道脚手架，防护脚手架，砖柱脚手架等。

（1）满堂脚手架

1）定额应用。高度超过 3.6m 至 5.2m 以内的天棚饰面或相应油漆、涂料工程的脚手架，按满堂脚手架基本层计算；高度超过 5.2m 另按增加层定额计算。如仅勾缝、刷浆时，按满堂脚手架定额，人工乘以系数 0.40，材料乘以系数 0.10。满堂脚手架在同一操作地点进行多种操作时（不另行搭设），只可计算一次脚手架费用。钢结构网架高空散拼时安装脚手架，套用满堂脚手架定额。

满堂脚手架的搭设高度大于 8m 时，参照《装饰定额》第五章"混凝土及钢筋混凝土工程"中的超危支撑架相应定额乘以系数 0.20 计算。

[例题 9-2] 某层房屋天棚油漆施工，层高 5.6m，因不能利用先期搭设的脚手架而需重新搭设脚手架进行油漆施工，请计算其定额清单中的人工费、材料费和机械费。

分析：该项目首先套用满堂脚手架基本层，查定额编号 18-47；该层房屋层高大于5.2m，应另套每增加 1.2m 定额，查定额编号 18-48。由于要做油漆施工，故还需对人工、材料进行换算。

解答：

定额编号：18-47H = 18-47h + 18-48h

计量单位：元/100m²

人工费：（805.95+159.30）×0.4 = 386.10

材料费：（147.07+30.95）×0.1 = 17.80

机械费：34.34+7.75 = 42.09

2）工程量计算。满堂脚手架计量单位为"m²"，按天棚水平投影面积计算，工作面高度为房屋层高；斜天棚（屋面）按平均高度计算；局部高度超过3.6m的天棚，按超过部分面积计算。屋顶上或楼层外围等无天棚建筑构造的脚手架，构架起始标高到构架底的高度超过3.6m时，另按3.6m以上部分构架外围水平投影面积计算满堂脚手架。

（2）外墙脚手架、内墙脚手架

外墙脚手架、内墙脚手架在《装饰定额》中包含外墙脚手架、悬挑式脚手架、整体式附着升降脚手架、吊篮和内墙脚手架等子项目。外墙脚手架按不同高度分为7m以内、13m以内、20m以内、30m以内、40m以内、50m以内六档；内墙脚手架按高度分为3.6m以内和3.6m以上两档。

外墙脚手架、内墙脚手架的计量单位为"m²"。外墙脚手架工程量＝外墙面积×1.15，内墙脚手架工程量＝内墙面积×1.1，式中的内、外墙面积不扣除门窗洞口、空洞等面积。

注意：

1）外墙脚手架定额未包括斜道和上料平台，发生时另列项目计算。外墙外侧饰面应利用外墙脚手架；如不能利用须另行搭设时，按外墙脚手架定额，人工乘以系数0.80，材料乘以系数0.30。如仅勾缝、刷浆、刷腻子或涂油漆时，人工乘以系数0.40，材料乘以系数0.10。

2）高度在3.6m以上的墙（柱）饰面或相应油漆、涂料工程的脚手架，如不能利用满堂脚手架而须另行搭设时，按内墙脚手架定额，人工乘以系数0.6，材料乘以系数0.3。如仅勾缝、刷浆或涂油漆时，人工乘以系数0.4，材料乘以系数0.1。

3）砖墙厚度在一砖半以上、石墙厚度在40cm以上的，应计算双面脚手架，外面套外墙脚手架定额，内面套内墙脚手架定额。

4）砖（石）挡墙的砌筑脚手架发生时，按不同高度分别套用内墙脚手架定额。

5）整体式附着升降脚手架定额适用于高层建筑的施工。

6）吊篮定额适用于外立面装饰用脚手架。吊篮安装、拆除以套为单位计算，使用以"套·天"计算。如采用吊篮在另一垂直面上工作的方案，所发生的整体挪移费按吊篮安装、拆除定额扣除载重汽车台班后乘以系数0.7计算。

（3）混凝土运输脚手架

深度超过2m（自交付施工场地标高或设计室外地面标高算起）的无地下室基础采用非泵送混凝土时，应计算混凝土运输脚手架工程量，按满堂脚手架基本层定额乘以系数0.60；深度超过3.6m时，另按增加层定额乘以系数0.60。

混凝土运输脚手架计量单位为"m²"，按底层外围面积计算；局部加深时，按加深部分基础宽度每边各增加50cm计算。

[例题9-3] 某建筑物基础混凝土浇筑（非泵送），深度4.5m，请计算其定额清单中的人工费、材料费和机械费。

分析： 查定额编号18-47和18-48，再进行换算。

解答：

定额编号：18-47H＝18-47h+18-48h

计量单位：元/100m²

人工费：（805.95+159.30）×0.6＝579.15

材料费：（147.07+30.95）×0.6＝106.81

机械费：（34.34+7.75）×0.6＝25.25

（4）围墙脚手架

围墙脚手架定额套用内墙脚手架定额子目，适用于围墙高度在2m以上的情况。如另一面需装饰时，脚手架另套用内墙脚手架定额并对人工乘以系数0.80、材料乘以系数0.30。围墙脚手架计量单位为"m²"，工程量＝围墙高度×围墙中心线长度（洞口面积不扣，砖垛（柱）也不折加长度，高度自设计室外地坪算至围墙顶）。

（5）电梯安装井道脚手架

电梯安装井道脚手架定额按电梯井高度分别套用不同定额（高度按井坑底面至井道顶板底的净空高度再减去1.5m计算）。其计量单位为"座"，按单孔（一座电梯）计算。

（6）防护脚手架

防护脚手架定额按双层考虑，基本使用期为六个月，不足或超过六个月按相应定额调整，不足一个月按一个月计算。其计量单位为"m²"，按水平投影面积计算。

（7）砖柱脚手架

砖柱脚手架定额适用于高度大于2m的独立砖柱；房上烟囱高度超出屋面2m的，套用砖柱脚手架定额。其计量单位为"m"，按柱高以m计算。

构筑物钢筋混凝土贮仓（非滑模）、漏斗、风道、支架、通廊、水（油）池等，构筑物高度在2m以上的，每10 m³混凝土（不论有无饰面）的脚手架费按210元（其中人工1.2工日）计算。其计量单位为"m³"，按构筑物体积（包括2m以下至基础顶面以上部分体积）计算。

钢筋混凝土倒锥形水塔的脚手架，按水塔脚手架的相应定额乘以系数1.3。

用于钢结构安装等的支撑体系符合"超过一定规模的危险性较大的分部分项工程范围"标准时，根据专项施工方案，参照《装饰定额》第五章"混凝土及钢筋混凝土工程"中的超危支撑架相应定额计算。

采用钢滑模施工的钢筋混凝土烟囱筒身、水塔筒式塔身、贮仓筒壁是按无井架施工考虑的，除设计采用涂料等工艺外，不得再计算脚手架或竖井架。其计量单位为"座"，按高度以座计算。

（四）定额清单综合计算示例

[例题9-4] 如图9-1所示，某市区临街公共建筑物的装饰工程，各层（包括地下室）建筑面积均为1200m²，屋顶电梯机房建筑面积60m²；基坑底标高-4.20m，自然地坪标高-0.20m，基础采用非泵送混凝土；各层天棚投影面积为960m²。试计算该装饰工程的脚手架定额工程量并编制定额工程量清单（计算结果保留两位小数）。

解答：

建筑物檐高＝36.8m+0.45m＝37.25m

1．综合脚手架工程量

（1）因为各层层高<6m，按墙外围水平面积计算

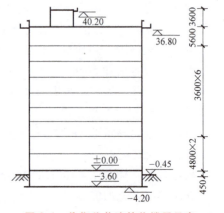

图9-1 临街公共建筑物楼层示意

脚手架工程量，则地上综合脚手架工程量 $=1200\times9m^2+60m^2=10860m^2$。

（2）地下综合脚手架 $=1200m^2$。

2. 满堂脚手架工程量

（1）一层、二层高度为 $4.8m-0.12m=4.68m$，一层、二层满堂脚手架工程量 $=960\times2m^2=1920m^2$。

（2）第九层高度为 $5.6m-0.12m=5.48m$，第九层满堂脚手架工程量 $=960m^2$。

3. 基础混凝土运输脚手架工程量

基础高度 $=4.2m-0.2m=4m>2m$，应计算脚手架费用，套用《装饰定额》得 $\Delta H=4m-3.6m=0.4m$（ΔH 为超过 $3.6m$ 的高度），基础混凝土运输脚手架工程量为 $1200m^2$。

4. 该装饰工程脚手架定额工程量清单见表9-2。

表9-2 ［例题9-4］工程量清单

序号	定额编号	项目名称	项目特征	计量单位	工程量
1	18-9	地上综合脚手架	层高<6m 檐高37.25m	m^2	10860
2	18-31	地下综合脚手架	地下一层	m^2	1200
3	18-47	满堂脚手架	层高为4.68m	m^2	1920
4	18-47H＝18-47+18-48	满堂脚手架	层高为5.48m	m^2	960
5	18-47H＝（18-47+18-48）×0.6	基础混凝土运输脚手架	基础深度为4m 非泵送混凝土	m^2	1200

［例题9-5］ 临街过道防护脚手架 $280m^2$，使用期9个月，试计算该防护脚手架定额工程量并编制定额工程量清单（计算结果保留两位小数）。

解答：

1. 该防护脚手架工程量 $=280m^2$。

2. 该防护脚手架定额工程量清单见表9-3。

表9-3 ［例题9-5］工程量清单

序号	定额编号	项目名称	项目特征	计量单位	工程量
1	18-65H＝18-65+3×18-66	防护脚手架	使用期9个月	m^2	280

三、国标工程量清单及清单计价

（一）国标工程量清单编制

脚手架工程清单包括：综合脚手架、外脚手架、里脚手架、悬空脚手架、挑脚手架、满堂脚手架、整体提升架、外装饰吊篮8个清单项目，分别按 011701001×××～011701008××× 编码。

1. 综合脚手架（011701001）

1）综合脚手架项目适用于房屋工程及地下室脚手架；不适用于房屋加层脚手架、构筑物及附属工程脚手架。

2）综合脚手架工程内容一般包括场内、场外材料搬运，搭（拆）脚手架、斜道、上料平台，安全网的铺设，选择附墙点与主体连接，测试电动装置、安全锁等，拆除脚手架后材料的堆放。

3）清单项目应对综合脚手架的规格、建筑结构形式、檐口高度等内容的特征做出描述。

4）国标清单工程量计算规则：以 m^2 计量，按建筑面积计算。

5）清单计价。按清单工作内容，根据设计图纸和施工方案确定可组合的主要内容，综合脚手架在《装饰定额》中的可组合项目有 18-1 ~ 18-33。

2. 外脚手架（011701002）

1）外脚手架项目适用于外墙面外的脚手架。

2）外脚手架工程内容一般包括场内、场外材料搬运，搭（拆）脚手架、斜道、上料平台，安全网的铺设，拆除脚手架后材料的堆放。

3）清单项目应对外脚手架的规格、搭设方式、搭设高度、脚手架材质等内容的特征做出描述。

4）国标清单工程量计算规则：以 m^2 计量，按所服务对象的垂直投影面积计算。

3. 里脚手架（011701003）

1）里脚手架项目适用于外墙面以内的脚手架。

2）里脚手架工程内容一般包括场内、场外材料搬运，搭（拆）脚手架、斜道、上料平台，安全网的铺设，拆除脚手架后材料的堆放。

3）清单项目应对里脚手架的规格、搭设方式、搭设高度、脚手架材质等内容的特征做出描述。

4）国标清单工程量计算规则：以 m^2 计量，按所服务对象的垂直投影面积计算。

4. 悬空脚手架（011701004）

1）悬空脚手架工程内容一般包括场内、场外材料搬运，搭（拆）脚手架、斜道、上料平台，安全网的铺设，拆除脚手架后材料的堆放。

2）清单项目应对悬空脚手架的规格、搭设方式、悬挑宽度、脚手架材质等内容的特征做出描述。

3）国标清单工程量计算规则：以 m^2 计量，按搭设的水平投影面积计算。

5. 挑脚手架（011701005）

1）挑脚手架工程内容一般包括场内、场外材料搬运，搭（拆）脚手架、斜道、上料平台，安全网的铺设，拆除脚手架后材料的堆放。

2）清单项目应对挑脚手架的规格、搭设方式、悬挑宽度、脚手架材质等内容的特征做出描述。

3）国标清单工程量计算规则：以 m 计量，按搭设长度乘以搭设层数以延长米计算。

6. 满堂脚手架（011701006）

1）满堂脚手架项目适用于高度超过 3.6m 至 5.2m 以内的天棚饰面或相应油漆、涂料工程的脚手架。

2）满堂脚手架工程内容一般包括场内、场外材料搬运，搭（拆）脚手架、斜道、上料平台，安全网的铺设，拆除脚手架后材料的堆放。

3）清单项目应对满堂脚手架的规格、搭设方式、搭设高度、脚手架材质等内容的特征做出描述。

4）国标清单工程量计算规则：以 m^2 计量，按搭设的水平投影面积计算。满堂脚手架国标清单工程量等于天棚的投影面积。

5）清单计价。按清单工作内容，根据设计图纸和施工方案确定可组合的主要内容。

7. 整体提升架（011701007）

1）整体提升架工程内容一般包括场内、场外材料搬运，选择附墙点与主体连接，搭（拆）脚手架、斜道、上料平台，安全网的铺设，测试电动装置、安全锁等，拆除脚手架后材料的堆放。

2）清单项目应对整体提升架规格、搭设方式及启动装置、搭设高度等内容的特征做出描述。

3）国标清单工程量计算规则：以 m^2 计量，按所服务对象的垂直投影面积计算。

8. 外装饰吊篮（011701008）

1）外装饰吊篮工程内容一般包括场内、场外材料搬运，吊篮的安装，测试电动装置、安全锁、平衡控制器等，吊篮的拆卸。

2）清单项目应对外装饰吊篮规格、升降方式及启动装置、搭设高度及吊篮型号等内容的特征做出描述。

3）国标清单工程量计算规则：以 m^2 计量，按所服务对象的垂直投影面积计算。

9. 其他相关问题

1）使用综合脚手架时，不再使用外脚手架、里脚手架等单项脚手架。综合脚手架适用于能够按"建筑面积计算规则"计算建筑面积的建筑工程脚手架，不适用于房屋加层、构筑物及附属工程脚手架。

2）同一建筑物有不同檐高时，按建筑物竖向切面分别以不同檐高编列清单项目。

3）整体提升架已包括 2m 高的防护架体设施。

4）脚手架材质可以不描述，但应注明由投标人根据工程实际情况按照《建筑施工扣件式钢管脚手架安全技术规范》（JGJ 130—2011）、《建筑施工附着升降脚手架管理暂行规定》（建建〔2000〕230 号）等规范自行确定。

10. 国标清单编制综合示例

[例题 9-6]　根据前述 [例题 9-4] 的条件，试计算该装饰工程脚手架国标清单工程量并编制国标工程量清单（计算结果保留两位小数）。

解答：

1. 该装饰工程脚手架国标清单工程量计算：

（1）地上综合脚手架工程量 = $1200 \times 9 m^2 + 60 m^2 = 10860 m^2$。

（2）地下综合脚手架工程量 = $1200 m^2$。

（3）一层、二层高度为 4.68m，满堂脚手架工程量 = $960 \times 2 m^2 = 1920 m^2$。

（4）第九层高度为 5.48m，满堂脚手架工程量 = $960 m^2$。

（5）基础混凝土运输脚手架工程量 = $1200 m^2$。

2. 根据《计算规范》的项目划分编列清单，见表 9-4。

（二）国标工程量清单计价

[例题 9-7]　根据 [例题 9-6] 列出的清单，按《装饰定额》计算该国标清单的综合单价及合价（本题假设企业管理费和利润分别按 20% 和 10% 计取，以定额人工费与定额机械

表 9-4　[例题 9-6] 工程量清单　　　　　　　　　　工程名称：某工程

序号	项目编码	项目名称	项目特征	计量单位	工程数量
1	011701001001	地下室综合脚手架	地下一层	m²	1200
2	011701001002	建筑物综合脚手架	层高<6m 檐高 37.25m	m²	10860
3	011701006001	满堂脚手架	层高 4.68m	m²	1920
4	011701006002	满堂脚手架	层高 5.48m	m²	960
5	011701006003	满堂脚手架	基础深度 4m 非泵送混凝土	m²	1200

费之和为取费基数，属于房屋建筑工程，采用一般计税法，假设当时当地人工、材料、机械除税信息价与定额取定价格相同）。

解答：

1. 根据前述例题提供的条件，本题清单项目可组合的定额子目见表 9-5。

表 9-5　[例题 9-7] 清单项目可组合内容

序号	项目名称	可组合内容	定额编号
1	地下室综合脚手架	地下综合脚手架	18-31
2	建筑物综合脚手架	地上综合脚手架	18-9
3	满堂脚手架	满堂脚手架基本层	18-47
4	满堂脚手架	满堂脚手架基本层	18-47
		满堂脚手架增加层	18-48
5	基础混凝土运输脚手架	满堂脚手架基本层	18-47×0.6
		满堂脚手架增加层	18-48×0.6

2. 套用《装饰定额》确定相应的分部分项人工费、材料费和机械费。

（1）地上综合脚手架工程量 = 10860m²，另有

人工费 = 17.23 元/m²

材料费 = 16.10 元/m²

机械费 = 1.42 元/m²

管理费 = (17.23 + 1.42)×20% 元/m² = 3.73 元/m²

利润 = (17.23 + 1.42)×10% 元/m² = 1.87 元/m²

（2）地下综合脚手架工程量 = 1200m²，另有

人工费 = 10.93 元/m²

材料费 = 2.64 元/m²

机械费 = 0.08 元/m²

管理费 = (10.93 + 0.08)×20% 元/m² = 2.20 元/m²

利润 = (10.93 + 0.08)×10% 元/m² = 1.10 元/m²

（3）满堂脚手架（层高 4.68m）工程量 = 1920m²，另有

人工费 = 8.06 元/m²

材料费 = 1.47 元/m²

机械费 = 0.34 元/m²

管理费 = (8.06+0.34)×20% 元/m² = 1.68 元/m²

利润 = (8.06+0.34)×10% 元/m² = 0.84 元/m²

（4）满堂脚手架（层高 5.48m）工程量 = 960m²，另有

1）套用定额 18-47：

人工费 = 8.06 元/m²

材料费 = 1.47 元/m²

机械费 = 0.34 元/m²

管理费 = (8.06 +0.34)×20% 元/m² = 1.68 元/m²

利润 = (8.06 +0.34)×10% 元/m² = 0.84 元/m²

2）套用定额 18-48：

人工费 = 1.59 元/m²

材料费 = 0.31 元/m²

机械费 = 0.08 元/m²

管理费 = (1.59 +0.08)×20% 元/m² = 0.33 元/m²

利润 = (1.59 +0.08)×10% 元/m² = 0.17 元/m²

（5）基础混凝土运输脚手架工程量 = 1200m²，另有

1）定额 18-47×0.6：

人工费 = 4.84 元/m²

材料费 = 0.88 元/m²

机械费 = 0.20 元/m²

管理费 = (4.84+0.20)×20% 元/m² = 1.01 元/m²

利润 = (4.84+0.20)×10% 元/m² = 0.50 元/m²

2）定额 18-48×0.6：

人工费 = 0.95 元/m²

材料费 = 0.19 元/m²

机械费 = 0.05 元/m²

管理费 = (0.95 +0.05)×20% 元/m² = 0.20 元/m²

利润 = (0.95 +0.05)×10% 元/m² = 0.10 元/m²

（6）计算综合单价，填写综合单价计算表，见表9-6。

表9-6　[例题9-7] 清单综合单价计算

序号	编号	名称	计量单位	数量	综合单价/元						合计/元
					人工费	材料费	机械费	管理费	利润	小计	
1	011701001001	地下室综合脚手架	m²	1200	10.96	2.64	0.08	2.20	1.10	16.98	20376.00
	18-31	一层地下室综合脚手架	m²	1200	10.93	2.64	0.08	2.20	1.10	16.95	20340.00

（续）

序号	编号	名称	计量单位	数量	综合单价/元						合计/元
					人工费	材料费	机械费	管理费	利润	小计	
2	011701001002	建筑物综合脚手架	m²	10860	17.23	16.10	1.42	3.73	1.87	40.35	438201.00
	18-9	综合脚手架；檐高50m内	m²	10860	17.23	16.10	1.42	3.73	1.87	40.35	438201.00
3	011701006001	满堂脚手架	m²	1920	8.06	1.47	0.34	1.68	0.84	12.39	23788.80
	18-47	满堂脚手架~基本层(3.6~5.2m)	m²	1920	8.06	1.47	0.34	1.68	0.84	12.39	23788.80
4	011701006002	满堂脚手架	m²	960	9.65	1.78	0.29	2.01	1.01	14.74	14150.40
	18-47	满堂脚手架~基本层(3.6~5.2m)	m²	960	8.06	1.47	0.34	1.68	0.84	12.39	11894.40
	18-48	满堂脚手架每增加1.2m	m²	960	1.59	0.31	0.08	0.33	0.17	2.48	2380.80
5	011701006003	满堂脚手架	m²	1200	5.79	1.07	0.20	1.21	0.60	8.87	10644.00
	18-47×0.6	满堂脚手架~基本层(3.6~5.2m)；基础深度超过2m、小于3.6m	m²	1200	4.84	0.88	0.20	1.01	0.50	7.43	8916.00
	18-48×0.6	满堂脚手架每增加1.2m；基础深度超过3.6m	m²	1200	0.95	0.19	0.05	0.20	0.10	1.49	1788.00

项目 2 垂直运输工程

一、知识准备

垂直运输工程量主要是指建筑物、构筑物在垂直方向采用卷扬机、塔式起重机作为运输机械而产生的工程量。本项目主要针对地下室、建筑物、构筑物发生的垂直运输工程量计算，其中涉及地下室、建筑物的工程量是按建筑面积计算的，构筑物是以相应形态（如"座"等）计算的。

垂直运输机械的取定，是根据国家相关安全施工规范要求，并结合各省实际情况，按常规方案以不同机械综合考虑的。《装饰定额》明确规定，除有特殊要求外均应按定额执行。下文中的"卷扬机带塔"是指卷扬机带垂直方向的井架。

二、定额计量与计价

（一）定额说明

《装饰定额》中，第十九章包括三节共54个子目，各小节子目划分见表9-7。

表 9-7　垂直运输工程定额子目划分

垂直运输工程定额各小节子目划分		定额编码	子目数
一	建筑物	19-1～19-36	36
二	构筑物	19-37～19-44	8
三	(滑升钢模)构筑物垂直运输及相应设备	19-45～19-54	10

子目设置说明如下：

1）定额适用于房屋工程、构筑工程的垂直运输，不适用于专业发包工程。

2）《装饰定额》包括单位工程在合理工期内完成全部工作所需的垂直运输机械台班。但不包括大型机械的场外运输、安装、拆卸及路基铺垫、轨道铺拆和基础等费用，发生时另按相应定额计算。

3）建筑物的垂直运输，定额按常规方案以不同机械综合考虑，除另有规定或特殊要求外，均按定额执行。

4）檐高 30m 以下建筑物垂直运输机械不采用塔式起重机时，应扣除相应定额子目中的塔式起重机机械台班消耗量，卷扬机井架和电动卷扬机台班消耗量分别乘以系数 1.50。

[例题 9-8]　某小高层住宅檐高 25m，层高 3m，垂直运输机械采用卷扬机带塔，请计算垂直运输定额清单中的人工费、材料费和机械费。

解答：

定额编号：19-5H

计量单位：元/100m^2

人工费：0

材料费：0

机械费：$2437.22 - 596.43 × 2.936 + 157.60 × 4.038 × (1.5 - 1) + 12.31 × 4.038 × (1.5 - 1) = 1029.15$

5）檐高 3.6m 以内的单层建筑，不计算垂直运输费用。

6）建筑物层高超过 3.6m 时，按每增加 1m 相应定额计算，超高不足 1m 的，每增加 1m 相应定额按比例调整。钢结构厂（库）房层高定额已综合考虑。

[例题 9-9]　某办公楼檐高 33m，其中顶层层高 5m，采用商品混凝土，列出需要计算的垂直运输定额清单项目名称（定额编号、定额名称）。

解答：

超出定额的增量为 5m-3.6m＝1.4m，则定额清单如下：

定额编号	项目名称	定额编号	项目名称
19-6	垂直运输费	1.4×19-29	层高超过 3.6m 每增加 1m

7）垂直运输定额按不同檐高划分，同一建筑物檐高不同时，应根据不同高度的垂直分界面分别计算建筑面积，套用相应定额；同一建筑物结构类型不同时，应分别计算建筑面积套用相应定额，同一檐高下的不同结构类型应根据水平分界面分别计算建筑面积，套用同一檐高的相应定额。

8）《装饰定额》第十九章按主体结构混凝土泵送考虑；如采用非泵送时，垂直运输费按相应定额乘以系数 1.05。

[例题 9-10]　某写字楼檐高 35m，层高 3.6m，采用商品非泵送混凝土，请计算垂直运输定额清单中的人工费、材料费和机械费。

解答：

定额编号：19-6H

计量单位：元/100m²

人工费：0

材料费：0

机械费：3531.3×1.05＝3707.87

9）装配整体式混凝土结构垂直运输费套用相应混凝土结构相应定额乘以系数 1.40。

[例题 9-11]　某写字楼檐高 65m，层高 3.6m，采用装配整体式混凝土结构，请计算垂直运输定额清单中的人工费、材料费和机械费。

解答：

定额编号：19-7H

计量单位：元/100m²

人工费：0

材料费：0

机械费：4211.48×1.40＝5896.07

10）住宅钢结构垂直运输定额适用于结构体系为钢结构的工程。大卖场、物流中心等钢结构工程，其构件安装套用《装饰定额》第六章"金属结构工程"中的厂（库）房钢结构时，垂直运输套用厂（库）房相应定额。当住宅钢结构建筑为钢-混凝土混合结构时，垂直运输套用混凝土结构相应定额。

11）装配式木结构工程的垂直运输按《装饰定额》第十九章混凝土结构相应定额乘以系数 0.60 计算。

12）砖混结构执行混凝土结构定额。

13）构筑物高度是指设计室外地坪至结构最高点。

（二）地下室垂直运输定额的套用及工程量计算

1）垂直运输定额按地下室层数分为地下一层、地下二层、地下三层及地下四层。地下室垂直运输定额已综合考虑层高因素，不需要调整。

2）工程量计算。地下室垂直运输定额计量单位为"m²"，按首层室内地坪以下全部地下室的建筑面积计算，半地下室并入上部建筑物计算。

（三）建筑物垂直运输定额的套用及工程量计算

1）建筑物垂直运输定额按檐高 20m 以内为起点，每隔 10m 或 20m 为步距设定定额子目，定额编至檐高 200m 以内为止，共设 17 个定额子目。

2）工程量计算。建筑物垂直运输定额计量单位为"m²"，按首层室内地坪以上全部面积计算，面积计算规则参照综合脚手架工程量的计算规则。

注意：

1）骑楼、过街楼底层的开放公共空间和建筑物通道，层高在 2.2m 及以上的按墙（柱）外围水平面积计算；层高不足 2.2m 的计算 1/2 面积。

2）建筑物屋顶上或楼层外围的混凝土构架，高度在 2.2m 及以上的按构架外围水平投影面积的 1/2 计算。

3）凸（飘）窗按其围护结构外围水平面积计算，扣除已计算过的建筑面积。

4）建筑物门廊按其混凝土结构顶板水平投影面积计算，扣除已计算过的建筑面积。

5）建筑物阳台均按其结构底板水平投影面积计算，扣除已计算过的建筑面积。

6）建筑物外与阳台相连有围护设施的设备平台，扣除已计算过的建筑面积。

（四）构筑物垂直运输定额套用及工程量计算

1）构筑物垂直运输定额按普通施工工艺和滑模施工工艺分列定额项目。

2）工程量计算：

① 非滑模施工的烟囱、水塔，根据高度按座计算；钢筋混凝土水（油）池及贮仓按基础底板以上实体体积按 m^3 计算。

② 滑模施工的烟囱、水塔、筒仓，按筒座或基础底板上表面以上的筒身实体体积按 m^3 计算，水塔应包括水塔水箱及所有依附构件的体积。

注意：钢筋混凝土水（油）池套用贮仓定额乘以系数 0.35 计算。贮仓或水（油）池池壁高度小于 4.5m 时，不计算垂直运输费用。

（五）定额清单综合计算示例

[例题 9-12] 利用 [例题 9-4] 中的图 9-1，各层（包括地下室）建筑面积均为 $1000m^2$，屋顶电梯机房建筑面积 $80m^2$；垂直运输配备自升式塔式起重机一台。试计算该装饰工程的垂直运输定额工程量并编制定额工程量清单（计算结果保留两位小数）。

解答：

1. 定额工程量计算：

檐高 = 36.8m + 0.45m = 37.25m。

（1）地上部分定额工程量 = $9 \times 1000m^2 + 80m^2 = 9080m^2$。

（2）层高超过 3.6m 的定额工程量：

1）一层、二层定额计算：4.8m - 3.6m = 1.2m，定额工程量 = $1000 \times 2m^2 = 2000m^2$。

2）第九层定额计算：5.6m - 3.6m = 2m，定额工程量 = $1000m^2$。

3）地下部分定额工程量 = $1000m^2$。

2. 该装饰工程垂直运输定额工程量清单见表 9-8。

表 9-8 [例题 9-12] 工程量清单

序号	定额编号	项目名称	项目特征	计量单位	工程量
1	19-6	建筑物垂直运输	檐高 37.25m	m^2	9080
2	19-29×1.2	层高超过 3.6m 每增加 1m	层高为 4.8m	m^2	2000
3	19-29×2	层高超过 3.6m 每增加 1m	层高为 5.6m	m^2	1000
4	19-1	地下室垂直运输	地下一层，层高 3.6m	m^2	1000

三、国标工程量清单及清单计价

（一）国标工程量清单编制

1. 垂直运输（011703）

垂直运输清单包括垂直运输（011703001）一个项目，按 011703001×××编码列项：

1）垂直运输项目适用于房屋工程、构筑工程的垂直运输，不适用于专业发包工程。

2）垂直运输工程一般包括垂直运输机械的固定装置以及基础的制作、安装，行走式垂直运输机械轨道的铺设、拆除、摊销。

3）清单项目应对建筑物的建筑类型及结构形式，地下室建筑面积，建筑物的檐口高度、层数等内容的特征做出描述。

4）国标清单工程量计算规则：按建筑面积计算；按施工工期的日历天数计算。

5）清单计价。按清单工作内容，根据设计图纸和施工方案确定清单组合内容。

6）注意：建筑物的檐口高度是指设计室外地坪至檐口滴水的高度（平屋顶是指屋面板底高度），突出主体建筑物屋顶的电梯机房、楼梯出入口、水箱间、瞭望塔、排烟机房等不计入檐口高度。垂直运输是指施工工程在合理工期内所需垂直运输机械。同一建筑物有不同檐高时，按建筑物的不同檐高做纵向分割，分别计算建筑面积，以不同檐高分别列项编码。

2. 国标清单编制综合示例

[例题 9-13]　根据前述 [例题 9-12] 的条件，试计算该装饰工程垂直运输国标清单工程量并编制国标工程量清单（计算结果保留两位小数）。

解答：

1. 该装饰工程垂直运输国标清单工程量计算：

檐高 = 36.8m + 0.45m = 37.25m。

（1）地上部分工程量 = $9 \times 1000m^2 + 80m^2 = 9080m^2$。

（2）地下部分工程量 = $1000m^2$。

2. 根据《计算规范》的项目划分编列清单，见表 9-9。

表 9-9　[例题 9-13] 工程量清单

序号	项目编码	项目名称	项目特征	计量单位	工程数量
1	011703001001	地下室垂直运输	地下一层，层高 3.6m	m^2	1000
2		建筑物垂直运输	混凝土结构，檐高 37.25m	m^2	9080

（二）国标工程量清单计价

[例题 9-14]　根据 [例题 9-13] 列出的建筑物垂直运输清单，按《装饰定额》计算该国标清单的综合单价及合价（本题假设企业管理费和利润分别按 20% 和 10% 计取，以定额人工费与定额机械费之和为取费基数，属于房屋建筑工程，采用一般计税法，假设当时当地人工、材料、机械除税信息价与定额取定价格相同）。

解答：

1. 根据前述例题提供的条件，本题清单项目可组合的定额子目见表 9-10。

表 9-10　[例题 9-14] 清单项目可组合内容

序号	项目名称	可组合内容	定额编号
1	建筑物垂直运输	地上垂直运输	19-6
		层高超过 3.6m 每增加 1m	19-29×1.2
		层高超过 3.6m 每增加 1m	19-29×2

2. 套用《装饰定额》确定相应的分部分项人工费、材料费和机械费。

（1）地上综合脚手架工程量 = $9080m^2$，另有

人工费 $=0$ 元/m^2

材料费 $=0$ 元/m^2

机械费 $=35.31$ 元/m^2

管理费 $=(0+35.31)\times20\%$ 元/$m^2=7.06$ 元/m^2

利润 $=(0+35.31)\times10\%$ 元/$m^2=3.53$ 元/m^2

（2）层高超过 3.6m 每增加 1m 的工程量：

1）一层、二层工程量 $=1000\times2m^2=2000m^2$，另有

人工费 $=0$ 元/m^2

材料费 $=0$ 元/m^2

机械费 $=4.60$ 元/m^2

管理费 $=(0+4.60)\times20\%$ 元/$m^2=0.92$ 元/m^2

利润 $=(0+4.60)\times10\%$ 元/$m^2=0.46$ 元/m^2

2）第九层工程量 $=1000m^2$，另有

人工费 $=0$ 元/m^2

材料费 $=0$ 元/m^2

机械费 $=7.66$ 元/m^2

管理费 $=(0+7.66)\times20\%$ 元/$m^2=1.53$ 元/m^2

利润 $=(0+7.66)\times10\%$ 元/$m^2=0.77$ 元/m^2

（3）计算综合单价，填写综合单价计算表，见表 9-11。

表 9-11 ［例题 9-14］清单综合单价计算

序号	编号	名称	计量单位	数量	综合单价/元						合计/元
					人工费	材料费	机械费	管理费	利润	小计	
1	011703001001	建筑物垂直运输	m^2	9080	0.07	0.23	37.17	7.45	3.72	48.64	441651.20
	19-6	建筑物垂直运输	m^2	9080	0	0	35.31	7.06	3.53	45.90	416772.00
	19-29×1.2H	层高超过 3.6m 每增加 1m；垂直运输 50m 内	m^2	2000	0	0	4.60	0.92	0.46	5.98	11960.00
	19-29×2	层高超过 3.6m 每增加 1m；垂直运输 50m 内	m^2	1000	0.00	0.00	7.66	1.53	0.77	9.96	9960.00

项目 3　建筑物超高施工增加费

一、定额计量与计价

（一）定额说明

《装饰定额》中，第二十章包括四节共 34 个子目，各小节子目划分见表 9-12 所示。

表 9-12　建筑物超高施工增加费子目划分

建筑物超高施工增加费各小节子目划分		定额编码	子目数
一	建筑物超高人工降效增加费	20-1～20-10	10
二	建筑物超高机械降效增加费	20-11～20-20	10
三	建筑物超高加压水泵台班及其他费用	20-21～20-30	10
四	建筑物层高超过 3.6m 增加压水泵台班	20-31～20-34	4

（二）定额说明

子目设置说明如下：

1）定额适用于建筑物檐高 20m 以上的工程。

2）同一建筑物檐高不同时，应分别计算套用相应定额。

3）建筑物超高加压水泵台班及其他费用按钢筋混凝土结构编制，装配整体式混凝土结构、钢-混凝土混合结构工程仍执行《装饰定额》第二十章相应定额；如为钢结构工程时，相应定额乘以系数 0.80。

4）遇层高超过 3.6m 时，按每增加 1m 相应定额计算；超高不足 1m 的，每增加 1m 相应定额按比例调整。

5）建筑物超高施工降效的计算基数范围包括的内容是指建筑物首层室内地坪以上的全部工程项目，不包括垂直运输、各类构件单独水平运输、各项脚手架、预制混凝土及混凝土构件制作项目。

6）人工或机械降效均按规定内容中的全部人工费或机械费乘以相应子目系数计算。

7）同一建筑物檐高不同时，应根据不同高度建筑面积占总建筑面积的比例分别计算不同高度人工费和机械费，这里的总面积不包括地下室的建筑面积。

8）建筑物超高加压水泵台班及其他费用，工程量同首层室内地坪以上综合脚手架工程量。

（三）定额清单综合计算示例

[例题 9-15]　某招待所，主楼设计为 7 层，层高为 3m；裙楼设计为 2 层，层高为 4m。屋面作招待所的晒台，楼梯间上屋顶设计为洗衣间。室内地坪与室外地坪高差为 0.6m；主楼建筑面积为 3389m²，裙楼建筑面积为 577m²；设计室外地坪面至主楼天沟底的高度为 22.2m。又知该工程人工费总计为 380207 元，机械费为 237146 元（包含垂直运输费 6694 元），计算该建筑物的超高施工增加的定额工程量并编制定额工程量清单（计算结果保留两位小数）。

分析：主楼檐高 = 7×3m - 0.6m = 20.4m > 20m，超高；裙楼高 = 2×4m = 8m < 20m，不超高。

解答：

1. 建筑物超高加压水泵台班及其他费用 = 3389m²。

2. 建筑物超高人工降效增加费：

主楼建筑面积占整楼建筑面积的比例 = 3389/(3389+577) = 85.45%

380207×85.45%/10000 万元 = 32.49 万元

3. 建筑物超高机械降效增加费：

(237146-6694)×85.45%/10000 万元 = 19.69 万元

4. 该建筑物超高施工增加定额工程量清单见表 9-13。

表 9-13 [例题 9-15] 工程量清单

序号	定额编号	项目名称	项目特征	计量单位	工程量
1	20-1	建筑物超高人工降效增加费	混凝土结构 层高<3.6m 檐高 20.4m 超高建筑面积为 3389m² 不超高建筑面积为 577m²	万元	32.49
2	20-11	建筑物超高机械降效增加费	混凝土结构 层高<3.6m 檐高 20.4m 超高建筑面积为 3389m² 不超高建筑面积为 577m²	万元	19.69
3	20-21	建筑物超高加压水泵台班及其他费用	混凝土结构 层高<3.6m 檐高 20.4m 超高建筑面积为 3389m² 不超高建筑面积为 577m²	m²	3389

二、国标工程量清单及清单计价

（一）国标工程量清单编制

超高施工增加清单包括超高施工增加（011704001）一个项目，按 011704001×××编码列项：

1）超高施工增加项目适用于建筑物超高增加的费用。

2）超高施工增加工程内容一般包括建筑物超高引起的人工工效降低以及由于人工工效降低引起的机械降效，高层施工用水加压水泵的安装、拆除及工作台班，通信联络设备的使用及摊销。

3）清单项目应对建筑物的建筑类型及结构形式，建筑物的檐口高度、层数，单层建筑物檐口高度超过 20m、多层建筑物超过 6 层部分的建筑面积等内容的特征做出描述。

4）国标清单工程量计算规则：按建筑物超高部分的建筑面积计算。

5）清单计价。按清单工作内容，根据设计图纸和施工方案确定清单组合内容，超高施工增加在《装饰定额》中可组合的主要内容见表 9-14。

表 9-14 超高施工增加可组合的主要内容

项目名称	可组合的主要内容	对应的定额子目
超高施工增加	超高施工人工降效增加费	20-1~20-10
	超高施工机械降效增加费	20-11~20-20
	建筑物超高加压水泵台班及其他费用	20-21~20-34

6）注意：单层建筑物檐口高度超过 20m、多层建筑物超过 6 层时，可按超高部分的建筑面积计算超高施工增加。计算层数时，地下室不计入层数。同一建筑物有不同檐高时，可按不同高度的建筑面积分别计算建筑面积，以不同檐高分别编码列项。

[例题 9-16] 根据前述 [例题 9-15] 的条件，试计算该工程垂直运输国标清单工程量并编制国标工程量清单（计算结果保留两位小数）。

解答：

1. 该工程垂直运输国标清单工程量 = 3389m²。

2. 根据《计算规范》的项目划分编列清单，见表 9-15。

表 9-15 [例题 9-16] 工程量清单   工程名称：某工程

序号	项目编码	项目名称	项目特征	计量单位	工程数量
1	011704001001	超高施工增加	混凝土结构 层高<3.6m 檐高 20.4m 超高建筑面积为 3389m²	m²	3389

（二）国标工程量清单计价

[例题 9-17] 根据 [例题 9-16] 列出的超高施工增加清单，按《装饰定额》计算该国标清单的综合单价及合价（本题假设企业管理费和利润分别按 20% 和 10% 计取，以定额人工费与定额机械费之和为取费基数，属于房屋建筑工程，采用一般计税法，假设当时当地人工、材料、机械除税信息价与定额取定价格相同）。

解答：

1. 根据前述例题提供的条件，本题清单项目可组合的定额子目见表 9-16。

表 9-16 [例题 9-17] 清单项目可组合内容

序号	项目名称	可组合内容	定额编号
1	建筑物超高增加费	建筑物超高人工降效	20-1
		建筑物超高机械降效	20-11
		建筑物超高加压水泵	20-21

2. 套用《装饰定额》确定相应的分部分项人工费、材料费和机械费。

（1）建筑物超高人工降效增加费 = 32.49 万元，另有

人工费 = 200 元/m²

材料费 = 0 元/m²

机械费 = 0 元/m²

管理费 = (200 +0)×20% 元/m² = 40 元/m²

利润 = (200 +0)×10% 元/m² = 20 元/m²

（2）建筑物超高机械降效增加费 = 19.69 万元，另有

人工费 = 0 元/m²

材料费 = 0 元/m²

机械费 = 200 元/m²

管理费 = (0+200)×20% 元/m² = 40 元/m²

利润 = (0+200)×10% 元/m² = 20 元/m²

（3）建筑物超高加压水泵台班及其他费用 = 3389m²，另有

人工费 = 0 元/m²

材料费 = 1 元/m²

机械费 = 0.92 元/m²

管理费 = (0+0.92)×20% 元/m² = 0.18 元/m²

利润 = (0+0.92)×10% 元/m² = 0.09 元/m²

（4）计算综合单价，填写综合单价计算表，见表 9-17。

表 9-17　[例题 9-17] 清单综合单价计算　　　　工程名称：某工程

序号	编号	名称	计量单位	数量	综合单价/元						合计/元
					人工费	材料费	机械费	管理费	利润	小计	
1	011704001001	超高施工增加	m²	3389	1.92	1.00	2.08	0.80	0.40	6.20	21011.80
	20-1	建筑物超高人工降效增加费	万元	32.49	200.00	0.00	0.00	40.00	20.00	260.00	8447.40
	20-11	建筑物超高机械降效增加费	万元	19.69	0.00	0.00	200.00	40.00	20.00	260.00	5119.40
	20-21	建筑物超高加压水泵台班及其他费用	m²	3389	0.00	1.00	0.92	0.18	0.09	2.19	7421.91

项目 4　大型机械设备进出场及安拆

一、定额计量与计价

（一）定额说明

1. 自升式塔式起重机、施工电梯基础费用

1）固定式基础未考虑打桩，发生时可另行计算。

2）高速卷扬机组合井架固定基础，按固定式基础乘以系数 0.20 计算。

3）不带配重的自升式塔式起重机固定式基础混凝土搅拌站的基础按实际计算。

2. 特（大）型机械安装、拆卸费用

1）安装、拆卸费中已包括机械安装后的试运转费用。

2）自升式塔式起重机安装、拆卸费定额是按塔高 60m 确定的；如塔高超过 60m，每增加 15m，安装、拆卸费用（扣除试车台班后）增加 10%。

3）柴油打桩机安装、拆卸费中的试车台班是按 1.8t 轨道式柴油打桩机考虑的，实际打桩机规格不同，试车台班费按实进行调整。

4）步履式柴油打桩机按相应规格的柴油打桩机计算，多功能压桩机按相应规格的静力压桩机计算。双头搅拌桩机按 1.8t 轨道式柴油打桩机乘以系数 0.70，单头搅拌桩机按 1.8t 轨道式柴油打桩机乘以系数 0.40，振动沉拔桩机、静压振拔桩机、转盘式钻孔桩机、旋喷桩机按 1.8t 轨道式柴油打桩机计算。

3. 特（大）型机械场外运输费用

1）场外运输费用中已包括机械的回程费用。

2）场外运输费用为运距 25km 以内的机械进出场费用。

3）凡利用自身行走装置转移的特（大）型机械场外运输费用，按实际发生台班计算，不足 0.5 台班的按 0.5 台班计算，超过 0.5 台班不足 1 台班的按 1 台班计算。

4）特（大）型机械在同一施工点内、不同单位工程之间的转移，定额按 100m 以内综合考虑，如转移距离超过 100m：在 300m 以内的，按相应场外运输费用乘以系数 0.30；在 300m 以上、500m 以内的，按相应场外运输费用乘以系数 0.60。如机械为自行移运的，按"利用自身行走装置转移的特（大）型机械场外运输费用"的有关规定进行计算。需解体或铺设轨道转移的，其费用另行计算。

5）步履式柴油打桩机按相应规格的柴油打桩机计算，多功能压桩机按相应规格的静力压桩机计算。双头搅拌桩机按 5t 以内轨道式柴油打桩机乘以系数 0.70，单头搅拌桩机按 5t 以内轨道式柴油打桩机乘以系数 0.40，振动沉拔桩机、静压振拔桩机、旋喷桩机按 5t 以内轨道式柴油打桩机计算。

（二）定额工程量计算

大型机械设备进出场及安拆定额工程量计算按自然数计量。

二、国标工程量清单及清单计价

（一）国标工程量清单编制

大型机械设备进出场及安拆清单包括大型机械设备进出场及安拆（011705001）一个项目，按 011705001××× 编码列项：

1）大型机械设备进出场及安拆项目适用于各种类型的大型机械设备进出场及安拆。

2）大型机械设备进出场及安拆的安拆费包括施工机械、设备在现场进行安装、拆卸所需人工、材料、机械和试运转费用，以及机械辅助设施的折旧、搭设、拆除等费用；进出场费包括施工机械、设备整体或分体自停放地点运至施工现场或从一个施工地点运至另一个施工地点所发生的运输、装卸、辅助材料等费用。

3）清单项目应对机械设备名称，机械设备的规格、型号等内容的特征做出描述。

4）国标清单工程量计算规则：按使用机械设备的数量计算。

5）清单计价。按清单工作内容，根据设计图纸和施工方案确定清单组合内容，大型机械设备进出场及安拆在《装饰定额》中可组合的主要内容见表 9-18。

表 9-18　大型机械设备进出场及安拆可组合的主要内容

项目名称	可组合的主要内容	对应的定额子目
大型机械设备进出场及安拆	基础费用	1001、1002
	安拆费用	2001～2019
	场外运输费用	3001～3032

（二）国标工程量清单计价

大型机械设备进出场及安拆的国标工程量计算规则同定额计算规则，主要内容以《装饰定额》子目 20-1～20-34 为依据。

模 块 小 结

本模块主要介绍了脚手架工程、垂直运输工程、建筑物超高施工增加费、大型机械设备进出场及安拆的定额使用的规定、工程量计算规则，以及对应的清单编制。特别要注意相关定额子目的划分是按照檐高和层高来划分的。重点是掌握脚手架工程、垂直运输工程、建筑物超高施工增加费、大型机械设备进出场及安拆的清单列项与项目特征描述，同时要注意清单工程量计算规则与定额的区别。

思考与练习题

1. 综合脚手架综合了哪些内容？未包括哪些内容？

2. 综合脚手架工程量如何计算？

3. 什么情况下需要使用满堂脚手架？

4. 满堂脚手架工程量如何计算？

5. 求下列项目定额清单中的人工费、材料费、机械费：

（1）天棚抹灰脚手架，高度 6.2m。

（2）3.8m 深基础混凝土运输脚手架。

（3）房屋综合脚手架，檐高 50m，层高 7.5m。

（4）满堂脚手架，层高 8m，仅用于油漆工程。

（5）房屋综合脚手架，檐高 80m，层高 6.9m。

（6）防护脚手架，使用 4.5 个月。

（7）防护脚手架，使用 7.2 个月。

（8）底标高 -2.3m、顶标高 46.2m 的电梯井脚手架。

6. 某建筑物楼层如图 9-2 所示，图内所示数字为不同区域、不同层面的建筑面积，其中 A 区、D 区檐高为 20m（无地下室），B 区檐高为 72m，C 区檐高为 50m，带有一层地下室。假设 20m 内有 6 层，20～50m 内有 11 层（每层等高），50m 以上有 6 层，各区内建筑面积相等，试计算该工程的脚手架定额工程量并编制定额工程量清单（计算结果保留两位小数）。

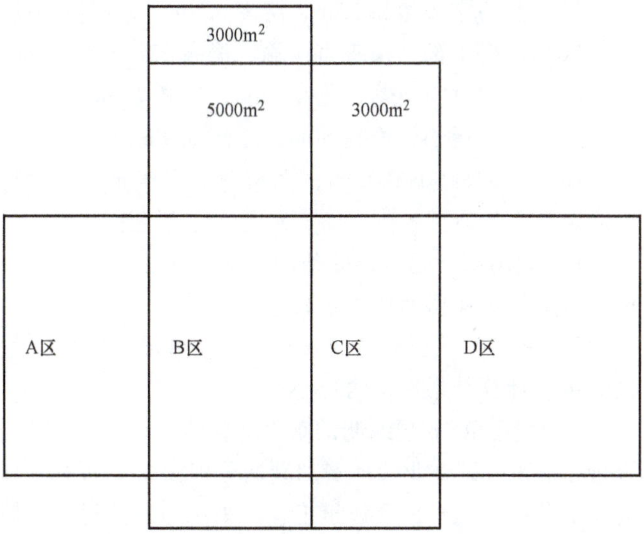

7. 利用第 6 题给定的条件，试计算脚手架的国标清单工程量并编制国标工程量清单（计算结果保留两位小数）。

8. 利用第 7 题编制的脚手架清单，按《装饰定额》计算该国标清

图 9-2　习题 6 图

单的综合单价及合价（本题假设企业管理费和利润分别按20%和10%计取，以定额人工费与定额机械费之和为取费基数，属于房屋建筑工程，采用一般计税法，假设当时当地人工、材料、机械除税信息价与定额取定价格相同）。

9. 某建筑物楼层如图 9-3 所示，钢筋混凝土基础深度 $H = 5.2\text{m}$，每层建筑面积为 800m^2，天棚面积为 720m^2，楼板厚 100mm。试计算该工程的脚手架定额工程量并编制定额工程量清单（计算结果保留两位小数）。

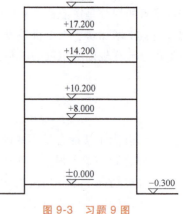

图 9-3 习题 9 图

10. 利用第 9 题给定的条件，试计算脚手架的国标清单工程量并编制国标工程量清单（计算结果保留两位小数）。

11. 利用第 10 题编制的脚手架清单，按《装饰定额》计算该国标清单的综合单价及合价（本题假设企业管理费和利润分别按 20% 和 10% 计取，以定额人工费与定额机械费之和为取费基数，属于房屋建筑工程，采用一般计税法，假设当时当地人工、材料、机械除税信息价与定额取定价格相同）。

12. 垂直运输定额未包括哪些内容？发生时应如何计算？

13. 垂直运输定额中的建筑物层高如何考虑？如超过了规定，层高又应如何处理？地下室层高如何考虑？

14. 垂直运输定额中，地下室与上部建筑物工程量如何计算？

15. 求下列垂直运输项目定额清单中的人工费、材料费、机械费：

（1）某写字楼檐高 65m，层高 3.6m，采用装配整体式混凝土结构。

（2）某小高层住宅檐高 35m，层高 3.6m，垂直运输机械采用"卷扬机带塔"。

（3）某写字楼檐高 55m，层高 3.6m，采用商品非泵送混凝土。

（4）某小高层住宅檐高 25m，层高 3.9m，垂直运输机械采用"卷扬机带塔"。

（5）某写字楼檐高 35m，层高 3.9m，采用商品非泵送混凝土。

（6）厂房上部结构垂直运输，檐高 22m，层高 21.5m。

（7）房屋垂直运输，檐高 50m，层高 7.5m。

（8）垂直运输，檐高 80m，层高 6.9m。

16. 某办公楼檐高 60m，采用商品混凝土，其中底层层高 8.4m，列出需要计算的垂直运输定额清单项目名称（定额编号、定额名称）。

17. 利用第 6 题给定的条件，试计算该工程的垂直运输定额工程量并编制定额工程量清单（计算结果保留两位小数）。

18. 利用第 6 题给定的条件，试计算该工程的垂直运输国标清单工程量并编制国标工程量清单（计算结果保留两位小数）。

19. 利用第 18 题编制的垂直运输清单，按《装饰定额》计算该国标清单的综合单价及合价（本题假设企业管理费和利润分别按 20% 和 10% 计取，以定额人工费与定额机械费之和为取费基数，属于房屋建筑工程，采用一般计税法，假设当时当地人工、材料、机械除税信息价与定额取定价格相同）。

20. 利用第 9 题给定的条件，试计算该工程的垂直运输定额工程量并编制定额工程量清单（计算结果保留两位小数）。

21. 利用第 9 题给定的条件，试计算该工程的垂直运输国标清单工程量并编制国标工程量清单（计算结果保留两位小数）。

22. 利用第 21 题编制的垂直运输清单，按《装饰定额》计算该国标清单的综合单价及合价（本题假设企业管理费和利润分别按 20% 和 10% 计取，以定额人工费与定额机械费之和为取费基数，属于房屋建筑工程，采用一般计税法，假设当时当地人工、材料、机械除税信息价与定额取定价格相同）。

23. 建筑物超高施工增加费中的降效系数已包括哪些内容？未包括哪些内容？

24. 建筑物有高低层时，应如何计算人工费与机械费？

25. 假设某建筑物由 A、B 两个单元组成，其中 A 单元檐高 21m，地下室一层建筑面积 800m²，地上四层建筑面积共 3200m²；B 单元檐高 45m 地下室一层建筑面积 1200m²，地上十一层建筑面积共 10420m²。又知不包括垂直运输、各类构件单独水平运输、各项脚手架、预制混凝土及混凝土构件制作项目后的人工费为 240 万元，机械费为 150 万元，试计算该工程的超高施工增加的定额工程量并编制定额工程量清单（计算结果保留两位小数）。

26. 利用第 6 题给定的条件，试计算该工程的超高施工增加的定额工程量并编制定额工程量清单（计算结果保留两位小数）。

27. 利用第 6 题给定的条件，试计算该工程的超高施工增加的国标清单工程量并编制国标工程量清单（计算结果保留两位小数）。

28. 利用第 27 题编制的超高施工增加清单，按《装饰定额》计算该国标清单的综合单价及合价（本题假设企业管理费和利润分别按 20% 和 10% 计取，以定额人工费与定额机械费之和为取费基数，属于房屋建筑工程，采用一般计税法，假设当时当地人工、材料、机械除税信息价与定额取定价格相同）。

29. 利用第 9 题给定的条件，试计算该工程的超高施工增加的定额工程量并编制定额工程量清单（计算结果保留两位小数）。

30. 利用第 9 题给定的条件，试计算超高施工增加的国标清单工程量并编制国标工程量清单（计算结果保留两位小数）。

31. 利用第 30 题编制的清单，按《装饰定额》计算该国标清单的综合单价及合价（本题假设企业管理费和利润分别按 20% 和 10% 计取，以定额人工费与定额机械费之和为取费基数，属于房屋建筑工程，采用一般计税法，假设当时当地人工、材料、机械除税信息价与定额取定价格相同）。

32. 常见的大型机械设备有哪些？

33. 哪些大型机械设备需要计算基础费用？

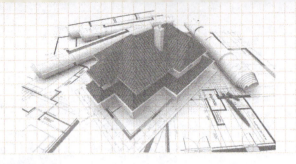

模块10

综合案例

项目1　编制依据、图纸

一、编制说明

（1）本案例仅是土建单位工程的一部分，结构部分还需另行计算。

（2）本案例的编制依据是《建设工程工程量清单计价规范》（GB 50854—2013）、《房屋建筑与装饰工程工程量计算规范》（GB 50854—2013）、《浙江省建设工程计价规则》（2018版）、《浙江省房屋建筑与装饰工程预算定额》（2018版）、《浙江省建设工程计价依据（2018版）综合解释》（一）、《浙江省建设工程计价依据（2018版）综合解释及动态调整补充》等。

（3）本案例综合单价的人工、材料、机械价格按《浙江省房屋建筑与装饰工程预算定额》（2018版）中的预算价格确定。

（4）本案例暂不考虑技术措施。

二、装修做法

（一）地面

1. 地面一：现浇水磨石地面

（1）15mm厚现浇水磨石本色带嵌条地面。

（2）素水泥浆一道（内掺建筑胶）。

（3）20mm厚干混砂浆找平。

（4）素水泥浆一道。

（5）150mm厚C15素混凝土。

2. 地面二：大理石地面

（1）20mm厚大理石板。

（2）20mm厚干混砂浆粘结层。

（3）素水泥浆一道（内掺建筑胶）。

（4）20mm厚干混砂浆找平。

（5）素水泥浆一道（内掺建筑胶）。

（6）100mm厚3：7灰土夯实。

（二）楼面

1. 楼面一：现浇水磨石楼面

（1）15mm 厚现浇水磨石本色带嵌条地面。

（2）素水泥浆一道（内掺建筑胶）。

（3）20mm 厚干混砂浆找平。

（4）素水泥浆一道（内掺建筑胶）。

2. 楼面二：大理石楼面

（1）20mm 厚大理石板。

（2）20mm 厚干混砂浆粘结层

（3）素水泥浆一道（内掺建筑胶）。

（4）20mm 厚干混砂浆找平。

（5）素水泥浆一道（内掺建筑胶）。

3. 楼面三：8～10mm 厚 200mm×150mm 防滑地砖

（1）8～10mm 厚防滑地砖。

（2）20mm 厚干混砂浆粘结层。

（3）素水泥浆一道

（三）楼梯：地砖楼梯面层

（1）8～10mm 厚防滑地砖。

（2）20mm 厚干混砂浆粘结层。

（3）素水泥浆一道。

（四）踢脚线

1. 踢脚线一

（1）干混砂浆踢脚线。

（2）素水泥浆一道。

（3）高度 150mm。

2. 踢脚线二

（1）20mm 厚大理石踢脚线。

（2）干混砂浆粘结层。

（3）素水泥浆一道（内掺建筑胶）。

（4）高度 150mm。

3. 踢脚线三

（1）地砖面层。

（2）干混砂浆粘结层。

（3）素水泥浆一道。

（4）高度 150mm。

（五）内墙面

1. 内墙一

（1）乳胶漆两遍，腻子两遍。

（2）5mm 厚干混砂浆找平。

（3）13mm 厚干混砂浆打底扫毛。

（4）素水泥浆一道（内掺建筑胶）。

2. 内墙二：瓷砖墙面

（1）5mm 厚 150mm×220mm 面砖，白水泥擦缝。

（2）5mm 厚干混砂浆粘结层。

（3）素水泥浆一道（内掺建筑胶）。

3. 窗台

窗台同墙面装修材质。

（六）顶棚

1. 顶棚一

（1）乳胶漆两遍，腻子两遍。

（2）干混砂浆抹灰。

（3）素水泥浆一道（内掺建筑胶）。

2. 顶棚二

（1）轻钢龙骨。

（2）石膏板吊顶。

（3）离地高度 2.7m。

（七）外墙装修

1. 墙裙

（1）10mm 厚 45mm×95mm 外墙面砖。

（2）4mm 厚粘结剂。

（3）15mm 厚干混砂浆打底找平扫毛。

（4）900mm 高。

2. 其余仿石型外墙涂料

（1）仿石型外墙涂料。

（2）6mm 厚干混砂浆找平。

（3）14mm 厚干混砂浆打底扫毛。

（4）素水泥浆一道（内掺建筑胶）。

（八）其他部位装修

1. 压顶

压顶的上表面和内侧装修同外墙面。

2. 扶手

扶手全部为不锈钢扶手，底座装修的上表面及内侧同楼面，外侧同墙面。

3. 防盗窗

所有窗户加设不锈钢防盗窗，与墙平齐。

4. 窗帘盒

本工程采用悬挂式窗帘盒，做法为：木工板基层，夹板面层，距墙 200mm，高 250mm，两边各超出窗户 250mm，硝基清漆三遍。

5. 门窗框

门框宽 10cm，安装与开启方向同墙面平齐；窗框宽 8cm，居中安装。

（九）装修布置表

装修布置表见表 10-1。

表 10-1　装修布置表

层号	房间名称	楼（地）面	踢脚	墙面	顶棚
首层	研发办公室	地面二	踢脚线二	内墙一	顶棚二
	打印室	地面二	踢脚线二	内墙一	顶棚二
	休息室	地面二	踢脚线二	内墙一	顶棚二
	品保办公室	地面二	踢脚线二	内墙一	顶棚二
	研发实验室	地面二	踢脚线二	内墙一	顶棚二
	加工间	地面一	踢脚线一	内墙二	顶棚一
二层	楼梯	楼面三	—	—	—
	制造间	楼面一	—	—	—
	加工间	楼面一	—	—	—
	精加工间	楼面一	—	—	—
	研发设计室	楼面二	—	—	—
	生产部	楼面二	—	—	—
	教育训练室	楼面二	—	—	—
	生产管理室	楼面二	—	—	—
	厂务处室	楼面二	—	—	—
	会议室	楼面二	—	—	—
	回廊	楼面三	踢脚线三	—	顶棚一

三、图纸

（一）建筑施工图

1. 平面图

平面图如图 10-1～图 10-3 所示。

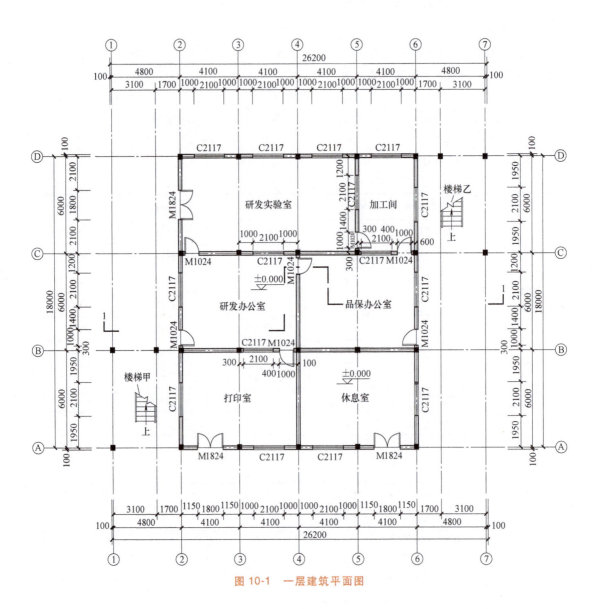

图 10-1　一层建筑平面图

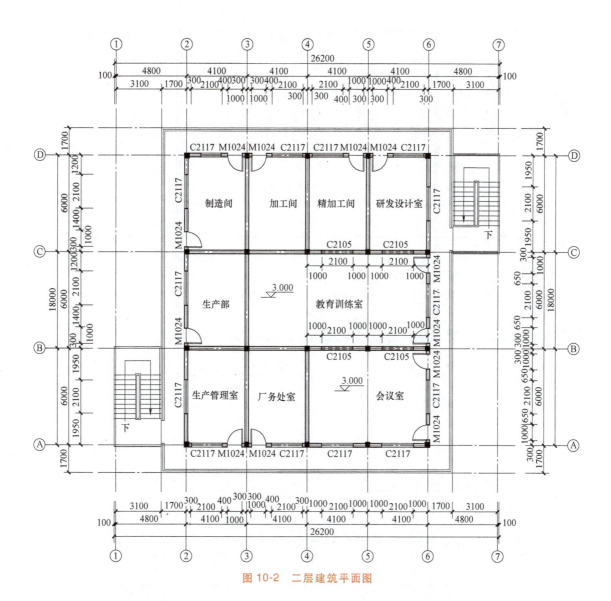

图 10-2　二层建筑平面图

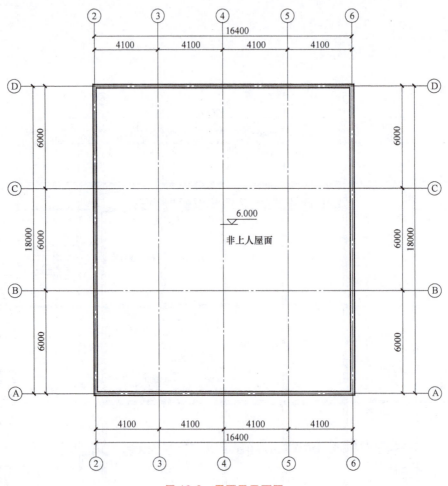

图 10-3　屋面层平面图

2. 立面图

立面图如图 10-4~图 10-7 所示。

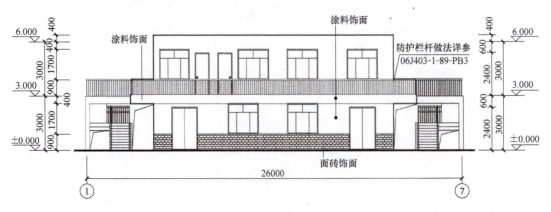

图 10-4　南立面图

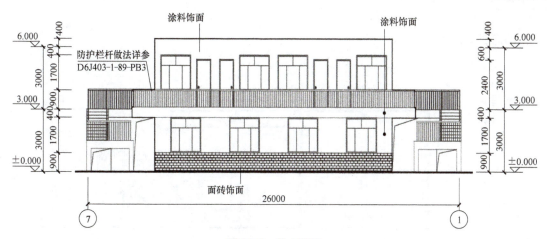

图 10-5　北立面图

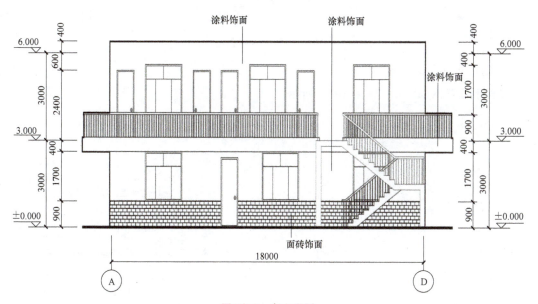

图 10-6　东立面图

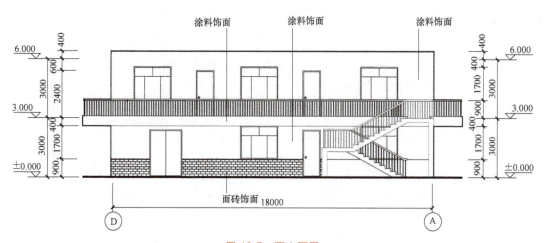

图 10-7　西立面图

3. 剖面图

剖面图如图 10-8 所示。

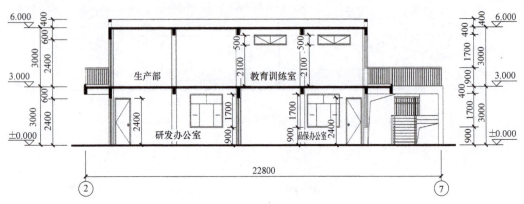

图 10-8　1—1 剖面图

4. 楼梯平面详图

楼梯平面详图如图 10-9~图 10-12 所示。

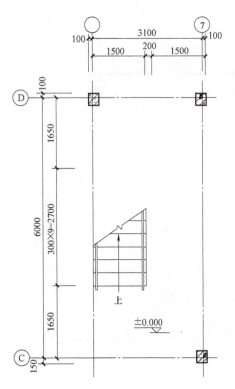

图 10-9　楼梯乙一层平面图

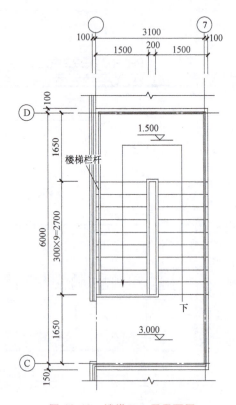

图 10-10　楼梯乙二层平面图

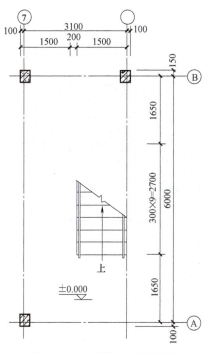

图 10-11 楼梯甲一层平面图

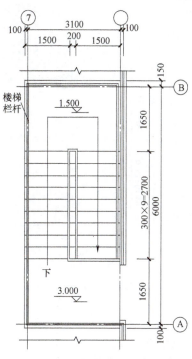

图 10-12 楼梯甲二层平面图

5. 楼梯剖面详图

楼梯剖面详图如图 10-13、图 10-14 所示。

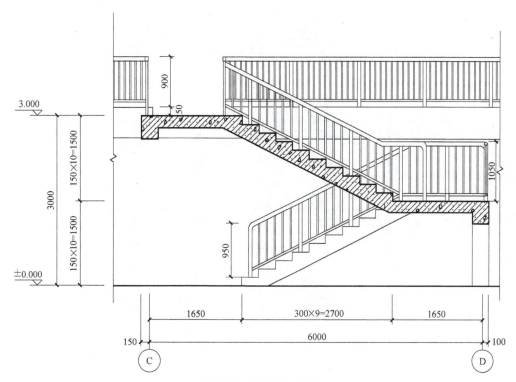

图 10-13 楼梯乙剖面图

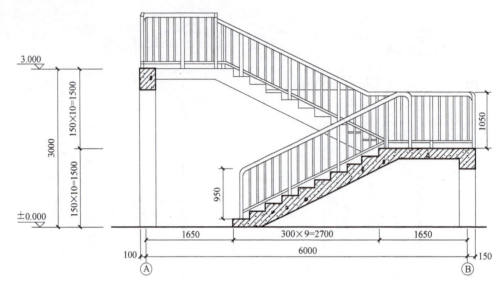

图 10-14　楼梯甲剖面图

（二）结构施工图

1. 基础结构图

基础结构图如图 10-15 所示。

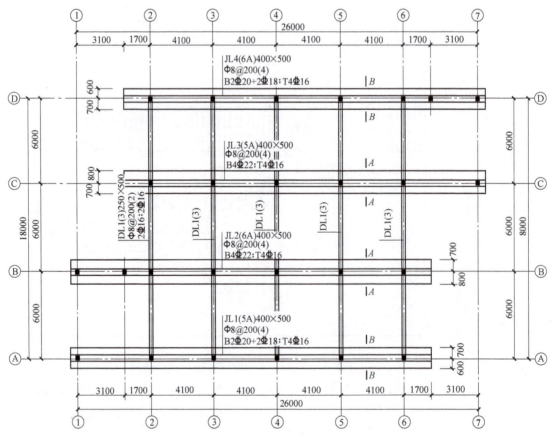

图 10-15　基础结构图

2. 框架柱平面布置图

框架柱平面布置图如图 10-16 所示。

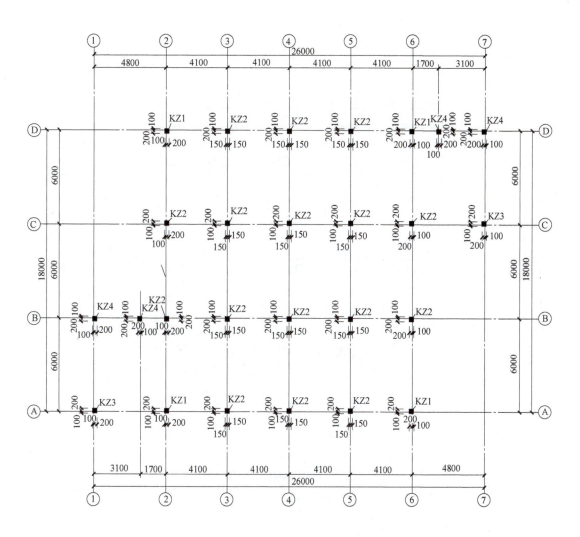

图 10-16　框架柱平面布置图

3. 结构平面图

结构平面图如图 10-17、图 10-18 所示。

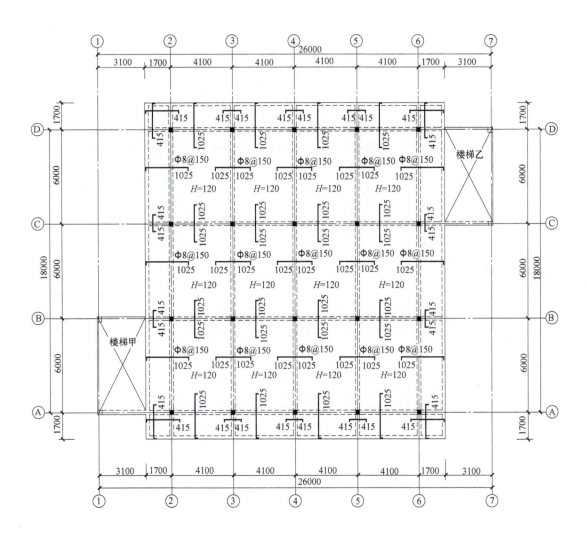

图 10-17　二层结构平面图

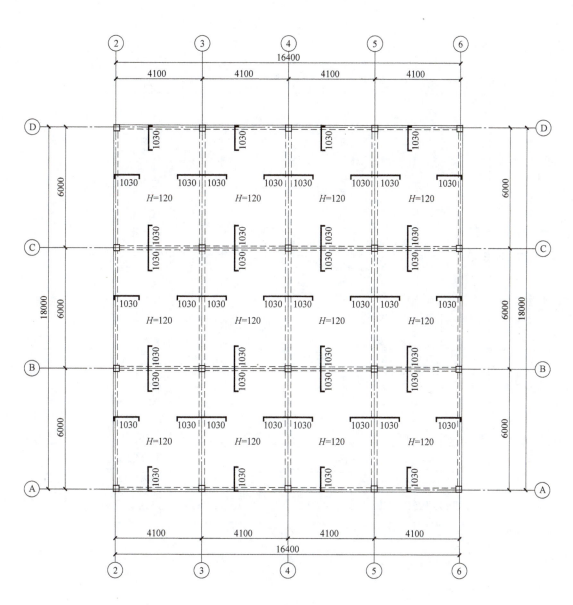

图 10-18 屋顶结构平面图

4. 梁配筋图

梁配筋图如图 10-19、图 10-20 所示。

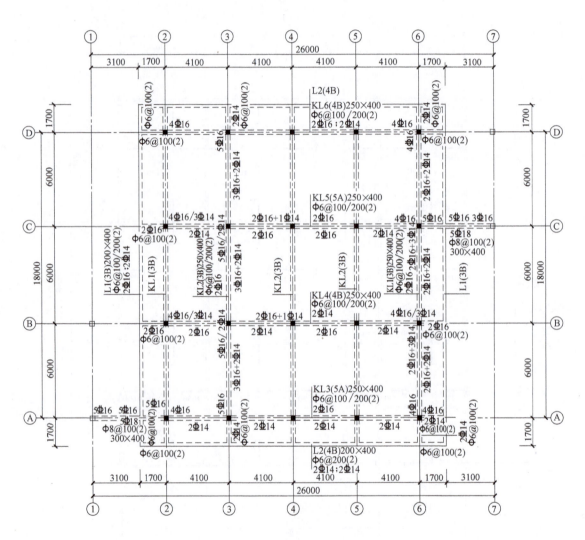

图 10-19　二层梁配筋图

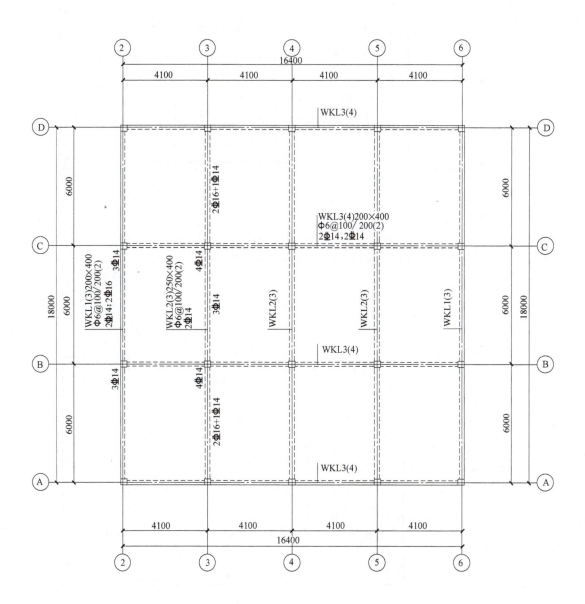

图 10-20　屋顶梁配筋图

5. 楼梯平面结构图

楼梯平面结构图如图 10-21、图 10-22 所示。

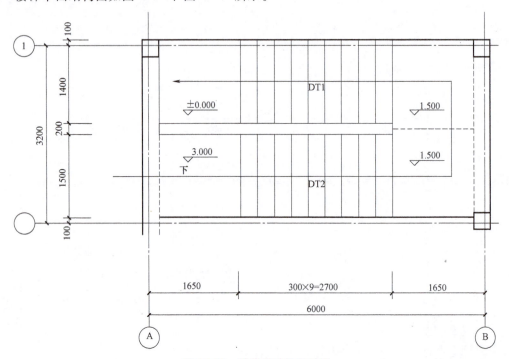

图 10-21　楼梯甲结构平面图

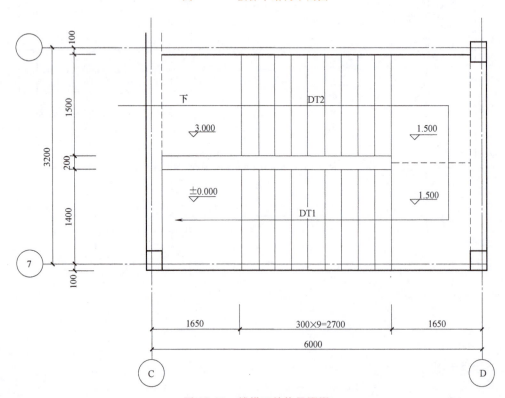

图 10-22　楼梯乙结构平面图

6. 楼梯结构剖面图

楼梯结构剖面图如图 10-23、图 10-24 所示。

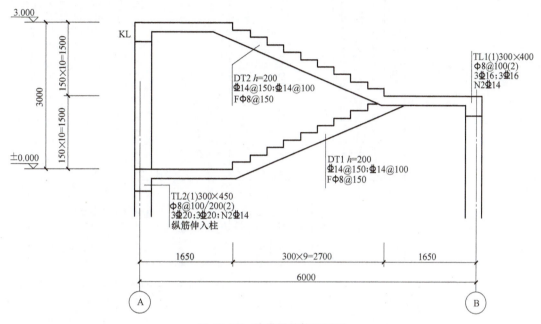

图 10-23 楼梯甲结构剖面图

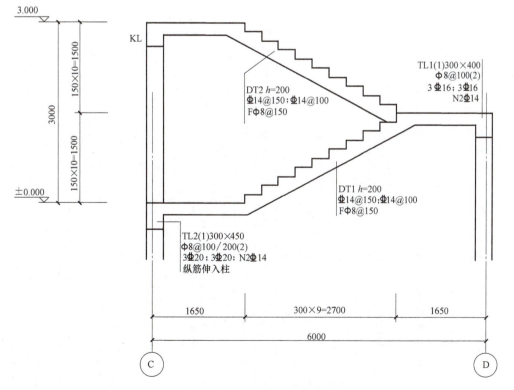

图 10-24 楼梯乙结构剖面图

项目 2　计　算

一、定额清单编制

该建筑装饰工程定额清单工程量计算过程及定额清单编制见表 10-2。

表 10-2　综合案例工程量清单

序号	项目编码	项目名称	项目特征	计量单位	工程量	计算范围	计算过程
1	—	建筑面积	—	m²	685.67	—	(4.1×4+0.2)×(6×3+0.2)×2+(4.1×4+1.7×2)×1.6×2×0.5+(6×3+0.2)×1.6×2×0.5+(3.1+0.2)×(6+0.1+0.15)×2×0.5
2	11-25	现浇水磨石本色	12mm厚，本色，带玻璃嵌条	m²	90.48	地面一+楼面一	
3	3×11-27	每增减1mm	增加3mm	m²	90.48	地面一+楼面一	
4	12-18	素水泥浆（有胶）	素水泥浆一道（内掺建筑胶）	m²	90.48	地面一+楼面一	(4.1-0.2)×(6-0.2)×4
5	11-1	找平层	20mm厚砂浆找平	m²	90.48	地面一+楼面一	
6	12-18	素水泥浆（有胶）	素水泥浆一道（内掺建筑胶）	m²	90.48	地面一+楼面一	
7	5-1	C15混凝土垫层	C15混凝土，顶拌	m³	3.39	地面一+楼面一	(4.1-0.2)×(6-0.2)×0.15
8	11-31	石材楼地面	20mm厚大理石板；20mm厚砂浆粘结层	m²	463.84	地面二+楼面二	(4.1×3-0.2)×(6-0.2)×2+(4.1×2-0.2)×(6-0.2)×(4+1)+(4.1-0.2)×(6-0.2)×4+0.2×1×5
9	12-18	素水泥浆（有胶）	素水泥浆一道（内掺建筑胶）	m²	462.84	地面二+楼面二	(4.1×3-0.2)×(6-0.2)×2+(4.1×2-0.2)×(6-0.2)×(4+1)+(4.1-0.2)×(6-0.2)×4
10	11-1	找平层	20mm厚砂浆找平	m²	462.84	地面二+楼面二	
11	12-18	素水泥浆（有胶）	素水泥浆一道（内掺建筑胶）	m²	462.84	地面二+楼面二	
12	4-89	3:7灰土垫层	3:7灰土垫层	m³	46.28	地面二+楼面二	462.84×0.1
13	11-44H	800mm 以内地砖楼地面密缝	8~10mm厚 200mm×150mm防滑地砖；20mm厚砂浆粘结层；	m²	130.99	楼面三	(1.7-0.1-0.12)×(6×3+1.7×2-0.12×2+4.1×4+0.2)×2+(1.65+0.1-0.3)×3.3+(1.65+0.15-0.3)×3.3+0.12×(4.1×4+1.7×2+18+0.15-0.3)×3.12×(4.1×4+1.7×2-1.45)×2
14	12-17	素水泥浆（无胶）	素水泥浆一道	m²	130.99	楼面三	1.7×2-0.12×2-1.45)×2

序号	定额编号	项目名称	项目特征	单位	工程量	部位	计算式
15	11-95	干混砂浆踢脚线	干混砂浆踢脚线；高度150mm	m²	11.64	踢脚线一	$(4.1-0.2+6-0.2)\times2\times0.15\times4$
16	12-17	素水泥浆（无胶）	素水泥浆一道	m²	11.64	踢脚线一	
17	11-96	石材踢脚线	20mm厚大理石踢脚线；干混砂浆粘结层	m²	39.72	踢脚线二	$L=(4.1\times3-0.2+6-0.2)\times2\times2+(4.1\times2-0.2+6-0.2)\times2\times(4+1)+(4.1-0.2+6-0.2)\times2\times4-1.8\times3-1\times(1+2+2+1+1+2+1+1+2+4)+(0.2-0.1)\times2\times5=264.80$
18							$\delta=264.8\times0.15$
19							
20	12-18	素水泥浆（有胶）	素水泥浆一道（内掺建筑胶）	m²	39.72	踢脚线二	—
21	11-97	地砖踢脚线	地砖面层；干混砂浆结合层	m²	23.80	踢脚线三	$L=(4.1\times4+0.2+6\times3+0.2)\times2-1\times12+2\times(0.2-0.1)\times12+6\times3+2\times1.7-2\times0.12+6\times3+2\times1.7-0.12\times2)\times2-1.45\times0.2\times2+(6.25-0.12\times2-2.7)\times2-1.45+(3.2-0.12)\times2=150.27$
22	12-18	素水泥浆（有胶）	素水泥浆一道（内掺建筑胶）	m²	23.80	踢脚线三	$S=150.27\times0.15+0.3\times(0.15/2)\times20+0.3\times0.15\times18$
23	11-116	地砖楼梯面	8～10mm厚厚防滑地砖；干混砂浆粘结层	m²	31.52	楼梯	$(2.7+1.65+0.1+0.3)\times(3.2+0.1)+(2.7+1.65+0.15+0.3)\times(3.2+0.1)$
24	12-18	素水泥浆（有胶）	素水泥浆一道（内掺建筑胶）	m²	31.52	楼梯	
25	15-82	不锈钢栏杆	不锈钢扶手	m²	125.92	扶手	$(4.1\times4+1.7\times2-0.1\times2+6\times3+1.7\times2-0.1\times2)\times2-(1.65-0.1)\times2+(3.09\times4+1.65\times2+3.1+1.65+0.2+3.1)\times2$
26	12-1-2×12-3	干混砂浆抹灰	5mm厚干混砂浆找平；13mm厚干混砂浆打底扫毛；素水泥浆一道（内掺建筑胶）	m²	622.68	内墙面一	$L=(4.1\times3-0.2+6-0.2)\times2\times2+(4.1\times2-0.2+6-0.2)\times2\times(4+1)+(4.1-0.2+6-0.2)\times2\times4=287.2$

（续）

序号	项目编码	项目名称	项目特征	计量单位	工程量	计算范围	计算过程
27	12-18	素水泥浆（有胶）	—	m²	622.68	内墙面一	2.7×287.2−1.8×2.4×3−1×2.4×(1+2+2+1+1+2+1+8)−2.1×1.7×(5+3+2+3+2+1+1+2+1+3)−2.1×0.5×(3+2+2)
28	14-128	乳胶漆两遍	墙面乳胶漆两遍	m²	640.08	内墙面一	622.68+(2.1+1.7)×2×(0.2−0.08)/2×(15+12)+(2.1+0.5)×2×(0.2−0.08)/2×(3+4)+(0.2−0.1)×(1+2.4×2)×(1+1+1+1+1)
29	14-141	满刮腻子两遍	腻子两遍;抹灰	m²	640.08	内墙面一	
30	12-148	1200mm以内瓷砖干混砂浆粘贴	5mm厚150mm×220mm面砖,白水泥擦缝;5mm厚干混砂浆粘结层	m²	183.44	内墙面二	(4.1−0.2+6−0.2)×2×(3−0.12)×4−2.1×1.7×(4+2+1+1)−2.1×0.5−1×2.4×(2+2+1+1)+(2.1+1.7)×2×(0.2−0.08)/2×(4+2+1+1)+(2.1+0.5)×2×(0.2−0.08)/2
31	12-18	素水泥浆（有胶）	素水泥浆一道（内掺建筑胶）	m²	179.48	内墙面二	(4.1−0.2+6−0.2)×2×(3−0.12)×4−2.1×1.7×(4+2+1+1)−2.1×0.5−1×2.4×(2+2+1+1)
32	12-56	外墙面砖周长600mm以内干粉粘结剂	10mm厚45mm×95mm外墙面砖;4mm厚粘粘剂	m²	48.24	外墙面	(4.1×4+0.2+6×3+0.2)×2×0.9−1.8×0.9×3−1×0.9×(2+12)+(0.2−0.1)×2×0.9×(5+12)
33	12-16	干混砂浆抹底灰	15mm厚干混砂浆打底找平、扫毛	m²	45.18	外墙面	(4.1×4+0.2+6×3+0.2)×2×0.9−1.8×0.9×3−1×0.9×(2+12)
34	12-21	柱面一般抹灰	干混砂浆抹灰	m²	13.68	外墙面	(0.3×3×3+0.3×2.6)×2+(0.3×1.5×3+0.3×1.1)×4
35	12-18	素水泥浆（有胶）	素水泥浆一道（内掺建筑胶）	m²	13.68	外墙面	0.3×1.1)×4
36	14-148	外墙涂料	仿石型;外墙:涂料	m²	443.40	外墙面	(4.1×4+0.2+6×3+0.2)×2×(6.4−0.9)−1.8×2.4×3−1×2.4×(2+12)−2.1×1.7×(11+14)+(0.15+0.6−0.12)×(4.1×4+1.7×2+6×3+1.7×2)×(1.8+2.4×2)×(0.2−0.1)×3+(1+2×2.4)×(0.2−0.1)×(2+12)+(2.1+1.7)×2×(0.2−0.08)/2×(11+14)+13.68+0.4×(3.1−0.4)×2+0.4×(3.1−0.2)×2+11.955+32.96+0.4×(4.1×4+1.7×2+18+1.7×2)×2+0.15×(19.8×2+18×2+1.7×2×2−1.35×2)+0.2×(16.4×2−18×2)+0.4×(16.4−0.2+18−0.2)×2

序号	定额编号	项目名称	项目描述	单位	数量	部位	计算式
37	12-2	干混砂浆抹灰	6mm厚干混砂浆找平;14mm厚干混砂浆打底扫毛	m²	287.71	外墙面	(4.1×4+0.2+6×3+0.2)×2×(6.4-0.9)-1.8×2.4×3-1×2.4×(2+12)-2.1×1.7×(11+14)+0.2×(16.4×2+18×2)+0.4×(16.4-0.2+18-0.2)×2
38	12-18	素水泥浆(有胶)	素水泥浆一道(内掺建筑胶)	m²	287.71	外墙面	
39	14-128	乳胶漆两遍	乳胶漆两遍	m²	283.16	顶棚一	(4.1-0.2)×(6-0.2)×4+(4.1×4+1.7×2)×1.6×2+18.2×1.6×2+(0.4-0.09)×(4.1×4+1.7×2-0.4+18+1.7×2-0.4)×2+9.735+31.52+(3.085-2.7)×3.3×2+0.2×(3.1-0.4)×2+0.2×(3.1-0.2)×2
40	14-141	满刮腻子两遍	抹灰、腻子两遍	m²	283.16	顶棚一	
41	13-1	天棚一般抹灰	干混砂浆抹灰	m²	325.59	顶棚一	0.4×(4.1×4+1.7×2+18×2+1.7×2)×2=50.08 0.15×(19.8+18+1.7×2-1.35)×2=11.955 S=(4.1-0.2)×(6-0.2)×4+(4.1×4+1.7×2)×1.6×2+18.2×1.6×2+(0.4-0.09)×(4.1×4+1.7×2-0.4+18+1.7×2-0.4)×2+50.08+11.955+9.735×2+0.6×(3.1-0.2)×2×2
42	12-18	素水泥浆(有胶)	素水泥浆一道(内掺建筑胶)	m²	325.59	顶棚一	
43	13-8	平面轻钢龙骨	轻钢龙骨石膏板	m²	446.20	顶棚二	(4.1×3-0.2)×2+(4.1×2-0.2)×(6-0.2)×2+(4.1-0.2)×(6-0.2)×4-0.2×(2.1+2×0.25)×(5+3+2+3+1+5+2+1+5)
44	13-22	平面石膏板轻钢龙骨	石膏板;钉在轻钢龙骨上	m²	446.20	顶棚二	
45	13-4	无亮镶板门	镶板门,平开,无亮,M1024,1mm×2.4mm,19樘	m²	45.60	门	1×2.4×19
46	13-4	无亮镶板门	镶板门,对开,无亮,M1824,1.8mm×2.4mm	m²	12.96	门	1.8×2.4×3
47	13-104	塑钢窗安装推拉	C2105,2.1mm×0.5mm,4樘	m²	4.20	塑钢推拉窗	2.1×0.5×4
48	13-104	塑钢窗安装推拉	C2117,2.1mm×1.7mm,29樘	m²	103.53	塑钢推拉窗	2.1×1.7×29

（续）

序号	项目编码	项目名称	项目特征	计量单位	工程量	计算范围	计算过程
49	8-122	不锈钢防盗栅窗	C2105,2.1mm×0.5mm,不锈钢防盗窗,与墙平齐,4樘	m²	4.20	防盗窗	2.1×0.5×4
50	8-122	不锈钢防盗栅窗	C2117,2.1mm×1.7mm,不锈钢防盗窗,与墙平齐,29樘	m²	103.53	防盗窗	2.1×1.7×29
51	8-153	细木工板窗帘盒基层	悬挂式窗帘盒木工板基层	m²	24.00	窗帘盒	$(0.2×0.25×2+0.25×2.6)×(5+3+2+3+2+3+1+5+2+1+5)$
52	8-158	装饰夹板窗帘盒面层	悬挂式窗帘盒夹板基层	m²	24.00	窗帘盒	—
53	8-166	执手锁	执手锁,双开门	把	3.00	门窗五金	—
54	8-165	执手锁	执手锁,单开门	把	19.00	门窗五金	—
55	14-3	单层木门面面聚酯混漆	镶板门,聚酯混漆三遍	m²	58.56	门油漆	1×2.4×19+1.8×2.4×3
56	14-60	其他木材面面聚酯清漆三遍	聚酯清漆三遍	m²	26.40	窗帘盒油漆	$(0.2×0.25×2+0.25×2.6)×(5+3+2+3+2+3+1+5+2+1+5)×1.1$

二、国标工程量清单编制

该建筑装饰工程国标清单工程量计算过程及国标工程量清单编制见表10-3。

表10-3 综合案例工程量清单

序号	项目编码	项目名称	项目特征	计量单位	工程量	计算范围	计算过程
1	—	建筑面积	—	m²	685.67	—	$(4.1×4+0.2)×(6×3+0.2)×2+(4.1×4+1.7×2)×1.6×2×0.5+(6×3+0.2)×1.6×2×0.5+(3.1+0.2)×(6+0.1+0.15)×2×0.5$
2	011101002001	现浇水磨石楼地面	15mm厚,本色,带玻璃嵌条;素水泥浆一道(内掺建筑胶);20mm厚砂浆找平;素水泥浆一道	m²	90.48	地面一+楼面一	$(4.1-0.2)×(6-0.2)×4$

序号	项目编码	项目名称	项目特征	计量单位	工程量	部位	计算式
3	010501001001	混凝土垫层	C15混凝土;预拌	m³	3.39	地面一+楼面一	$(4.1-0.2)\times(6-0.2)\times2\times0.15$
4	011102001001	石材楼地面	20mm厚大理石板;20mm厚砂浆粘结层;素水泥浆一道（内掺建筑胶）;20mm厚砂浆找平;素水泥浆一道（内掺建筑胶）	m²	463.84	地面二+楼面二	$(4.1\times3-0.2)\times(6-0.2)\times2+(4.1\times2-0.2)\times(6-0.2)\times(4+1)+(4.1-0.2)\times(6-0.2)\times4+0.2\times1\times5$
5	010404001001	垫层	3:7灰土垫层	m³	46.28	地面二+楼面二	462.84×0.1
6	011102003001	块料楼地面	8~10mm厚200mm×150mm防滑地砖;20mm厚砂浆粘结层;素水泥浆一道	m²	130.99	楼面三	$(1.7-0.1-0.12)\times(6\times3+1.7\times2-0.12+4.1\times4+0.2)\times2+(1.65+0.1-0.3)\times3.3+(1.65+0.15-0.3)\times3.3+0.12\times(4.1\times4+1.7\times2+18+1.7\times2-0.12\times2-1.45)\times2$
7	011105001001	干砂浆踢脚线	干混砂浆踢脚线;高度150mm;素水泥浆一道	m²	10.74	踢脚线一	$(4.1-0.2+6-0.2)\times2\times4\times0.15-1\times6\times0.15$
8	011105002001	石材踢脚线	20mm厚大理石踢脚线;干混砂浆粘结层;素水泥浆一道（内掺建筑胶）	m²	—	踢脚线二	—
9	011105003001	块料踢脚线	地砖面层;干混砂浆粘结层;素水泥浆一道（内掺建筑胶）	m²	23.80	踢脚线三	$L=(4.1\times4+0.2+6\times3+0.2)\times2-1\times12+2\times(0.2-0.1)\times12+(4.1\times4+2\times1.7-2\times0.12+6\times3+2\times1.7-0.12\times2-1.45\times2+0.2\times2+(6.25-0.12\times2-2.7)\times2-1.45+(3.2-0.12)\times2=150.27$; $S=150.27\times0.15+0.3\times0.15/2\times20+0.3\times0.15\times18=23.80$

（续）

序号	项目编码	项目名称	项目特征	计量单位	工程量	计算范围	计算过程
10	011106002001	块料楼梯面层	8～10mm厚防滑地砖；干混砂浆粘结层；素水泥浆一道（内掺建筑胶）	m²	31.52	楼梯	$(2.7+1.65+0.1+0.3)\times(3.2+0.1)+(2.7+1.65+0.15+0.3)\times(3.2+0.1)$
11	011503001001	金属扶手	不锈钢扶手	m²	125.92	扶手	$(4.1\times4+1.7\times2-0.1\times2+6\times3+1.7\times2-0.1\times2)\times2-(1.65-0.1)\times2+(3.09\times4+1.65\times2+3.1+1.65+0.2+3.1)\times2$
12	011201001001	墙面一般抹灰	5mm厚干混砂浆找平；13mm厚干混砂浆打底，扫毛；素水泥浆一道（内掺建筑胶）	m²	622.68	内墙面一	$L=(4.1\times3-0.2+6-0.2)\times2\times2+(4.1\times2-0.2+6-0.2)\times2\times(4+1)+(4.1-0.2+6-0.2)\times2\times4=287.2$ $2.7\times287.2-1.8\times2.4\times3-1\times2.4\times(1+2+2+1+1+2+1+8)-2.1\times1.7\times(5+3+2+3+2+1+1+2+1+3)-2.1\times0.5\times(3+2+2)$
13	011407001001	墙面平刷涂料	墙面乳胶漆两遍，腻子两遍；抹灰	m²	640.08	内墙面一	$622.68+(2.1+1.7)\times2\times(0.2-0.08)/2\times(15+12)+(2.1+0.5)\times2\times(0.2-0.08)/2\times(3+4)+(0.2-0.1)\times(1+1.2.42)\times(1+1+1+1+1)$
14	011204003001	块料墙面	5mm厚150mm×220mm面砖，5mm白水泥擦缝；5mm厚干混砂浆粘结层；素水泥浆一道（内掺建筑胶）	m²	183.44	内墙面二	$(4.1-0.2+6-0.2)\times2\times(3-0.12)\times4-2.1\times1.7\times(4+2+1+1)-2.1\times0.5-1\times2.4\times(2+2+1+1)+(2.1+1.7)\times2\times(0.2-0.08)/2\times(4+2+1+1)+(2.1+0.5)\times2\times(0.2-0.08)/2$
15	011204003002	块料墙面	10mm厚45mm×95mm外墙面砖；4mm厚粘结剂；15mm厚干混砂浆打底，找平，扫毛	m²	48.24	外墙面	$(4.1\times4+0.2+6\times3+0.2)\times2\times2\times0.9-1.8\times0.9\times3-1\times0.9\times(2+12)+(0.2-0.1)\times2\times0.9\times(5+12)$

序号	项目编码	项目名称	项目特征	计量单位	工程量		计算式
16	011202001001	柱面抹灰	干混砂浆抹灰；素水泥浆一道（内掺建筑胶）	m²	13.68		(0.3×3×3+0.3×2.6)×2+(0.3×1.5×3+0.3×1.1)×4
17	011407001002	墙面平刷涂料	仿石型外墙涂料；抹灰	m²	443.40	外墙面	(4.1×4+0.2+6×3+0.2)×2×(6.4-0.9)-1.8×2.4×3-1×2.4×(2+12)-2.1×1.7×(11+14)+(0.15+0.6-0.12)×(4.1×4+1.7×2+6×3+1.7×2)+(1.8+2.4×2)×(0.2-0.1)×3+(1+2×2.4)×(0.2-0.1)×(2+12)+(2.1+1.7)×2×(0.2-0.08)/2×(11+14)+13.68+0.4×(3.1-0.4)×2+0.4×(3.1-0.2)×2+11.955+32.96+0.4×(4.1×4+1.7×2+18+1.7×2)×2+0.15×(19.8×2+18×2+1.7×2×2-1.35×2)+0.2×(16.4×2+18×2)+0.4×(16.4-0.2+18-0.2)×2
18	011201001002	墙面一般抹灰	6mm厚干混砂浆找平；14mm厚干混砂浆打底，扫毛；素水泥浆一道（内掺建筑胶）	m²	287.95	外墙面	(4.1×4+0.2+6×3+0.2)×2×(6.4-0.9)-1.8×2.4×3-1×2.4×(2+12)-2.1×1.7×(11+14)+0.2×(16.4×2+18×2)+0.4×(16.4-0.2+18-0.2)×2
19	011407002001	天棚喷刷涂料	乳胶漆两遍，腻子两遍	m²	283.16	顶棚一	(4.1-0.2)×(6-0.2)×4+(4.1×4+1.7×2)×1.6×2+18.2×1.6×2+(0.4-0.09)×(4.1×4+1.7×2-0.4+18+1.7×2-0.4)×2+9.735+31.52+(3.085-2.7)×3.3×2+0.2×(3.1-0.4)×2+0.2×(3.1-0.2)×2

（续）

序号	项目编码	项目名称	项目特征	计量单位	工程量	计算范围	计算过程
20	011301001001	天棚抹灰	干混砂浆抹灰;素水泥浆一道（内掺建筑胶）	m²	325.59	顶棚一	0.4×(4.1×4+1.7×2+18×2+1.7×2×2)×2=50.08 0.15×(19.8+18+1.7×2-1.35)×2=11.955 S=(4.1-0.2)×(6-0.2)×4+(4.1×4+1.7×2)×1.6×2+18.2×1.6×2+(0.4-0.09)×(4.1×4+1.7×2-0.4+18+1.7×2-0.4)×2+50.08+11.955+9.735×2+0.6×(3.1-0.2)×2×2
21	011302001001	吊顶天棚	轻钢龙骨石膏板	m²	446.20	顶棚二	(4.1×3-0.2)×(6-0.2)×2+(4.1×2-0.2)×(6-0.2)×(4+1)+(4.1-0.2)×(6-0.2)×4-0.2×(2.1+2×0.25)×(5+3+2+3+2+3+1+5+2+1+5)
22	010801001001	木质门	镶板门,平开,无亮,M1024,1mm×2.4mm	樘	19.00	门	—
23	010801001002	木质门	镶板门,对开,无亮,M1824,1.8mm×2.4mm	樘	3.00	门	—
24	010807001001	金属（塑钢窗）	C2105,2.1mm×0.5mm	樘	4.00	塑钢推拉窗	—
25	010807001002	金属（塑钢窗）	C2117,2.1mm×1.7mm	樘	29.00	塑钢推拉窗	—
26	010807001003	金属（塑钢窗）	C2105,2.1mm×0.5mm,不锈钢防盗窗,与墙平齐	樘	4.00	塑钢推拉窗	—
27	010807001002	金属（塑钢窗）	C2117,2.1mm×1.7mm,不锈钢防盗窗,与墙平齐	樘	29.00	防盗窗	—
28	010810003001	饰面夹板窗帘盒	悬挂式窗帘盒,木工板基层,夹板面层	m²	24.00	窗帘盒	(0.2×0.25×2+0.25×2.6)×(5+3+2+3+1+5+2+1+5)

序号	项目编码	项目名称	门锁安装	门窗五金		计量单位	
29	010801006001	门锁安装	执手锁		22.00	个	—
30	011401001001	木门油漆	镶板门，聚酯混漆三遍	门油漆	58.56	m²	1×2.4×19+1.8×2.4×3
31	011404007001	木材面油漆	聚酯清漆三遍	窗帘盒油漆	24.00	m²	(0.2×0.25×2+0.25×2.6)×(5+3+2+3+1+5+2+1+5)

三、国标工程量清单费用

根据工程条件、施工图及拟订的施工方案，本工程清单项目可组合的定额子目见表 10-4。

表 10-4 综合案例清单项目可组合项目组合内容

序号	项目编码	项目名称	项目特征	计量单位	工程量
1	011101002001	现浇水磨石楼地面	15mm厚，本色，带玻璃嵌条；素水泥浆一道（内掺建筑胶）；20mm厚砂浆找平；素水泥浆一道	m²	90.48
	11-25	12mm厚现浇水磨石本色带嵌条地面	—	m²	90.48
	3×11-27	每增减1mm	—	m²	90.48
	12-18	素水泥浆（有胶）	—	m²	90.48
	11-1	找平层	—	m²	90.48
	12-18	素水泥浆（有胶）	—	m²	90.48
2	010501001001	混凝土垫层	C15混凝土；预拌	m³	3.39
	5-1	C15混凝土垫层	—	m³	3.39
3	011102001001	石材楼地面	20mm厚大理石板；20mm厚砂浆粘结层；素水泥浆一道（内掺建筑胶）；20mm厚砂浆找平；素水泥浆一道（内掺建筑胶）	m²	463.84
	11-31	石材楼地面	—	m²	463.84
	12-18	素水泥浆（有胶）	—	m²	462.84
	11-1	找平层	—	m²	462.84
	12-18	素水泥浆（有胶）	—	m²	462.84

（续）

序号	项目编码	项目名称	项目特征	计量单位	工程量
4	010404001001	垫层	3:7灰土垫层	m³	46.28
	4-89	3:7灰土垫层	—	m³	46.28
5	011102003001	块料楼地面	8~10mm厚200mm×150mm防滑地砖;20mm厚砂浆粘结层;素水泥浆一道	m²	130.99
	11-44H	800mm以内地砖楼地面密缝	—	m²	130.99
	12-17	素水泥浆(无胶)	—	m²	130.99
6	011105001001	干混砂浆踢脚线	干混砂浆踢脚线;高度150mm;素水泥浆一道	m²	10.74
	11-95	干混砂浆踢脚线	—	m²	11.64
	12-17	素水泥浆(无胶)	—	m²	11.64
7	011105002001	石材踢脚线	20mm厚大理石踢脚线;干混砂浆粘结层;素水泥浆一道(内掺建筑胶)	m²	39.72
	11-96	石材踢脚线	—	m²	39.72
	12-18	素水泥浆(有胶)	—	m³	39.72
8	011105003001	块料踢脚线	地砖面层;干混砂浆粘结层;素水泥浆一道(内掺建筑胶)	m²	23.80
	11-97	地砖踢脚线	—	m²	23.80
	12-18	素水泥浆(有胶)	—	—	23.80
9	011106002001	块料楼梯面层	8~10mm厚防滑地砖;干混砂浆粘结层;素水泥浆一道(内掺建筑胶)	m²	31.52
	11-116	地砖楼梯面	—	m²	31.52
	12-18	素水泥浆(有胶)	—	m²	31.52
10	011503001001	金属扶手	不锈钢扶手	m²	125.92
	15-82	不锈钢栏杆	—	m²	125.92
11	011201001001	墙面一般抹灰	5mm厚干混砂浆找平;13mm厚干混砂浆打底,扫毛;素水泥浆一道(内掺建筑胶)	m²	622.68
	12-1~2×12-3	干混砂浆抹灰	—	m²	622.68
	12-18	素水泥浆(有胶)	—	m²	622.68

序号	编码/定额编号	项目名称	项目特征	单位	金额
12	011407001001	墙面平刷涂料	墙面乳胶漆两遍,腻子两遍;抹灰	m²	640.08
	14-128	乳胶漆两遍	—	m²	640.08
	14-141	满刮腻子两遍	—	—	640.08
13	011204003001	块料墙面	5mm厚 150mm×220mm 面砖,白水泥擦缝;5mm厚干混砂浆粘结层;素水泥浆一道(内掺建筑胶)	m²	183.44
	12-148	1200mm以内瓷砖干混砂浆粘贴	—	m²	183.44
	12-18	素水泥浆(有胶)	—	m²	179.48
14	011204003002	块料墙面	10mm厚 45mm×95mm 外墙面砖,4mm厚粘结剂;15mm厚干混砂浆打底,找平,扫毛	m²	48.24
	12-56	外墙面砖周长 600mm 以内干粉粘结剂	—	m²	48.24
	12-16	干混砂浆抹底灰	—	m²	45.18
15	011202001001	柱面抹灰	干混砂浆抹灰;素水泥浆一道(内掺建筑胶)	m²	13.68
	12-21	柱面一般抹灰	—	m²	13.68
	12-18	素水泥浆(有胶)	—	m²	13.68
16	011407001002	墙面平刷涂料	仿石型外墙涂料;抹灰	m²	443.40
	14-148	仿石型外墙涂料	—	m²	443.40
17	011201001002	墙面一般抹灰	6mm厚干混砂浆找平面;14mm厚干混砂浆打底,扫毛;素水泥浆一道(内掺建筑胶)	m²	287.95
	12-2	干混砂浆抹灰	—	m²	287.95
	12-18	素水泥浆(有胶)	—	m²	287.95
18	011407002001	天棚喷刷涂料	乳胶漆两遍,腻子两遍	m²	283.16
	14-128	乳胶漆两遍	—	m²	283.16
	14-141	满刮腻子两遍	—	—	283.16
19	011301001001	天棚抹灰	干混砂浆抹灰;素水泥浆一道(内掺建筑胶)	m²	325.59
	13-1	天棚一般抹灰	—	m²	325.59
	12-18	素水泥浆(有胶)	—	m²	325.59

（续）

序号	项目编码	项目名称	项目特征	计量单位	工程量
20	011302001001	吊顶天棚	轻钢龙骨石膏板	m²	446.20
	13-8	平面轻钢龙骨	—	m²	446.20
	13-22	平面石膏板轻钢龙骨	—	m²	446.20
21	010801001001	木质门	镶板门,平开,无亮,M1024,1.1m×2.4m	樘	19.00
	13-4	无亮镶板门	—	m²	45.60
22	010801001002	木质门	镶板门,对开,无亮,M1824,1.8m×2.4m	樘	3.00
	13-4	无亮镶板门	—	m²	12.96
23	010807001001	金属(塑钢)窗	C2105,2.1m×0.5m	樘	4.00
	13-104	塑钢窗安装推拉	—	m²	4.20
24	010807001002	金属(塑钢)窗	C2117,2.1m×1.7m	樘	29.00
	13-104	塑钢窗安装推拉	—	m²	103.53
25	010807001003	金属(塑钢)窗	C2105,2.1m×0.5m,不锈钢防盗窗,与墙平齐	樘	4.00
	8-122	不锈钢防盗格栅窗	—	m²	4.20
26	010807001002	金属(塑钢)窗	C2117,2.1m×1.7m,不锈钢防盗窗,与墙平齐	樘	29.00
	8-122	不锈钢防盗格栅窗	—	m²	103.53
27	010810003001	饰面夹板窗帘盒	悬挂式窗帘盒,木工板基层,夹板面层	m²	24.00
	8-153	细木工板窗帘盒基层	—	m²	24.00
	8-158	装饰夹板窗帘盒面层	—	m²	24.00
28	010801006001	门锁安装	执手锁	个	22.00
	8-166	双开门执手锁	—	把	3.00
	8-165	单开门执手锁	—	把	19.00
29	011401001001	木门油漆	镶板门,聚酯混漆三遍	m²	58.56
	14-3	单层木门聚酯混漆	—	m²	58.56
30	011404007001	木材面油漆	聚酯清漆三遍	—	24.00
	14-60	其他木材面聚酯清漆三遍	—	—	26.40

各清单项目综合单价计算省略。

参 考 文 献

［1］ 马知瑶，沈永嵘，朱利康. 建筑工程计量与计价 ［M］. 北京：机械工业出版社，2021.

［2］ 廖雯. 新编装饰工程计价教程 ［M］. 北京：北京理工大学出版社，2011.

［3］ 浙江省建设工程造价管理总站. 浙江省房屋建筑与装饰工程预算定额 ［M］. 北京：中国计划出版社，2018.

［4］ 浙江省建设工程造价管理总站. 浙江省建设工程计价规则 ［M］. 北京：中国计划出版社，2018.

［5］ 中华人民共和国住房和城乡建设部，中华人民共和国国家质量监督检验检疫总局. 建设工程工程量清单计价规范：GB 50500—2013 ［S］. 北京：中国计划出版社，2013.